U0192832

遥感云计算与科学分析
——应用与实践

董金玮　李世卫　曾也鲁　闫　凯　付东杰　编著

科学出版社

北京

内 容 简 介

随着遥感技术的快速发展，海量遥感数据不断涌现。遥感云计算技术的发展和平台的出现为海量遥感数据的处理和分析提供了前所未有的机遇，并彻底改变了传统遥感数据处理和分析的模式，极大地提高了运算效率，使得全球尺度的快速分析和应用成为可能。作为国内首次对遥感云计算平台的应用和实践进行详细介绍的专著，本书重点以当前方兴未艾的谷歌云计算平台为例，为遥感云计算的应用提供指南和应用案例。

本书聚焦遥感云计算的科学和技术前沿，从理论与基础、实践与简明教程、经典应用案例三个方面进行阐述，首先介绍遥感大数据和遥感云计算的背景、基本概念与原理，在此基础上介绍了遥感云计算平台的应用编程实践，然后列举了遥感云计算在土地覆盖和土地利用信息提取及生态学应用的最新研究案例，最后介绍了当前可用的国内外主要卫星数据源。

本书的读者对象为遥感和地学领域的科研人员，包括从事遥感、土地利用和全球变化分析等方面的科研工作人员，国内外高校从事地理、资源、环境以及生态等相关专业教学和科研的广大师生。

图书在版编目 (CIP) 数据

遥感云计算与科学分析：应用与实践/董金玮等编著. —北京：科学出版社，2020.9

ISBN 978-7-03-066181-4

Ⅰ. ①遥… Ⅱ. ①董… Ⅲ. ①云计算–应用–遥感图像–图像分析–研究 Ⅳ. ①TP751

中国版本图书馆 CIP 数据核字(2020)第 176600 号

责任编辑：石 珺 朱 丽 / 责任校对：何艳萍
责任印制：赵 博 / 封面设计：蓝正设计

科学出版社 出版
北京东黄城根北街 16 号
邮政编码：100717
http://www.sciencep.com

北京中科印刷有限公司印刷
科学出版社发行 各地新华书店经销

*

2020 年 9 月第 一 版 开本：720×1000 1/16
2025 年 1 月第六次印刷 印张：22 3/4
字数：429 000
定价：**128.00** 元
(如有印装质量问题，我社负责调换)

作者简介

董金玮 中国科学院地理科学与资源研究所研究员、博士生导师，区域环境与生态信息研究室主任。主要从事土地利用变化及环境遥感方面的研究，在 RSE 等本领域期刊发表 SCI 论文 90 多篇，其中第一或通信作者文章 30 余篇；主持和参与多项国际国内重点科研项目或课题；2017 年起担任全球土地计划(GLP)全球科学指导委员会委员。Email: dongjw@igsnrr.ac.cn

李世卫 高级研发工程师，专注于农业遥感大数据云平台系统研发。知乎 GEE 的专栏作者"无形的风"，在知乎创办 GEE 开发专栏，发表关于 GEE 学习心得笔记数十篇，编著了数百页 GEE 相关培训教案。专栏地址：https://zhuanlan.zhihu.com/c_123993183。Email: shi_weihappy@126.com

曾也鲁 美国斯坦福卡内基研究所博士后研究员(Postdoc Fellow)，研究方向为植被定量遥感，长期致力于复杂植被与叶绿素荧光辐射传输模型的构建，已发表 SCI 论文近 30 篇，其中以第一作者发表 RSE, IEEE TGRS/JSTARS 等期刊 10 篇，主持或参与多项科研项目或课题，RSE, JGR, IEEE JSTARS 等多个国际期刊审稿人。Email: zengyelu123@gmail.com

闫 凯 中国地质大学（北京）土地科学技术学院讲师、硕士生导师。主要研究方向为定量遥感模型构建与分析、基于遥感产品的全球气候变化分析。现已发表科研论文 30 余篇，申请发明专利/软著 20 余项，主持多项科研项目。研究成果被写入 NASA 卫星产品算法理论文档和用户手册。Email: kaiyan@cugb.edu.cn

付东杰 中国科学院地理科学与资源研究所助理研究员，主要从事生态遥感、东南亚土地覆被变化和海洋地理信息方面的研究，已发表 SCI 论文 20 余篇。作为项目负责人和课题骨干，主持和参与多项国内重点科研项目或课题。Email: fudj@lreis.ac.cn

序 I

工业革命以来，人口快速增长、城市化和工业化带来的全球环境变化深刻影响着人类福祉和生态安全，遥感已经成为刻画全球和区域环境变化特别是陆表格局和过程的重要手段。长期以来，中国科学院在土地利用和土地覆盖变化以及生态环境变化等方面开展了大量监测、评价和模拟工作。自1992年起，中国土地利用/覆盖变化（LUCC）研究团队采用以 Landsat TM 卫星和国内中巴资源卫星遥感数据作为主要数据源实现了国家尺度土地利用变化连续监测，这些成果在认识中国的土地利用变化的过程和格局方面发挥了重要的作用。

在近30年的工作中，我们深切感受到遥感数据快速涌现和技术的发展对这项工作带来的改变。在20世纪90年代卫星数据成本非常高，直到2008年购买一景 Landsat 正射影像产品仍需要4200元，数据成本一定程度上影响到了对土地覆盖季节变化等特征信息的利用。目前国内外卫星数据的免费开放（如我国高分一号、六号数据，国外 Landsat、Sentinel 数据），为实现土地利用和土地覆盖变化的监测提供了前所未有的多源海量数据源。要处理这些海量遥感数据，本地计算和小规模的服务器显然已经不能满足我们目前对于地表信息的时效性和准确性的要求。遥感云计算技术应运而生，特别是商业公司如谷歌、亚马逊和阿里巴巴等公司的空间云计算技术迅速发展，为海量遥感数据挖掘和应用提供了利器，给传统的人工解译和自动分类的土地利用信息提取方法带来了新的变革。

改革开放以来，快速经济发展和城市化使得我国的生态和环境压力更为突出，而近年来开展的一系列生态环境保护和修复措施在很大程度上扭转了生态退化的趋势，呈现出"变绿"(greening)的良好态势。我国从改革开放以来区域生态环境由恶化到恢复的过程正好与卫星遥感时代相重叠。因此，遥感手段能够为认识我国生态和环境变化的过程提供最重要的手段。目前不断涌现的高时空和光谱分辨率的遥感数据、遥感云计算平台和一系列智能算法为这些研究提供了更好的资源和条件，如何充分利用好这些资源和手段，对于实现我国的生态、资源和环境监测评估具有重要的意义。

我很欣慰地看到该书的几位青年作者能够敏锐地捕捉到这一前沿技术所具备的潜力并愿意共享他们的学习成果。该书详细介绍了遥感云计算的基本概念、应用实例并综述了目前的应用范例，能够为科研人员全面认识遥感云计算提供指南，同时也可作为我国高等院校、研究所相关专业的教师授课和学生自学的优秀资料。在此郑重向大家推荐这本著作，并期待我国在这一领域能涌现出更多的成果。

2020 年 4 月 30 日于北京

Preface II

Remotely sensed big-data and cloud-computing are critical tools for understanding the status and health of our planet. Google Earth Engine (GEE) is a cloud-based platform for planetary-scale geospatial analysis. As part of the initial development team, I helped launch Earth Engine at the 2010 United Nations Climate Change Conference in Mexico. Since then, it has increasingly been used to study and monitor high-impact environmental and social issues, such as deforestation, drought, disaster, food security and water management. GEE users range from traditional remote sensing scientists to a much wider audience that lacks supercomputers or cloud computing resources. GEE users span the Earth, including many in China, who have been supported through online materials and tutorials from Google, three workshops about geo-spatial big-data and cloud-computing in Beijing in 2019, and direct support from Dr. Nicholas Clinton from the GEE team who has given remote talks and provided frequent consultation.

I am glad to see that Dr. Jinwei Dong has led a team to publish this first book in Chinese about Remote Sensing Cloud Computing and GEE. This book contains not only the theory and concepts of cloud computing, but also the programming, training, and case studies on land use and land cover change, phenology, drought, etc. This book is beneficial as a reference book for undergraduate and graduate students, professors, researchers and software engineers in universities, research institutions and corporations. I hope this timely book can make a contribution to introduce remote sensing and cloud computing platforms to a wider audience, and accelerate a new era of understanding our planet using geo-spatial big data.

Dr. David Thau

Data and Technology Lead Global Scientist, World Wildlife Fund

May 12, 2020

前　　言

20 世纪 90 年代末我国遥感产业逐步建立，在短短 20 年间，我国的遥感事业在国际遥感技术快速发展的同时一路高歌猛进，到今天国产中低分辨率数据基本实现自给自足，同时高分辨率产品已占到国内市场约 85%。不断涌现的海量遥感数据对于数据的快速处理和挖掘提出了新的挑战和机遇。遥感云计算技术的发展和云计算平台的出现为海量遥感数据处理和分析提供了前所未有的机遇，并彻底改变了传统遥感数据处理和分析的模式，极大地提高了运算效率，使得全球尺度的快速分析和应用成为可能。我国的遥感云计算平台也在快速推进过程中，但目前国际上主流的平台仍以国外相关机构或公司开发的平台为主，如谷歌公司的地球引擎平台（Earth Engine）用户数量急剧增长，如何认识当前领先的遥感云计算平台并在此基础上推动我们自主研发平台的建设，是我国遥感产业发展亟待解决的重要课题。本书试图介绍方兴未艾的遥感云计算技术的最新研究进展，并以 Earth Engine 为例提供遥感云计算的应用和实践指南，为遥感和地理信息工作者提供技术参考。

2013 年由 Matthew Hansen 团队在 Science 上发表了采用遥感云计算平台进行全球森林变化监测的文章，吸引了学界和公众的广泛关注，论文引用超过 3000 次（据 Web of Science，截至 2020 年 2 月），该方法也被世界资源研究所采用，并构建了 Global Forest Watch 全球森林监测平台，在全球特别是发展中国家森林变化监测研究和部门应用中发挥了重要作用。自 2013 年以来，遥感云计算的科学研究和行业应用迅速扩大，先后出现了全球陆表水体、全球潮间带、全球河流宽度等专题地表信息的提取成果，极大地推动了人类对于地表覆盖格局的认识，为全球变化和地球系统科学研究提供了重要的数据支撑。遥感云计算平台集成了海量栅格数据（如遥感数据、高程数据等）和部分矢量数据（全球行政边界、全球生态分区等），以及常用的机器学习和深度学习算法、全球百万台超算服务器的计算资源，对传统的单机遥感图像处理模式形成了重要的冲击，极大地提高了计算效率，革命性地拓展了遥感大数据的应用范围和时空尺度。

在这样的时代背景下，遥感科学国家重点实验室等单位率先在国内开展了遥感云计算的研讨会与集中学习，前 3 次会议的参会人数已超过 500 人次。在这些研讨会与集中学习的推动下，大量的相关研究开始启动，相信不久的将来遥感云计算的应用会越来越受到重视。目前关于遥感云计算平台的理论和应用实践详细介绍的成果仍是空白，为了更好地服务于国内日益增多的遥感云计算用户，我们有了完成一本关于遥感云计算的理论介绍和方法实践的著作的想法，这是本书编著的初衷。作为国内首部对遥感云计算应用和实践进行系统介绍的著作，本书试图为国内同行开展遥感云计算研究提供一个参考。遗憾的是目前遥感云计算平台仍以美国 Earth Engine 和 Amazon Web Services（AWS）等平台为主流，但我们也欣喜地看到国内遥感云计算平台的研发正在加速推动，比如中科院先导专项"地球大数据科学工程"的地球大数据挖掘分析系统 EarthDataMiner 和航天宏图的遥感计算云服务平台 PIE-Engine 已经取得重要进展，同时，国际大科学计划"深时数字地球"也在推进相关工作。希望在不久的将来本书再版时能以国产遥感云计算平台为依托进行介绍。

全书聚焦遥感云计算的科学和技术前沿，从理论篇、实践篇、应用篇三个篇章进行了系统的阐述。从理论与基础、实践与简明教程、经典应用案例三个方面进行系统的阐述，全书共分为三篇共计 6 章。第一篇：理论篇，主要是遥感云计算的理论与基础，包括遥感云计算的背景与意义、遥感大数据和遥感云计算的概念与基本原理，重点介绍了目前遥感云计算的平台和应用，最后对遥感云计算应用前景进行了展望；第二篇：实践篇，是本书的核心内容部分，详细介绍了遥感云计算平台的基本概念、常用方法和编程实践教程；第三篇：应用篇，重点介绍了截至目前遥感云计算应用的经典案例，如土地覆盖和土地利用信息提取中的应用、生态学中的应用，最后集中介绍了当前可用的国内外主要数据源情况。

全书共包括6章：第1章主要包括遥感云计算的研究背景和意义，以及目前最新的遥感云计算平台的发展概述，主要由曾也鲁博士和付东杰博士完成；第 2 章和第 3 章是本书的核心内容部分，详细介绍 Earth Engine 平台的实践和简明教程，由李世卫高工主笔；第 4 章和第 5 章介绍了当前经典的基于 Earth Engine 的科学研究应用案例，包括土地覆盖和土地利用信息提取中的应用及在生态学中的应用，由董金玮研究员负责，赵国松、裴艳艳、尤南山、周岩、殷嘉迪等参与了专题案例资料的收集；第 6 章详细介绍了当前国内外常用的遥感数据源及业务化参数产品的情况，为研究人员对遥感数据的选取提供参考，由闫凯博士完成。董金玮、李世卫、曾也鲁、闫凯、付东杰负责了全书的排版和校稿，所有编著者参与了本书所有章节的多次修订和完善。博士研究生何盈利、硕士研究生李翰良为本书的格式修改和编排付出了大量劳动，在此表示感谢！

在写作过程中，还得到了遥感领域多位专家、学者的大力支持和协助，特别感谢 Earth Engine 开发团队的 Nicholas Clinton 和 Dave Thau 博士给予的大力支持！他们给予了作者大量的理论和方法指导并提供了许多珍贵资料！感谢中国科学院地理科学与资源研究所刘纪远研究员和苏奋振研究员、中国科学院空天信息创新研究院柳钦火研究员、北京师范大学阎广建教授等专家给予的热情支持和帮助！

　　本书的出版得到了中国科学院前沿科学重点研究项目"大数据支持下的陆地表层格局变化及其生态效应"（QYZDB-SSW-DQC005）、中国科学院战略性先导科技专项"地球大数据科学工程"子课题"生态与资源安全评估"（XDA19040301）以及内蒙古自治区科技重大专项"基于测绘地理信息对全区生态环境监测与应用研究"的资助。

　　由于作者学识有限，书中难免存在诸多不妥之处，还望各位读者朋友能够提出宝贵意见，我们将在再版时予以更正！

著　者

2020 年 6 月

目　录

第二篇 实 践 篇

第三篇　应　用　篇

第一篇　理　论　篇

第1章 理论与基础

导读 本章首先介绍了遥感大数据时代到来的背景,以及遥感云计算的出现与现实意义。其次,对遥感监测的现状与常用数据源进行了总结梳理,同时介绍了遥感云计算的基本概念,以及遥感云的部署模式与服务模式。进而,对遥感云计算平台的发展历程,以及国内外现有的主流遥感云平台进行了介绍与简要对比,并整理归纳了遥感云平台的科学应用。最后,对遥感云计算今后的发展趋势进行了展望。通过本章的内容,读者将会对遥感大数据与云计算的时代背景、基本概念、应用场景与前景展望具有宏观上的认识和把握。本章关于大数据与云计算的素材部分收集、整理自各平台的官方网站及百科类网站,在此说明并表示感谢!

1.1 背景与意义

1.1.1 遥感大数据时代的到来

从 1972 年发射的第一颗美国 Landsat 陆地资源卫星传回数据至今,地球轨道上充满了各式各样的对地观测卫星,人类已有近半个世纪全球尺度的历史遥感数据积累。遥感技术迅速发展,空间分辨率、时间分辨率、光谱分辨率等技术指标不断提高,在遥感数据的获取上也趋于多平台、多传感器、多角度的特点。其中,美国 Planet Labs 卫星成像公司从 2014 年开始,到 2018 年 9 月已发射 300 多颗 Dove 鸽子卫星组成小卫星星座,可在米级分辨率的尺度对全球实现每天一次重复观测的频率;我国的高分辨率对地观测系统(简称高分专项)自 2010 年批准实施以来,通过"高分系列卫星"覆盖了从全色、多光谱到高光谱,从光学到雷达,从太阳同步轨道到地球同步轨道等多种类型的高分辨率对地观测系统;此外,近十年来在精准农业、应急救灾等领域广泛投入使用的无人机技术,在灵活性、高分辨率与应对复杂天气状况等方面形成对卫星与航空遥感平台的重要补充。遥感平台和传感器的不断改进和增加使得各种遥感数据量快速增加,我们进入了一个前所未有的海量遥感数据时代。

大数据被认为具有"5V"特征：体量大（volume）、多样性（variety）、变化快（velocity）、准确性（veracity）、价值大（value）。相较于低时空分辨率或时空采样稀疏、不连续的传统遥感数据，当前的遥感大数据具有多方面的优势：①更追求高分辨率、时空连续的全局数据而不是随机或稀疏采样；②更有利于洞察宏观层面的趋势而不是微观尺度上的精确度；③更注重多因子相关性分析解决问题，而不热衷于构建难度更大的因果关系。海量多源异构遥感数据能提供地物更为精细的属性信息，有助于将地球系统作为一个整体进行研究，揭示其变量之间错综复杂的联系，使地球系统科学的研究成为可能。

遥感大数据时代已经到来，卫星、航空与近地遥感观测平台不断涌现，涵盖了光学、热红外、微波、激光雷达、荧光、夜间灯光等多种观测方式。遥感大数据的发展推动了国土资源、城市规划、农林气象、生态环境、测绘海洋等领域的广泛应用。例如，海量遥感数据在国土变化监测方面，使得过去的区域监测变成全覆盖的连续过程监测；在城市的应急、交通等方面，通过火灾监测、水质监测和交通巡查等，让城市变得更加可感知和智能；在未来农业方面，可以对农作物的类型、长势、水肥、病虫害等状况进行大面积的精准监测，并通过农机互联与无人机、自动驾驶收割机、采摘机器人等深度结合，精准控制水肥药和收获过程，真正实现智慧农业；在生态环境监测方面，能对如亚马孙热带雨林、澳大利亚的森林大火进行及时的监测与受灾面积提取，为灾情评估和灾后修复提供重要依据。

1.1.2 云计算技术的不断发展

大数据的存储、处理和共享，对计算机的性能提出了很高的要求，云计算与此相伴而生。2006 年 8 月，在搜索引擎大会上，云计算（cloud computing）的概念第一次被 Google 公司首席执行官埃里克·施密特（Eric Schmidt）正式提出。云计算是通过网络按需分配计算资源，共享计算资源池，包括服务器、数据库、存储、平台、架构及应用等。云计算自从被提出之后，很快成为计算机领域最受关注的领域之一，并引发了互联网技术与服务模式的一场变革，诞生了面向政府或企业，专门提供云服务的公司或部门。政府或企业用户可根据需要从云提供商处获得技术服务，而无须购买、拥有和维护物理数据中心及服务器。云计算基于"按需分配"和"共享资源"的理念，具有低成本、数据安全、弹性和快速全局部署等优势，包括软件即服务（software-as-a-service，SaaS）、平台即服务（platform-as-a-service，PaaS）和基础设施即服务（infrastructure-as-a-service，IaaS）三种主要类型。部署模型包括私有云、社区云、公有云与混合云。亚马逊云（Amazon Web Services，AWS）由亚马逊公司于 2006 年推出，以 Web 服务的形式向企业提供云计算。2008 年，微软发布了其公共云计算平台（Microsoft Azure），由此拉开了微软的云计算大幕。迄今为止，世界上云服务市场占有份额最大的依次是亚马逊云（AWS）、微软云（Azure）与谷歌云（Google Cloud）。同样，国内的大型互联网公司也纷纷建立起自己的云平台。2009 年 1 月，阿里软件在江苏南京建立首个"电子商务云计算中心"。除阿里云外，我国还有腾讯云、百度云和华为云等。云平台是迈向产业互联网的重要基础设施建设之一，在我国如"双十一"和"春运购票"等海量用户实时响应的案例中得到了实际检验与发展，需求也将随着产业互联网的发展越来越大。

1.1.3　遥感云计算的出现与意义

随着遥感技术的发展，海量遥感数据不断涌现。遥感云计算技术的发展和平台的出现为海量遥感数据处理和分析提供了前所未有的机遇，并彻底改变了传统遥感数据处理和分析的模式，进一步降低了使用遥感数据的准入门槛，极大地提高了运算效率，加速了算法测试的迭代过程，使得全球尺度的快速分析和应用成为可能。在 2011 年美国地球物理联合会（American Geophysical Union，AGU）秋季会议（AGU fall meeting）上，集成了多种卫星影像的地球空间大数据与云计算平台——谷歌地球引擎（Earth Engine）一经发布即引发行业内的巨大轰动，引发了遥感行业的研究与产业化模式的变革。Earth Engine 认同"转移算法比转移数据更高效"，以及"让科学家更专注于科学问题，而不是把精力花在下载和管理海量数据上"的理念。在此之前，以美国陆地资源卫星 Landsat 等为代表的多种遥感数据向用户免费开放使用，第一次降低了遥感数据的使用门槛。生物、物理等很多学科一般需要购买昂贵的科研仪器才能进行研究，导致相当一部分前沿的研究只有在经费非常充裕的顶级实验室才能进行，无法购置仪器的实验室将不能开展实验，这让研究在硬件、经费上自带门槛。相比之下，相当一部分遥感研究并不需要购买硬件仪器，但早期的卫星影像需要购买，无形之中也让遥感的相关研究自带门槛。多种遥感数据的免费使用第一次降低了门槛，让无法或不愿购买卫星影像的实验室也能进行相关研究。

然而，近年来由于海量遥感数据的涌现，在数据的下载、存储与计算上，对人力和计算性能提出了很高的要求。尽管有多种遥感数据免费，但遥感数据的使用仍具有一定的门槛。首先，传统的遥感研究通常需要下载大量数据，导致不同用户可能下载、存储相同数据，非常耗费人力、占用网络带宽和存储资源。其次，当涉及计算大范围、长时间序列、多源遥感数据时，传统的方式通常需要在服务器或超级计算机上进行，这让仅凭个人兴趣或不具备硬件支撑的普通用户无法开展研究。最后，多源遥感数据的存储格式、空间分辨率和投影方式并不相同，让其他行业的遥感用户在数据的使用和理解上具有一定难度。遥感云平台的出现，让用户不再花精力和网络带宽下载数据，存储和计算也不再依赖单独的服务器，可直接在网页浏览器上编程进行云计算，这加速了算法测试的迭代与全球尺度的快速分析应用。同时，其他行业的遥感用户也不再被多源遥感数据存储格式、空间分辨率和投影方式不一致的问题困扰。这再次极大地降低了遥感数据使用的专业门槛，节省了人力与硬件资源，让遥感的研究与应用得以向本专业和其他行业（如金融、环保等）的普通用户真正开放，扩大了遥感数据的用户群体和范围。

1.2 遥感大数据

1.2.1 遥感监测的意义和现状

遥感监测的意义在于能快速、低成本、大面积、长时间序列地探测地表状况，如自然灾害、大气污染、冰川融化等，对应急救灾、定损理赔、气候变化响应与适应等多个领域具有重要的信息资讯与参考价值。与气象站、海洋浮标等离散采样的方式不同，遥感监测在空间范围上是全覆盖之后的全部数据。遥感监测在某些情况下甚至是独一无二的数据源，如南极冰川、雪山、非洲与中东等人迹罕至或战争频发的地区等。例如，世界银行在非洲投入了不少经费与贷款以推动当地的扶贫与基础设施建设，但项目实施的成效缺乏客观、全面的评估。实地调查和评估会涉及人工成本和工作效率问题，同时疾病、战争等因素给调查带来较高的安全风险。由于缺少真实可靠的数据，当地经济水平的认识非常有限，此时卫星遥感可发挥重要作用。斯坦福大学的研究人员（Jean et al., 2016）采用白天的高分辨率遥感影像监测当地的道路、房屋、停车场等基建项目实施情况，用夜间灯光的密集程度监测居住情况和繁华程度，并在时间序列上进行趋势分析，结合卫星图像和机器学习方法成功预测了非洲五国的经济状况，该成果于 2016 年发表于 *Science*。

现阶段，遥感监测已经在国土资源、城市规划、精准农业等领域发挥着重要作用，但在解决实际应用场景时，仍遇到一定的瓶颈。首先是云覆盖带来的数据质量问题，如在我国南方或亚马孙热带雨林，会有长期的云雨天气，光学卫星遥感平台此时很难获取可用的数据，而无人机尽管灵活，但覆盖范围太小，难以满足大面积应用需求。其次是分辨率不足带来的数据指标问题，如港口需要每隔半小时对码头内外的船舶进行监测，这在现有的商业卫星平台很难实现，极轨卫星时间分辨率不足，静止卫星空间分辨率不足。最后是多源协同问题，当单一传感器有效观测不足时，如何充分利用具有不同成像几何、观测时相、空间分辨率等的多源遥感协同观测提取有用信息，并与多种非遥感数据结合，在解决实际问题中很有必要。以农作物长势监测为例，就可能需要综合使用光学数据反演叶面积指数（leaf area index，LAI）与叶绿素含量、被动微波反演土壤水分、热红外反演温度、荧光监测胁迫、蒸散等多种技术，在进行产量预测时还需结合气象数据与历史数据等。遥感数据并不是万能的，它只是作为一种重要的数据源，融合其他类型数据一起解决实际问题，有时虽然也难以获得理想的监测或预测结果，但一定程度上提供了一种认识未知地物属性的信息和方向；在测绘海洋方面，能对海面温度、海风海浪、油膜污染、舰船岛礁、极地冰川等进行大范围的高频监测，为海洋管理提供重要的数据与方案。

1.2.2　目前常用的遥感数据源介绍

目前常用的遥感数据源按平台可分为卫星、航空和近地无人机遥感平台，按传感器可分为光学、热红外、微波、激光雷达、荧光等多种观测模式。其中，卫星平台可大致分为极轨卫星，也叫低轨卫星（low earth orbit，LEO）和静止卫星（geostationary equatorial orbit，GEO）。极轨卫星中比较常用且免费开放的有美国的陆地资源卫星 Landsat、甚高分辨率辐射计（the advanced very-high-resolution radiometer，AVHRR）、Terra/Aqua 卫星上的中等分辨率成像光谱仪（moderate resolution imaging spectroradiometer，MODIS），欧洲空间局 ESA 的哨兵系列卫星 Sentinel，以及我国的高分系列卫星等；还有一部分空间分辨率到达米级水平的商业卫星，如快鸟（QuickBird）、IKONOS、WorldView、地球之眼（GeoEye）、Planet Labs 的鸽子（Dove）、RapidEye、SkySat、吉林一号、珠海一号、高景一号等卫星。静止卫星中比较常用的有美国的 GOES-R 系列卫星，日本的葵花 Himawari 卫星，以及我国的风云系列卫星。通常，极轨卫星由于距离地面较近，空间分辨率较高，但重访周期较长；静止卫星距离地面较远，空间分辨率较低，但时间分辨率很高。如何充分结合两者的优势，避免两者各自的不足，是一个值得探索的问题。此外，还有位于拉格朗日点处的 DSCOVR/EPIC 卫星，它始终与太阳、地球形成一条直线，因此观测几何始终位于"热点"附近，观测角度随太阳东升西落，是试图降低地物阴影影响的理想多角度观测。航空与近地无人机遥感因其空间分辨率高、更少受到云雾等天气状况影响，近些年被广泛应用于精准农业和安防等领域。

多种卫星数据已生成了地面反射率和植被参数等标准产品，比较常用的有 MODIS、Landsat、Sentinel、GLASS 等一系列标准产品，供不同需求的用户使用。此外，充分融合遥感与多种非遥感数据，如人口、经济、地形等，也是将遥感数据充分融入国民经济生活的一个重要方向。以农业估产为例，遥感数据作为农业大数据的重要组成部分，还需深度融合气象、种子（基因）、历史产量等多种非遥感数据，才能在农险、期货等农业金融活动中，更大限度地扩大遥感监测的作用和影响力。具体的遥感数据将会在第 7 章详细介绍。

1.3　遥感云计算

1.3.1　遥感云计算基本概念

云计算是分布式计算的一种，指的是通过网络协调众多计算资源，用户可以通过网络利用这个无限庞大的计算资源来处理用户需求。通常我们讲的云计算主要指的是云计算服务提供商给用户提供的在线服务，用户通过这些服务提供商可以轻松利用云计算实现各种需求。

遥感是指非接触的，远距离的探测技术。一般指运用传感器/遥感器对物体的电磁波的辐射、反射特性的探测。简单来讲就是利用卫星、飞机等飞行器通过高空拍摄影像获取对地面目标监测。

遥感云服务则是利用云计算技术，整合各种遥感信息技术，将已有的遥感数据、遥感产品、遥感算法等作为一个公共服务设施，通过网络服务提供给用户使用。相比传统的遥感技术处理，遥感云服务可以解决用户获取数据困难、建设本地处理系统成本过高、技术难度太大等问题，同时也可以帮助用户实现在线实时预览、快速动态更新等。

遥感云计算有诸多优势，体现在以下 6 个方面。

1）分布式

云服务的提供商都是拥有数百万级别的服务器规模，这些服务器通过分布式部署为用户提供了巨大的计算能力。

2）虚拟化

简单来讲就是物理上的基础平台和应用部署的环境在空间上没有任何联系。

3）高可用性

云计算服务商提供的云计算都具有多副本容错、多节点备份的能力。

4）动态扩展

云计算服务商提供的云计算可以实现动态的伸缩满足用户规模增长变化。

5）按需服务

用户可以根据自己的使用量定制服务需求，节省成本预算。

6）安全可靠

每一个云计算服务商都会有自己庞大的安全团队保障用户的网络安全。

1.3.2　遥感云的部署与服务模式

1. 部署模式

按照目前云计算的定义，云计算的部署方式主要有三种：SaaS、PaaS 和 IaaS。

1）SaaS

SaaS 具体来讲就是服务提供商将软件部署到自己的服务器上，用户按照自己需求向服务商订购自己需要的服务而不需要关注部署软件的基础服务（如网络、服务器等），同时服务商只提供给用户账户和密码，用户通过登录账户就可以在线操作完成自己的需求，举个简单的例子，如淘宝服务、Global Forest Watch、Climate Engine 等。

2）PaaS

PaaS 具体来讲就是服务提供商提供给用户一个平台，而平台的基础设施（如网络、服务器等）用户不用关心，用户只需要在这个平台上做自己的软件开发或者部署就可以，如 Earth Engine 就属于 PaaS。

3）IaaS

IaaS 具体来讲就是服务提供商将基础设施（如网络、服务器等）提供给用户，用户将这些基础设施部署在自己的私有环境或者服务商提供的公共环境中使用，如 Google Cloud Platform 属于 IaaS。

2. 服务模式

云计算服务模式比较多，目前常见的有以下 3 种服务模式。

1）公有云

公有云服务简单来讲就是通过网络提供给用户服务，用户通过公有网络就可以访问相关内容。

2）私有云

私有云是相对于公有云来讲，公有云服务是面向整个网络的，而私有云则是用户自己在私有环境中搭建，只能是这个局部可以访问使用。

3）混合云

其实就是公有云和私有云的一个混合体，公共可以对外开放的内容放在公共网络上，相关保密性内容只存放在私有云中。

1.4　遥感云计算平台

1.4.1　发展史

遥感云计算平台是在遥感数据量不断增加、海量遥感数据处理能力需求强烈的背景下产生的。以现在使用最广泛的遥感数据之一美国陆地卫星 Landsat 数据为例，2008 年之前并非免费，研究人员往往只能用尽量少图幅的 Landsat 影像来开展研究（Woodcock et al., 2008）。2008 年 Landsat 数据可以免费获取之后，数据下载量提高了 100 倍（Popkin, 2018）。可用数据量的增加，也推动了遥感数据处理新范式的产生，并引发了众多地球科学领域的科学创新（Wulder et al., 2019）。随后，其他公开免费的遥感数据也越来越多，时间分辨率、空间分辨率及光谱分辨率都得到了提升，但不断涌现的海量遥感数据需要大量的计算资源，传统的单机计算资源难以满足这一需求。卫星和地面传感器所提供的地理信息迅速扩大，促使大家寻求新的、第四种或"大数据"科学范式，这种科学范式强调国际合作、数据密集分析、巨大计算资源和高端可视化（Goodchild et al., 2012）。

Moore 和 Hansen（2011）在 2011 年美国地球物理联合会秋季会议上介绍了一种利用全球尺度的地球观测数据，并可进行云端分析的全新云计算平台——谷歌地球引擎，该平台集成了 Landsat 5/7、MODIS 的历史数据，以及云端的算法，将这种国际合作、数据密集分析、巨大的计算资源和高端可视化科学范式落到实地，并最早应用于全球森林变化的监测。这一模式直接改变了传统遥感先下载数据在本地，用专业软件或者开发相应代码进行研究分析的方式。用户可以节省大量的下载数据和数据预处理的时间，而将更多的精力集中在后端的科学分析。随着技术的发展，其他遥感云计算平台也得到了迅速发展，如 NASA Earth Exchange（NEX）（Nemani et al., 2010）、笛卡儿实验室的 Descartes Labs、Amazon Web Services、Data Cubes、CASEarth EarthDataMiner 等。

1.4.2　现有遥感云计算平台的介绍与对比

遥感云计算的常用平台包括谷歌公司的 Earth Engine，美国航空航天局的 NEX，笛卡儿实验室的 Descartes Labs，以及我国中科院地球人数据科学工程 CASEarth 的"地球大数据挖掘分析系统"（EarthDataMiner）云服务等。近年来，越来越多的商业公司，包括亚马逊云 AWS、阿里云、腾讯云、华为云、商汤科技的 SenseEarth 平台（https：//rs.sensetime.com）也相继投入遥感云平台这一基础设施的建设中来。由于商业公司的盈利需求，目前还需要寻找良好的商业模式，才能让遥感云平台从服务政府转型为服务大众，并进一步良性循环，推动遥感云计算向前发展。

1. Earth Engine

Earth Engine 是一款免费的遥感云计算平台（https：//earthengine.google.com）（图 1-1），该平台集成了海量地理空间数据，相应的可视化和分析计算能力，以及可调用的应用程序接口（application programming interface，API）。截至 2019 年 9 月，Earth Engine 海量地理空间数据量已超过 29PB，包括超过 290 个公共的数据集、500 万景影像，每天数据量增加大约 4000 景影像，有影像数据、气候和天气数据、地球物理数据等（https：//developers.google.com/earth-engine/datasets）。其中影像数据包括全球尺度的陆地资源卫星 Landsat 系列、哨兵 Sentinel 系列、中等分辨率成像光谱仪 MODIS，以及局部区域的高分辨率影像等数据；气候和天气数据包括表面温度和发射率、长期气候预测和历史插值地表变量、卫星观测反演的大气数据，以及短时间预测和观测的天气数据；地球物理数据包括地形地貌数据、土地覆被数据、农田分布数据、夜晚灯光观测数据等。同时 Earth Engine 用户也可以上传自己的表格数据（矢量数据 shp 或者文本数据 csv 格式）或者栅格数据（geotiff 格式）到 Assets 进行后续分析。依托谷歌公司全球百万台服务器，Earth Engine 能够提供足够的运算能力对海量空间数据进行可视化分析和计算处理。以 Hansen 等（2013）开展的 21 世纪以来全球森林分布和变化制图工作为例，数据包括 12 年，共 654178 景 Landsat 影像数据，Earth Engine 提供了 10000 个 CPU，共 1000000 个 CPU 计算时，花了 4 天的时间完成所有计算，而这一数据量在单机上的计算量和所需要的时间是难以想象的。2019 年 Earth Engine 将深度学习平台 TensorFlow 耦合了进来（https：//developers.google.com/ earth-engine/tensorflow），进一步提升了其计算分析能力。Earth Engine 不仅提供了在线的 JavaScript API，同时也提供了离线的 Python API，通过这些 API 可以快速建立基于 Earth Engine 及谷歌云的 Web 服务。此外，与大多数超级计算中心不同，Earth Engine 还旨在帮助研究人员轻松地将其结果共享给其他人，如 Earth Engine 用户可以通过 Earth Engine Apps（https：//www.earthengine.app）将自己的成果共享给他人，而无需提供源代码。用户可以在 Earth Engine 上开发自己的算法，并生产系统数据产品或部署由 Earth Engine 资源支持的交互式应用程序，而无需开发应用程序，Web 编程或 HTML 方面的专家（Gorelick et al., 2017）。Google 云平台（https：//cloud.google.com）是 Google 公司的核心云计算平台，它使用了 Google 核心基础架构、数据分析和机器学习技术的云计算服务，可以让用户体验高效、安全的云服务。

Earth Engine 平台访问地址：https：//earthengine.google.com。

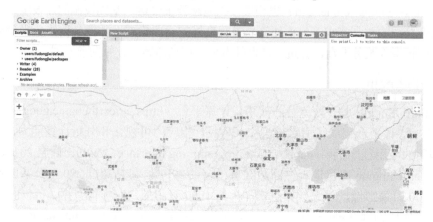

图 1-1　基于 Earth Engine Javascript API 的用户交互编程界面

2. Descartes Labs

笛卡儿实验室 Descartes Labs 成立于 2014 年，和 Earth Engine 类似，也提供一个 PB 级别的地理空间数据集，所有的标准化和互操作都可以通过一个公共接口进行，快速访问数据的框架，以及提供 Python 版本的 API。同时也提供类似 Earth Engine Exporler 的 Web 界面，用于浏览数据目录，进行数据可视化。现提供的数据源包括多光谱光学遥感影像、高分辨率光学遥感影像、大气数据、地球同步卫星观测数据、SAR 数据、高程数据、水文数据、气象数据、AIS（automatic identification system）数据、土地利用数据、内部数据等。和 Earth Engine 不同的是，笛卡儿实验室主要用于商用（图 1-2）。

Descartes Labs 平台访问地址：www.descarteslabs.com。

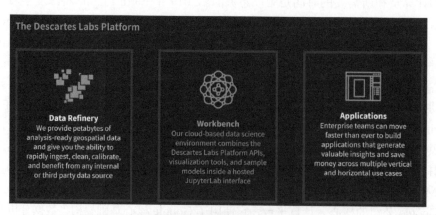

图 1-2　笛卡儿实验室平台的三个组成部分

3. Amazon Web Services

Amazon Web Services（AWS）是全球最全面、应用最广泛的云平台之一，Amazon Elastic Compute Cloud（Amazon EC2）是一种 Web 服务，可以在云中提供安全并且可调整大小的计算容量，该服务旨在让用户能更快更轻松地进行 Web 规模的云计算。在地学领域，目前已有数个应用将数据放在 AWS 上（https：//aws.amazon.com/cn/earth），如美国 Landsat 8 数据、欧洲空间局 Sentinel 1/2 数据、中巴地球资源卫星（CBERS）数据和 OpenStreetMap 数据等。AWS 云服务作为一个老牌的云服务提供商，目前在中国也有自己的节点服务，中国的用户可以通过中国来使用亚马逊云提供的服务。2018 年 11 月，亚马逊在拉斯维加斯的 AWS re：Invent 大会上，宣布成立 AWS Ground Station（卫星接收地面站）。这一项云服务，让客户可以从当前卫星数据中下载全球 12 个 AWS 地面站中的任何一个，并快速与 AWS 其他服务结合，处理、存储、分析和传输数据。客户可以更快地获得及时的数据，迅速实验新的应用程序，从而更快地将产品推向市场，无需购买、租赁或维护复杂、昂贵的基础设施。AWS Ground Station 号称卫星接收地面站，实质上是一个云上的数据分发，支持 CubeSats、PocketQubes 和 SunCubes 等商业卫星数据。

中国区官网访问地址：https：//aws.amazon.com/cn。

4. Data Cube

本节中，数据立方体（Data Cube）主要指澳大利亚地学数据立方体（Australian Geoscience Data Cube，AGDC）（https：//www.opendatacube.org）。AGDC 旨在通过解决影响地球观测数据有效性的 3V（volume、velocity、variety）方面的挑战，从而有效发挥地球观测数据的全部潜能（图 1-3）。

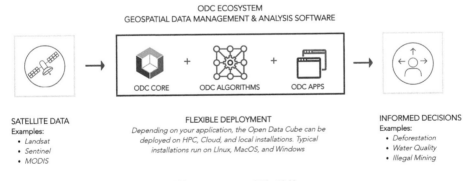

图 1-3　AGDC 框架结构

AGDC 的基础和核心组件包括三个部分，分别是：①数据准备，包括对地球观测数据的几何和辐射校正，以产生支持时间序列分析的标准化地表反射率，以及跟踪每个数据立方体出处的收集管理系统制定并规范化后处理决策；②用于管理数据并与之交互的软件环境；③澳大利亚国家计算基础设施（NCI）提供的支持性高性能计算环境（Lewis et al., 2017）。

AGDC 平台访问地址：https：//www.opendatacube.org。

5. EOSC 平台

目前欧洲还未有专门针对遥感的云计算平台，但欧洲开放科学云（European Open Science Cloud，EOSC）平台中有存储 Sentinel、Landsat、MODIS、Envisat 和其他卫星的历史数据，并提供相应的计算服务。EOSC 是 2016 年发起的"欧洲云计划-建立欧洲具有竞争力的数据和知识经济"的一部分。该组织联合了现有和新兴的数据基础架构，为欧洲科学、工业和公共机构提供：①世界一流的数据基础架构，用于存储和管理数据；②高速连接用以传输数据；③功能强大的高性能计算机用来处理数据（图 1-4）。

EOSC 平台访问地址：https：//eosc-portal.eu。

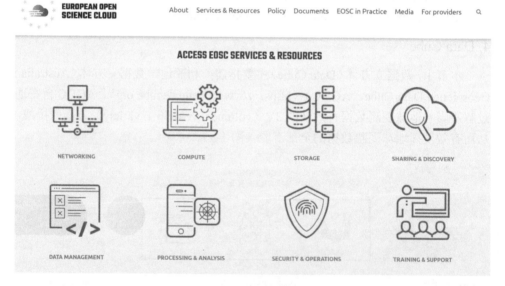

图 1-4　EOSC 平台界面

6. CASEarth

中国科学院 A 类战略性先导科技专项"地球大数据科学工程"（CASEarth）也发布了专项的遥感云计算平台"地球大数据挖掘分析系统（EarthDataMincr）云服务 V1.0"（http：//earthdataminer.casearth.cn）（图 1-5），目前只对专项内部人员开放测试。该系统提供长时序的多源对地观测数据即得即用产品集，包括 1986 年中国遥感卫星地面站建设以来 20 万景（每景 12 种产品，共计 240 万个产品）的长时序陆地卫星数据产品，基于高分卫星 1/2、资源 3 号卫星等国产高分辨率遥感卫星数据制作的 2m 分辨率动态全国一张图，利用高分卫星、陆地卫星等国内外卫星数据制作的 30m 分辨率动态全球一张图，以及重点区域的亚米级即得即用产品集等。目前，CASEarth 系统的共享数据总量约 5PB，其中对地观测数据 1.8PB，生物生态数据 2.6PB，大气海洋数据 0.4PB，基础地理数据及地面观测数据 0.2PB；地层学与古生物数据库 49 万条数据记录、中国生物物种名录 360 万条、微生物资源数据库 42 万条、组学数据目前在线 10 亿条。随着硬件条件不断完善，平台数据将陆续更新上线，并且每年将以 3PB 的数据量进行更新（http://casearth.cn/tpl/SpecialSurvey.html）。

图 1-5　EarthDataMiner 界面

EarthDataMiner 将为地学领域科学家提供多领域交叉融合的挖掘分析工具系统和云服务，引入前沿机器学习算法，利用高质高效的模型与算法共享机制（包括基础算法和共享算法），提升多领域综合分析模型的创新设计质量和效率。其核心功能包括三个方面。

（1）Web 版 Python 代码开发环境，地图和图表可视化。

（2）挖掘分析模型与算法库管理，集成通用科学计算、机器学习和数据挖掘算法，以及遥感图像地物识别等领域算法。

（3）基于容器云环境与大数据引擎，针对遥感应用处理函数实现高效分布式执行。

CASEarth EarthDataMiner 访问地址：http://earthdataminer.casearth.cn。

7. 阿里云

阿里云计算（Alibaba Cloud）目前是国内主要云计算服务提供商之一，它们提供整个云计算全套服务，包括硬件、软件相关全部内容。截至 2018 年上半年，公有云 IaaS 厂商全球市场份额阿里云排名第三，仅次于 AWS 和 Azure。2019 年 12 月，阿里云联合四维、长光、超图和 DigitalGlobe 等多家卫星影像公司，发布数字地球引擎，提供开放式的影像数据集、遥感 AI 能力、丰富的 API 接口等，在国土资源监管、水利河道治理、自然环境保护和农业估产等领域帮助政府和企业提升效率。数字地球引擎采用了新的时空数据库技术，可对多维空间数据按照标准进行规模化存储、跨模型融合计算等。卫星遥感数据和增值服务解决方案包括在线遥感数据服务、数据的智能化增值和生态化的应用服务。应用场景包括违建监管、路网规划等城市管理领域，生态管理等自然资源领域，保险、期货等商业应用领域，以及蚂蚁森林等公益事业领域。

阿里云官网访问地址：https：//cn.aliyun.com。

8. 华为云

2020 年 1 月，华为云 GeoGenius-遥感智能体正式发布，以云计算+人工智能+5G 等新技术加持，促进遥感产业智能升级。通过提供一站式全流程遥感智能开发云平台，帮助用户聚焦挖掘时空数据核心价值，通过提高遥感服务的市场化导向，建立与地理信息系统、大数据有机结合的遥感产业综合体系，推动实现卫星遥感产业的规模化和高质量发展。华为云还与中国四维综合运用大数据、云计算、人工智能、5G 等技术构建了遥感产业云服务平台"四维地球"，其中包括目标识别、变化检测在内的智能信息产品服务，实现连接政府、企业、公众海量用户的应用。

华为云官网访问地址：https：//www.huaweicloud.com。

9. 腾讯云

在 2019 年 12 月，腾讯联合多家科技公司推出"WeEarth 超级地球"。该平台计划在未来数年内，组建一个包括 300 颗卫星在内的对地观测网，并通过"专属卫星"服务为政府机构、科研院所、科技企业提供"开箱即用"的遥感服务。这种服务模式允许用户获得特定地理区域上空多颗卫星的使用权，这将使一部分难以自购或自产卫星的政企能以较低成本拥有属于自己的"专属卫星"服务，从而快速监测到农业、林业、海洋、国土、环保、气象等情况。目前，腾讯与海鹰卫星合作推出的卫星云服务已上线，用户能够很便捷地实现遥感数据和服务发布、遥感数据定点拍摄需求管理、卫星状态实时监测等功能，使得用户"直连卫星"，做到"卫星即服务"。"WeEarth 超级地球"还提供时空大数据管理、融合与逻辑运算能力，以及地图、遥感、物联网、位置服务等领域的全时空 PaaS、SaaS 服务。

腾讯云官网访问地址：https：//cloud.tencent.com。

1.4.3 遥感云计算平台的科学应用

截至 2020 年 2 月，遥感云计算平台以 Earth Engine 应用最为广泛，其他的还包括 NEX、EarthDataMiner 等。这里以 Earth Engine 的科学应用为例，对遥感云计算平台在科学研究上的应用进行概述。Earth Engine 将数 PB 级的卫星图像和地理空间数据集目录与行星级尺度分析功能结合在一起，使科学家、研究人员和开发人员可以使用它来进行检测变化，绘制趋势并量化地球表面的差异。自 Earth Engine 发布以来，研究人员已经利用 Earth Engine 开展了大量工作，以 *Nature*、*Science* 和美国国家科学院院刊（*PNAS*）为主期刊上发表的文章为例，截至 2020 年 1 月底，Earth Engine 被应用于多个方面：①与土地覆被相关的全球/区域森林变化（Hansen et al., 2013；Bastin et al., 2017；Finer et al., 2018；Qin et al., 2019；Wang et al., 2020），全球/区域地表水体变化（Donchyts et al., 2016；Pekel et al., 2016；Zou et al., 2018），农田制图（Dong et al., 2016；Xiong et al., 2017；Zeng et al., 2018），油棕制图（Ordway et al., 2019），城市制图（Liu et al., 2018），湖泊浮游植物制图（Ho et al., 2019），全球土地覆被制图（Gong et al., 2019）；②其他相关应用：包括全球树林恢复潜力（Bastin et al., 2019），产量估算（Burke and Lobell，2017），河流宽度（Yang et al., 2019），全球潮滩变化（Murray et al., 2018），全球城市可达性（Weiss et al., 2018）、北极变绿（Myers-Smith et al., 2020）、三角洲变化（Nienhuis et al., 2020）、全球河流冰覆盖变化（Yang et al., 2020）、植物入侵（Venter et al., 2018）、山脉积雪厚度（Lievens et al., 2019）、地貌（Ielpi and Lapôtre，2020），动物栖息地（Joshi et al., 2016），动物进化（Miller et al., 2019），海岸侵蚀（Overeem et al., 2017），碳循环（Badgley et al., 2017；Doetterl et al., 2018；Bògard et al., 2019；Drake et al., 2019；Maxwell et al., 2019；Roopsind et al., 2019；Stocker et al., 2019），生物多样性（Betts et al., 2017；Pfeifer et al., 2017；Dethier et al., 2019；Jung et al., 2019；Powers and Jetz，2019），物候（Laskin et al., 2019），自然灾害（Walter et al., 2019），气候变化（Reiche et al., 2016；Tuckett et al., 2019），冰冻圈（Kraaijenbrink et al., 2017；Kääb et al., 2018；Chudley et al., 2019；Ryan et al., 2019），疟疾制图（MacDonald and Mordecai，2019），社会经济应用（Müller et al., 2016；Watmough et al., 2019）等。同时，也利用 Earth Engine 将相关工作进行了典型应用展示（SaaS），如：

（1）全球森林观察（Global Forest Watch, https：//www.globalforestwatch.org）；

（2）生命地图（Map of Life, https：//mol.org）；

（3）全球地表水制图（https：//global-surface-water.appspot.com，aqua-monitor. appspot.com）；

（4）疟疾分布制图（The Disease Surveillance and Risk Monitoring，https：// www.disarm.io）；

（5）土地覆被制图样本点选取（Collect Earth，http：//www.openforis.org）；

（6）手机数据采集工具（Open Data Kit Collect，https：//opendatakit.org）；

（7）全球捕鱼观察（Global Fishing Watch，http：//globalfishingwatch.org）；

（8）蒸散发估算（EEFlux，http：//eeflux-training.appspot.com）；

（9）生物多样性（EarthEnv，http：//www.earthenv.org）；

（10）大气模拟计算（Climate Engine，https：//clim-engine.appspot.com/climate Engine）；

（11）在线土地覆被制图（Re-Map，https：//remap-app.org）；

（12）全球可达性制图（https：//access-mapper.appspot.com）；

（13）历史环境和气候分析（EarthMap，https：//beta.earthmap.org）。

由此可见，遥感云计算的应用已走出传统遥感的范畴，成为解决生态和环境变化、土地利用监测、气候变化等研究领域前沿问题的重要工具，已走进经济活动和生态环境等方方面面。使大尺度、高分辨率、长时间序列的快速计算和应用成为可能，且这些数据与计算结果可在遥感云平台方便地进行共享，迎来了向多种应用场景开放的局面。

1.5 遥感云计算的发展展望

迄今已有超过 40 年的遥感数据，但很多都缺乏下载和数据分析，同时，还不断有新的遥感卫星发射，获得新的观测数据。如何有效地利用这些海量遥感数据去挖掘有用的信息，进一步理解变化中的地球，需要借助遥感云平台来更迅速便捷的实现。未来遥感云平台的发展将会进一步将用户的关注度集中在需要解决的问题本身，而不再去花大量时间进行遥感数据的预处理。同时，以遥感为基础的全球尺度或长时间序列研究将会不断出现。具体来说，我们认为遥感云计算将会在以下四个方面有快速发展或应用潜力。

1.5.1 促进服务需求导向的快速信息获取

传统遥感服务仍是以卫星影像的分发、处理、分析作为主要业务，用户使用卫星服务的门槛高，需要掌握专业的遥感卫星数据处理技术。处理海量遥感影像能力较弱，导致卫星数据使用效率偏低，严重影响了遥感影像使用的效率和空间决策的进行。这一定程度上限制了卫星数据向大众的普及应用潜力。当时云计算平台的快速发展,如 Earth Engine 平台是一个集数据管理、数据预处理、结果可视化功能于一体的一站式服务平台。用户仅需要掌握基本的编程语言就可以方便调用各种函数和数据处理方法实现结果的快速呈现。有了遥感云计算平台、人工智能及 5G 技术等新兴技术的推动,形成"卫星即服务"的"智慧遥感"技术体系,将使遥感数据更方便、更有效地应用于产业乃至社会服务。

1.5.2　研究视角从区域尺度扩展到全球

海量数据处理能力与处理方法的局限性导致全球变化研究结果的不确定性,现有研究手段无法清晰刻画其动力机制,面对海量数据无所适从,也无法挖掘数据的价值(吴炳方等,2016)。云计算为海量遥感数据的处理和知识发现提供了新的机遇,遥感云计算平台的海量云存储空间和云计算能力使得大尺度海量数据的快速处理成为可能,同时,借助遥感云平台,直接基于海量地理空间数据驱动科学问题发现,可能会催生出遥感理论和应用的科学研究新范式,帮助全球变化研究的认知水平实现大的跨越。例如,目前越来越多的小卫星和密集观测数据是未来行业应用的一个重要领域,如果将这些小卫星数据与遥感云计算平台整合,全球变化研究的效率将极大提高。

1.5.3　用户群体从政府和行业部门扩展到公众

遥感云计算将会促使遥感应用快速向两个方向发展,一方面,应用会更加深入化、精细化和专业化,如在全球尺度地表水体研究方面,由于遥感云计算的出现,相继出现了长时间序列地表水时空变化分布,河流宽度、河流冰覆盖、河流地貌变化的成果;另一方面,一些没有遥感基础的用户参与,使应用变得大众化,突破传统遥感应用,应用行业变得更宽泛,如针对非专业用户的在线土地覆被制图应用 Re-Map。另外,随着遥感云计算在精准农业管理、产量预测与农业期货、灾害保险与定损理赔等应用场景的发展和成熟,多讲产品小逻辑,少讲行业大故事,有望形成技术、应用和产业的闭环,进而从需求层面推动云计算的发展。遥感云计算还需要良好的商业模式推动助力,形成需求与技术正向迭代的良性循环。即使是在 Earth Engine 云计算平台上,遥感数据的提取与使用对非专业人士仍有一定的难度,如何采用大众能接受的方式,最大限度地降低遥感数据的理解与使用门槛,培养用户习惯,将遥感展示得不像传统意义上的专业"遥感",是让遥感真正大众化的关键。

1.5.4　数据挖掘与机理研究的相互促进与融合

　　遥感大数据与云计算的一大优势在于通过数据驱动，从海量数据中采用机器学习甚至深度学习挖掘相关关系，让解决问题走在了机理研究的前面。通常，这样的相关关系受限于所采用的训练数据的代表性，具有一定的时空局限性，在进行空间或时间上的外推时通用性会受到影响。这时，深化机理研究，建立更具有普适性的因果关系与物理模型的跟进也显得尤为重要。一方面，采用机器学习挖掘出的相关关系，有助于通过快速检测与迭代，在纷繁复杂的多变量中抓住主要矛盾，排除无关变量的干扰，让建立的物理模型考虑更加全面。另一方面，物理模型由于参数众多，在高维参数空间进行反演时查找表和计算量巨大，具有相当的"病态性"与"复杂性"。采用机器学习训练物理模型，有助于让基于物理模型的反演更加高效可行。"知其然"与"知其所以然"、"相关关系"与"因果关系"、"数据"与"模型"、"机器学习"与"物理机理"将会相互促进，共同服务于"解决问题"与"认识现象背后的机理"。

　　尽管有这些应用前景，目前遥感云平台仍有一定的局限性，因为遥感云平台的存储和计算资源并不是无限的。以 Earth Engine 为例，一般用户的存储空间（Assets）只有 250 G，另外，Earth Engine 在海量栅格数据处理速度上较为便捷，但在海量矢量数据（如 Orbcomm 卫星在 2018 年每天的全球 AIS 数据量达到千万条数据记录）处理速度上，优势并不明显。此外，遥感产品的大量推出也使用户对及时、细致和全面产品精度验证的需求更为迫切。遥感影像的信息提取大致分为物理信息与几何信息，其中，物理信息的提取通常涉及反演模型，具有一定的不确定性。对于中低分辨率遥感像元，受限于地面测量的空间代表性，与遥感像元之间存在着空间尺度上的不一致性，专题产品通常难以直接进行精度验证。随着遥感空间分辨率的提高，对产品的直接验证越来越可行且必要。此外，相当一部分的应用场景对遥感的空间、时间甚至是光谱分辨率有明确要求。只有在不同空间范围、时间跨度等维度上对遥感产品进行了细致、全面的真实性检验，形成系统规范的产品时空分辨率、绝对/相对精度等技术指标，才更有利于遥感产品满足实际中的各种应用需求。

参 考 文 献

吴炳方, 高峰, 何国金, 等. 2016. 全球变化大数据的科学认知与云共享平台. 遥感学报, 20(6): 1479-1484.

Badgley G, Field C B, Berry J A. 2017. Canopy near-infrared reflectance and terrestrial photosynthesis. Science Advances, 3(3). e1602244.

Bastin J F, Berrahmouni N, Grainger A, et al. 2017. The extent of forest in dryland biomes. Science,

356(6338): 635-638.

Bastin J F, Finegold Y, Garcia C, et al. 2019. The global tree restoration potential. Science, 365(6448): 76-79.

Betts M G, Wolf C, Ripple W J, et al. 2017. Global forest loss disproportionately erodes biodiversity in intact landscapes. Nature , 547(7664): 441-444.

Bogard M J, Kuhn C D, Johnston S E, et al. 2019. Negligible cycling of terrestrial carbon in many lakes of the arid circumpolar landscape. Nature Geoscience, 12(3): 180-185.

Burke M, Lobell D B. 2017. Satellite-based assessment of yield variation and its determinants in smallholder African systems. Proceedings of the National Academy of Sciences, 114(9): 2189-2194.

Chudley T R, Christoffersen P, Doyle S H, et al. 2019. Supraglacial lake drainage at a fast-flowing Greenlandic outlet glacier. Proceedings of the National Academy of Sciences, 116(51): 25468-25477.

Dethier E N, Sartain S L, Lutz D A. 2019. Heightened levels and seasonal inversion of riverine suspended sediment in a tropical biodiversity hot spot due to artisanal gold mining. Proceedings of the National Academy of Sciences, 116(48): 23936-23941.

Doetterl S, Berhe A A, Arnold C, et al. 2018. Links among warming, carbon and microbial dynamics mediated by soil mineral weathering. Nature Geoscience, 11(8): 589-593.

Donchyts G, Baart F, Winsemius H, et al. 2016. Earth's surface water change over the past 30 years. Nature Climate Change, 6: 810.

Dong J, Xiao X, Menarguez M A, et al. 2016. Mapping paddy rice planting area in northeastern Asia with Landsat 8 images, phenology-based algorithm and Google Earth Engine. Remote Sensing of Environment, 185: 142-154.

Drake T W, Van Oost K, Barthel M, et al. 2019. Mobilization of aged and biolabile soil carbon by tropical deforestation. Nature Geoscience, 12(7): 541-546.

Finer M, Novoa S, Weisse M J, et al. 2018. Combating deforestation: From satellite to intervention. Science, 360(6395): 1303-1305.

Gong P, Liu H, Zhang M, et al. 2019. Stable classification with limited sample: Transferring a 30-m resolution sample set collected in 2015 to mapping 10-m resolution global land cover in 2017. Science Bulletin, 64(6): 370-373.

Goodchild M F, Guo H, Annoni A, et al. 2012. Next-generation Digital Earth. Proceedings of the National Academy of Sciences, 109(28): 11088-11094.

Gorelick N, Hancher M, Dixon M, et al. 2017. Google Earth Engine: Planetary-scale geospatial analysis for everyone. Remote Sensing of Environment.

Hansen M C, Potapov P V, Moore R, et al. 2013. High-resolution global maps of 21st-Century forest cover change. Science, 342(6160): 850-853.

Ho J C, Michalak A M, Pahlevan N. 2019. Widespread global increase in intense lake phytoplankton blooms since the 1980s. Nature, 574(7780): 667-670.

Ielpi A, Lapôtre M G A. 2020. A tenfold slowdown in river meander migration driven by plant life. Nature Geoscience, 13(1): 82-86.

Jean N, Burke M, Xie M, et al. 2016. Combining satellite imagery and machine learning to predict poverty. Science, 353(6301): 790-794.

Joshi A R, Dinerstein E, Wikramanayake E, et al. 2016. Tracking changes and preventing loss in critical tiger habitat. Science Advances, 2(4): e1501675.

Jung M, Rowhani P, Scharlemann J P W. 2019. Impacts of past abrupt land change on local biodiversity globally. Nature Communications, 10(1): 5474.

Kääb A, Leinss S, Gilbert A, et al. 2018. Massive collapse of two glaciers in western Tibet in 2016 after surge-like instability. Nature Geoscience, 11(2): 114-120.

Kraaijenbrink P D A, Bierkens M F P, Lutz A F, et al. 2017. Impact of a global temperature rise of 1.5 degrees Celsius on Asia's glaciers. Nature, 549(7671): 257-260.

Laskin D N, McDermid G J, Nielsen S E, et al. 2019. Advances in phenology are conserved across scale in present and future climates. Nature Climate Change, 9(5): 419-425.

Lewis A, Oliver S, Lymburner L, et al. 2017. The Australian Geoscience Data Cube — Foundations and lessons learned. Remote Sensing of Environment, 202: 276-292.

Lievens H, Demuzere M, Marshall H P, et al. 2019. Snow depth variability in the Northern Hemisphere mountains observed from space. Nature Communications, 10(1): 4629.

Liu X, Hu G, Chen Y, et al. 2018. High-resolution multi-temporal mapping of global urban land using Landsat images based on the Google Earth Engine Platform. Remote Sensing of Environment, 209: 227-239.

MacDonald A J, Mordecai E A. 2019. Amazon deforestation drives malaria transmission, and malaria burden reduces forest clearing. Proceedings of the National Academy of Sciences, 116(44): 22212-22218.

Maxwell S L, Evans T, Watson J E M, et al. 2019. Degradation and forgone removals increase the carbon impact of intact forest loss by 626%. Science Advances, 5(10): eaax2546.

Miller E T, Leighton G M, Freeman B G, et al. 2019. Ecological and geographical overlap drive plumage evolution and mimicry in woodpeckers. Nature Communications, 10(1): 1602.

Moore R, Hansen M. 2011. Google Earth Engine: A new cloud-computing platform for global-scale earth observation data and analysis. AGU Fall Meeting Abstracts. IN43C-02.

Müller M F, Yoon J, Gorelick S M, et al. 2016. Impact of the Syrian refugee crisis on land use and transboundary freshwater resources. Proceedings of the National Academy of Sciences, 113(52): 14932-14937.

Murray N J, Phinn S R, DeWitt M, et al. 2018. The global distribution and trajectory of tidal flats. Nature, 1.

Myers I H, Kerby J T, Phoenix G K, et al. 2020. Complexity revealed in the greening of the Arctic. Nature Climate Change, 10(2): 106-117.

Nemani R, Votava P, Michaelis A, et al. 2010. NASA Earth Exchange: A Collaborative Earth Science Platform. AGU Fall Meeting Abstracts.

Nienhuis J H, Ashton A D, Edmonds D A, et al. 2020. Global-scale human impact on delta morphology has led to net land area gain. Nature, 577(7791): 514-518.

Ordway E M, Naylor R L, Nkongho R N, et al. 2019. Oil palm expansion and deforestation in Southwest Cameroon associated with proliferation of informal mills. Nature Communications, 10(1): 114.

Overeem I, Hudson B D, Syvitski J P M, et al. 2017. Substantial export of suspended sediment to the global oceans from glacial erosion in Greenland. Nature Geoscience, 10(11): 859-863.

Pekel J F, Cottam A, Gorelick N, et al. 2016. High-resolution mapping of global surface water and its long-term changes. Nature, 540(7633): 418-422.

Pfeifer M, Lefebvre V, Peres C A, et al. 2017. Creation of forest edges has a global impact on forest vertebrates. Nature, 551(7679): 187-191.

Popkin G. 2018. US government considers charging for popular Earth-observing data. Nature, 556 (7700): 417-419.

Powers R P, Jetz W. 2019. Global habitat loss and extinction risk of terrestrial vertebrates under future land-use-change scenarios. Nature Climate Change, 9(4): 323-329.

Qin Y, Xiao X, Dong J, et al. 2019. Improved estimates of forest cover and loss in the Brazilian Amazon in 2000–2017. Nature Sustainability, 2(8): 764-772.

Reiche J, Lucas R, Mitchell A L, et al. 2016. Combining satellite data for better tropical forest monitoring. Nature Climate Change, 6(2): 120-122.

Roopsind A, Sohngen B, Brandt J. 2019. Evidence that a national REDD+ program reduces tree cover loss and carbon emissions in a high forest cover, low deforestation country. Proceedings of the National Academy of Sciences, 116(49): 24492-24499.

Ryan J C, Smith L C, van As D, et al. 2019. Greenland Ice Sheet surface melt amplified by snowline migration and bare ice exposure. Science Advances, 5(3): eaav3738.

Stocker B D, Zscheischler J, Keenan T F, et al. 2019. Drought impacts on terrestrial primary production underestimated by satellite monitoring. Nature Geoscience, 12(4): 264-270.

Tuckett P A, Ely J C, Sole A J, et al. 2019. Rapid accelerations of Antarctic Peninsula outlet glaciers driven by surface melt. Nature Communications, 10(1): 4311.

Venter Z S, Cramer M D, Hawkins H J. 2018. Drivers of woody plant encroachment over Africa. Nature Communications, 9(1): 2272.

Walter T R, Haghshenas Haghighi M, Schneider F M, et al. 2019. Complex hazard cascade culminating in the Anak Krakatau sector collapse. Nature Communications, 10(1): 4339.

Wang Y, Ziv G, Adami M, et al. 2020. Upturn in secondary forest clearing buffers primary forest loss in the Brazilian Amazon. Nature Sustainability, 3: 290-295.

Watmough G R, Marcinko C L J, Sullivan C, et al. 2019. Socioecologically informed use of remote sensing data to predict rural household poverty. Proceedings of the National Academy of Sciences, 116(4): 1213-1218.

Weiss D J, Nelson A, Gibson H S, et al. 2018. A global map of travel time to cities to assess inequalities in accessibility in 2015. Nature, 553: 333.

Woodcock C E, Allen R, Anderson M, et al. 2008. Free Access to Landsat Imagery. Science, 320 (5879): 1011.

Wulder M A, Loveland T R, Roy D P, et al. 2019. Current status of Landsat program, science, and applications. Remote Sensing of Environment, 225: 127-147.

Xiong J, Thenkabail P S, Gumma M K, et al. 2017. Automated cropland mapping of continental Africa using Google Earth Engine cloud computing. Isprs Journal of Photogrammetry and Remote Sensing, 126: 225-244.

Yang X, Pavelsky T M, Allen G H. 2020. The past and future of global river ice. Nature, 577(7788): 69-73.

Yang X, Pavelsky T M, Allen G H, et al. 2019. RivWidthCloud: An automated Google Earth Engine algorithm for river width extraction from remotely sensed imagery. IEEE Geoscience and Remote Sensing Letters, 17(2): 217-221.

Zeng Z, Estes L, Ziegler A D, et al. 2018. Highland cropland expansion and forest loss in Southeast Asia in the twenty-first century. Nature Geoscience, 11(8): 556-562.

Zou Z, Xiao X, Dong J, et al. 2018. Divergent trends of open-surface water body area in the contiguous United States from 1984 to 2016. Proceedings of the National Academy of Sciences, 115(15): 3810-3815.

第二篇 实 践 篇

第 2 章　Earth Engine 基础语法与函数

导读　Earth Engine 平台是 Google 公司推出的在线处理遥感影像数据的平台，无论是在科研界还是工业界都是非常流行的处理数据平台。本章中我们首先会详细讲解 Earth Engine 平台发展历史、技术架构等基础内容。其次会介绍 Earth Engine 开发相关的重要概念，如影像数据（Image）、影像数据集合（Image Collection）、矢量数据集合（Feature Collection）。最后会从开发者角度详细讲解 Earth Engine 的程序开发相关的基础知识，包括 JavaScript 版和 Python 版两种 API 的讲解。通过本章的内容学习，读者可以掌握 Earth Engine 开发的相关基础知识，了解其基本运行原理。

2.1　Earth Engine 综述

Earth Engine 平台是一个集科学分析及地理信息数据可视化的综合性平台，该平台提供丰富的 API，以及工具帮助方便查看、计算、处理、分析大范围的各种影像等 GIS 数据。它面向的用户是科研人员、教育人员、非营利性机构、企业及政府机构等，理论上只要是非营利机构用户都可以免费使用（图 2-1）。

图 2-1　Earth Engine 官网界面

2.1.1　Earth Engine 发展历史

针对 40 多年以来封存的卫星数据无法被有效利用的困境，Google 公司开发了 Earth Engine 这一平台，希望实现整合全球信息、供大众使用、让人人受益的目标，这便是 Earth Engine 平台创建的初衷。

1. 2011 年：正式公开 Earth Engine 平台

文献 Google Earth Engine: a new cloud-computing platform for global-scale earth observation data and analysis 显示，Earth Engine 平台在 2011 年美国地球物理学会秋季大会第一次被正式报道（图 2-2），开始进入大众视野，逐步面向全球用户提供服务（图 2-2）。

Google Earth Engine: a new cloud-computing platform for global-scale earth observation data and analysis

Authors	RT Moore, MC Hansen
Publication date	2011/12
Journal	AGU Fall Meeting Abstracts
Description	Google Earth Engine is a new technology platform that enables monitoring and measurement of changes in the earth's environment, at planetary scale, on a large catalog of earth observation data. The platform offers intrinsically-parallel computational access to thousands of computers in Google's data centers. Initial efforts have focused primarily on global forest monitoring and measurement, in support of REDD+ activities in the developing world. The intent is to put this platform into the hands of scientists and developing world nations, in order to advance the broader operational deployment of existing scientific methods, and strengthen the ability for public institutions and civil society to better understand, manage and report on the state of their natural resources. Earth Engine currently hosts online nearly the complete historical Landsat archive of L5 and L7 data collected over more than twenty-five years. Newly ...

图 2-2　正式介绍 Earth Engine 的第一个报告/文章

2. 2013 年：第一个基于 Earth Engine 的全球研究——利用 Earth Engine 实现全球森林变化监测

Matthew Hansen 团队在 2013 年发表的学术论文 High-resolution global map of 21st-century forest cover change 是 Earth Engine 应用中的里程碑式成果，在学术界引起了非常大的轰动。Earth Engine 平台出现之前，全球高分辨率卫星数据的处理和提取几乎只能通过调用超级计算机中心来实现。因此，Earth Engine 的出现从根本上改变了这种情况，普通的研究者不再受限于硬件条件的限制，拥有了"无限"的计算能力和存储能力，可以实现全球任意大小区域的研究（图 2-3）。

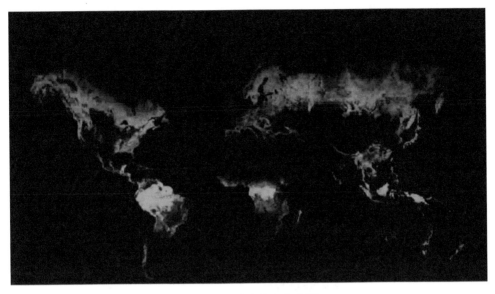

图 2-3　全球森林变化监测

3. 一系列全球专题土地覆盖产品

随后，平台得到 *Nature* 和 *Science* 等重量级学术刊物认可，基于 Earth Engine 的土地覆盖专题信息提取的一系列研究成果陆续发表。截至 2020 年 2 月，*Nature* 共刊有 13 篇相关文章，*Science* 则有 17 篇，涉及潮间带、灌溉用地、森林、水体等不同的土地类型信息的提取。

4. 2017 年：团队发表专业期刊论文详细介绍 Earth Engine 构架

全面剖析 Earth Engine 的 *Remote Sensing of Environment* 杂志文章 *Google Earth Engine*：*Planetary-scale geospatial analysis for everyone* 由 Earth Engine 核心团队成员发表，详细介绍了 Earth Engine 平台的运行原理、可用数据和算法等情况，使 Earth Engine 进一步为人所知，这是系统了解 Earth Engine 不可多得的文章。

2.1.2　Earth Engine 架构

1. Earth Engine 技术架构

从图 2-4 可以看到 Earth Engine 在技术架构上可以分为四大部分。

（1）前台调用服务（Earth Engine 自带的编辑器 Code Editor，以及第三方的应用 Web Apps）；

（2）API（包括 JavaScript 版的 API 和 Python 版的 API）；

（3）后台计算服务器（一种是实时计算服务器 On-the-Fly Computation 主要负责将计算结果实时显示到前台，另外一种是异步计算服务器 Batch Computation 主要负责导出任务计算等）；

（4）数据存储服务（金字塔地图服务和 Earth Engine 本身的 Google Assets 数据存储服务）。

其中我们开发主要是通过在 Earth Engine 前台编辑器编写相关代码，来处理分析各种影像、矢量数据。

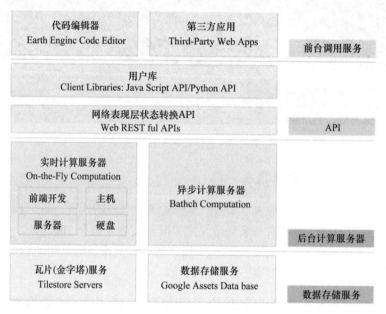

图 2-4　Earth Engine 技术架构图

2. Earth Engine 运行架构

图 2-5 展示了使用 Earth Engine 平台的整个处理流程，它和本地的软件使用有些不太一样，目前主要是通过用户自己编写相关处理代码来处理遥感影像数据，而不是通过界面 UI 操作来实现的。具体步骤如下：

（1）用户是在 Earth Engine 提供的在线编辑器上编写代码；

（2）点击运行后编辑器会将我们编写的所有代码通过 API 接口直接发送给 Earth Engine 的后台；

（3）Earth Engine 后台接收到我们编写的代码后会根据代码的逻辑将代码分配到不同服务器上操作；

（4）显示的逻辑会经过后台计算后返回给编辑器地图界面显示，同时将输出的结果输出到输出窗口中；

（5）异步导出的逻辑会生成相关导出任务，然后在后台异步执行直至任务导出结束，相关结果会根据我们的设置导出到 Google Drive、Google Cloud Storage 或者 Google Assets 中。

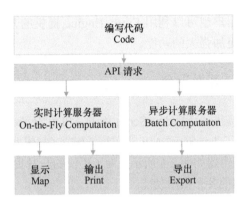

图 2-5　Earth Engine 使用架构图

2.1.3　Earth Engine 平台优势

1）非商业用户免费使用

Earth Engine 面向全球科研人员、学生、教育工作者等非商业性质用户提供免费服务，这有益于科研、学习、教育的发展，使得信息时代的优势更为彰显。

2）基础数据量大

Earth Engine 集成了全球近 40 多年的公开遥感影像数据，如 Landsat、MODIS、Sentinel 等系列产品数据，还包括夜光遥感数据、气象数据等，这使得用户可方便地调用海量在线数据。

据不完全统计，目前 Earth Engine 平台数据总量已经超过 30PB（1PB=1024TB，1TB=1024GB，1GB=1024MB），且数据依然在以月增加量近 PB 级别的速度不断增加。此外，除官方提供的基础数据，用户还可以根据需求上传私有数据供自己及团队使用。

3）后台处理运算能力强

使用 Earth Engine 平台，用户可以较方便地处理全球的影像数据，解决了用户受限于自己本地机器运算能力不强，以及存储空间不足的问题，能够高效、快速地处理大范围的影像。

4）完整的生态开发环境

目前 Earth Engine 已经拥有了一个完整而良好的开发生态环境，开发者和平台核心团队人员可以通过论坛、会议等多种形式进行深入交流，探讨各种问题。除现有的工具资源，用户也可以利用 Earth Engine 提供的开发包做二次开发，满足更多的需求，实现更加强大的功能。

2.1.4　Earth Engine 开发平台

Earth Engine 编程提供了包括 JavaScript 版的 API 和 Python 版的 API 两个接口，同时 Earth Engine 提供了 JavaScript API 的在线编辑器（编辑器地址：https://code.earthengine.google.com），编辑器如图 2-6 所示。为了更快的开发我们需要的功能，这里简要介绍一下在线编辑器的各个常用功能。

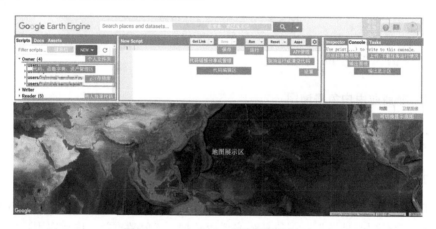

图 2-6　Earth Engine 在线编辑器界面

1. 上侧——搜索区

（1）搜索框：用来搜索地点和 Earth Engine 平台现有的、可访问的公共数据资源。

（2）帮助按钮：包含相关的 URL 的基本内容，如资源信息的地址、用户指导手册等。

（3）账号信息按钮：用户登录、登出。

2. 左侧——Git 存储库区：所有编写的代码文件的存储区域

（1）Scripts：git 代码存储库。主要包括：①Owner（用户自己的代码库）；②Writer（他人分享给用户的代码库，用户可读可写）；③Reader（他人分享给用户的代码库，用户只能读不能写）；④Examples（官方提供的代码例子）；⑤Archive（他人分享的一些工程）。

（2）Docs：Earth Engine 的 API 文档，非常详细的函数使用指南。可用于编写代码过程中相关函数输入参数和用法的查询。

（3）Assets：栅格影像数据和矢量数据的上传存放地点，用户可以在这里创建文件夹或者影像集合来存放自己的源数据或者结果数据，后续章节会专门介绍如何上传数据及使用。

3. 中间——代码编辑区：编写代码核心区域

（1）Get Link：代码分享链接地址的生成按钮。其他用户收到链接地址就可以访问整个代码。该功能便于在咨询问题时与他人共同调试相关代码、查询相关问题。这个按钮使用频率非常高，因此这个功能十分重要。

（2）Manage Links：已分享链接的权限管理按钮。顾名思义，该按钮用于管理分享给他人的链接地址，如果我们不想继续分享，则可以选中删除相关链接，那么他人就无法再通过该链接访问相关代码。

（3）Save：保存代码，它分为两种方式保存：一种是直接保存现有的代码到指定的文件中；另外一种是另存为一份新的代码并保存到 Git 存储库中，其中，在保存新的代码时需要手动输入路径并修改文件名。

（4）Run：运行代码，它也分为两种方式运行。一种是简单运行，不显示运行分析（Profiler）；另外一种是带分析的运行。相比于第一种方式，带分析运行会将代码运行中的详细信息显示出来，直接可视化不同步骤的内存耗费和时间耗费情况，以便于操作者后续进行代码的调试优化。

（5）Reset：重置代码运行结果或者直接将运行代码从代码编辑区移除，清空代码编辑区。

（6）APP 管理：将已编写的代码发布成为 APP，使非 Earth Engine 用户可以直接使用编写封装好的工具，后续章节将详细介绍如何发布 APP，以及发布 APP 的限制等内容。

（7）设置：代码编辑区域设置。包括两项内容：①是否提示错误信息；②是否自动补全如双引号、括号等内容。

4. 右侧——输出显示内容区：显示程序运行结果内容

（1）Interspector：拾取点信息显示窗口。当想要查看显示区影像的详细信息时，可以通过点击图像上某点来获取各种属性信息（位置、波段等），并于此窗口显示。

（2）Console：输出显示程序运行结果的面板。

（3）Tasks：各种任务列表，包括上传任务列表信息、导出任务列表信息。

5. 下侧——地图展示区：在地图上展示运行得到的影像、矢量等结果

（1）左侧矢量图形绘制按钮列表（点、线、面等）。

（2）右侧切换不同底图按钮列表。

2.1.5　Earth Engine 应用的相关学习资源

1. 官方文档

Earth Engine 官方文档是目前最为权威的资料内容（图 2-7），主要包含以下五个方面。

1）指南

详细讲解 Earth Engine 相关的各个方面知识，包括一些主要的函数使用方法，以及 Earth Engine 相关工作原理、常见错误等，地址：https://developers.google.com/earth-engine。

2）API 网页

API 详细文档，包含全部的 JavaScript 版的 Earth Engine 的所有函数，以及参数的详细介绍和部分 Earth Engine 中公开的矢量数据等，地址：https://developers.google.com/earth-engine/api_docs。

3）TUTORIALS

Earth Engine 官方的包括文字教程和视频教程的资料。地址：https://developers.google.com/earth-engine/tutorials。

4）EDU

Earth Engine 官方在全球各地做的一些培训的教程资料，包括培训资料和案例资源。地址：https://developers.google.com/earth-engine/edu。

5）DATA CATALOG

Earth Engine 数据集官网，可查询 Earth Engine 中的相关数据介绍、使用示例。地址：https://developers.google.com/earth-engine/datasets。

图 2-7　官方英文文档界面

2. 基础数据

目前 Earth Engine 上已经有几十 PB 的影像栅格数据及矢量数据（在线地址：https://developers.google.com/earth-engine/datasets），从上述地址不仅能够查询到 Earth Engine 的数据，还可以查询数据最基本的使用方式（图 2-8）。目前 Earth Engine 上的数据大致有以下七类。

（1）影像类数据，如 Landsat 系列产品、MODIS 系列产品、Sentinel 系列产品、NAIP 产品等。

（2）矢量类数据，如全球矢量边界等。

（3）高程数据。

（4）夜光遥感数据。

（5）土地分类产品数据、全球水体数据等。

（6）气候天气数据。

（7）疾病、人口等数据。

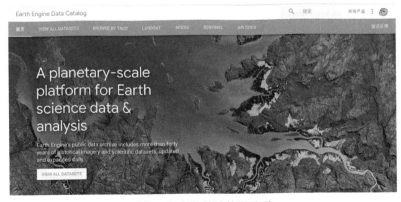

图 2-8　官方基础数据界面

3. 官方论坛

官方论坛是非常重要的一个地方，在这里用户可以向 Earth Engine 的官方人员直接提交相关问题求助，同时论坛中还有很多专业技术人员或技术精英帮助解决相关问题。通过这个论坛，访问者可以学习到很多非官方的知识、使用技巧等（图 2-9）。地址：https://groups.google.com/forum/#!forum/google-earth-engine-deve-lopers。

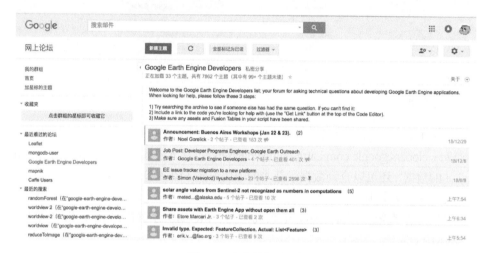

图 2-9 官方论坛界面

4. 官方 APP

官方 APP 列表界面展示的是 Earth Engine 发布的一些 APP 例子，通过学习这些例子也可以让使用者对 Earth Engine 有更深入的了解和认识（图 2-10）。在线地址：https://www.earthengine.app。

图 2-10 官方 APP 展示界面

2.2　Earth Engine 重要概念

下面简单介绍 Earth Engine 中的基本概念，通过理解这些基本概念可以加深对 Earth Engine 的理解。本书假设读者有一定的遥感基础，能够了解影像栅格数据、矢量数据、融合、拼接等遥感相关基础概念。由于篇幅所限，本书仅简要介绍每一个概念的用法，具体的用法和实例会在后续的章节进一步介绍。

2.2.1　服务器和客户端

服务器（Server）和客户端（Client）在结合 Earth Engine 后衍生出来"server-side"和"client-side"两个概念，分别是服务器端编程语言（Earth Engine 编程语言）和客户端编程语言（JavaScript 编程语言）。简单的理解，前者在服务器端运行，后者在浏览器中运行，而这些定义仅针对 Earth Engine 平台。在此举一个简单的实例帮助读者理解服务器端和客户端平台的区别。代码链接：https://code.earthengine.google.com/23acf6c172a9530d31d10c632df70565（代码 1）

```
1.  //client
2.  var name1 = "LSW";
3.  print(typeof name1);
4.  //server
5.  var name2 = ee.String("LSW");
6.  print(typeof name2);
```

运行结果显示两种数据类型分别为"string"和"object"。使用普通的 JavaScript 代码定义的字符串变量是 string 类型，而使用 Earth Engine 的字符串对象 ee.string（）定义的字符串是 object 类型，而这个对象只能在 Earth Engine 服务器中使用或者解析。

2.2.2　地图

Earth Engine 中地图（Map）指的是显示影像栅格数据、矢量数据，是编辑器中的地图展示区，如图 2-11 所示，它对应的 API 就是 Map。

1. 彩色合成

三波段彩色合成显示一幅 Landsat 影像。

1）具体代码

代码链接：https://code.earthengine.google.com/5198ee14bc6bf2ea9fc5911adb18e3bc（代码 2）。

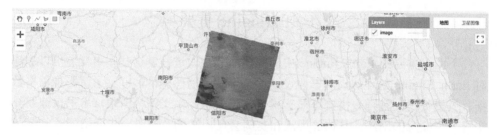

图 2-11　地图

```
1. Map.setOptions("SATELLITE");
2. var  image  =  ee.Image("LANDSAT/LC08/C01/T1_TOA/LC08_
123037_20180611");
3. Map.centerObject(image, 7);
4. var visParam = {
5.   min: 0,
6.   max: 0.3,
7.   bands: ["B4", "B3", "B2"]
8. };
9. Map.addLayer(image, visParam, "rawIamge");
```

2）代码释义
（1）第 1 行设置默认地图显示样式为卫星底图；
（2）第 2 行加载默认的单张影像；
（3）第 3 行设置显示地图以 image 的边界为中心，缩放级别是 7；
（4）第 4～9 行映射影像到 Map 显示区，加载使用的是 addLayer（）方法。

2.2.3　影像

遥感学中影像主要指的是卫星、航拍飞机或者无人机等飞行设备远距离拍摄的影像，存储格式有 GeoTIFF、netCDF 或者 hdf 等，部分卫星遥感影像包含 xml 或者 dat 等头文件以记录卫星影像的具体参数信息。

在 Earth Engine 中影像数据不是以本地文件格式存储的，而是按照 Google 自定义的一种格式存储，程序在使用的时候通过 Earth Engine 提供的 Image API 来调用。

本地处理时，通常对单张影像基于单个像素进行操作、分析或计算，但在 Earth Engine 中用户不需要去对整张影像的像素做“遍历”运算，而是在 Earth Engine 内部实现对整幅影像的操作。这种操作方式与 Python 中的 Numpy 库对整体 Array 的操作类似，读者可通过对比方式来加深对两者的学习。

1. 影像信息

Earth Engine 中的 Image 影像的格式如图 2-12 所示，从图中可得 Earth Engine 中的影像最主要的有三大部分：影像的 ID 和版本号等、波段列表及属性信息。

（1）影像的 ID、版本号、类型等信息是 Earth Engine 进行资源管理时需要的标识，其中影像的 ID 是查找 Earth Engine 中影像的唯一标识。

（2）波段列表中记录了这一景影像所有的波段信息，包括波段值的类型（float）、投影信息（EPSG：32650）、影像的宽高（7791×7931 px）。

（3）属性信息则是记录这张影像的基本信息，如拍摄日期、轨道号、对应存储的 ID、云量等。

图 2-12　影像组成

2. 影像加载

以下代码通过 print（）输出了影像的详细信息，同时选择性加载了两个波段影像（B1 和 B2），还有就是加载了 RGB 波段影像数据，代码链接：https://code.earthengine.google.com/755ab37002062168e110b5ae0b606f98（代码 3）。

```
1.var image = ee.Image("LANDSAT/LC08/C01/T1_TOA/LC08_12303
7_20180611");
2. Map.centerObject(image, 7);
3. print(image);
4. Map.addLayer(image.select("B1"),    {min:0,    max:0.3},
"B1");
5. Map.addLayer(image.select("B2"),        {min:0, max:0.3},
"B2");
6. Map.addLayer(image,              {min:0,        max:0.3,
bands:["B4","B3","B2"]}, "RGB");
```

其中：第 3 行使用 print（）方法输出影像信息，第 4～6 行加载显示影像单波段 "B1"、 "B2" 和 RGB 影像。

2.2.4 影像集合

影像集合（ImageCollection）是把很多张影像放在一起作为一个列表对象存储。这一概念帮助实现集合内所有影像的快速处理，也是体现 Earth Engine 云计算强大能力的重要概念之一。在 Earth Engine 中几乎大部分的数据集都是影像集合，如 Landsat 8 的 TOA 影像集合 USGS Landsat 8 Collection 1 Tier 1 TOA Reflectance，除了使用已有的影像数据集合 Earth Engine 还支持用户自定义影像集合。

Earth Engine 提出影像集合这个概念，一方面更好的管理数据资源，使得数据可以归类存储；另一方面也是方便用户查询使用相关资源。由于 Earth Engine 中存储了数以亿计的影像，用户不知道也不可能记住自己需要的每一景影像的 ID，如果是通过影像集合，那么用户就只需要知道一个影像集合的 ID 就可以，然后通过空间筛选、日期筛选等筛选操作就可以找到自己所需要的影像。

1. 影像集合信息

举例 Earth Engine 中的影像集合的组成，如图 2-13 所示。

从图 2-13 中可以看出 Earth Engine 中的影像集合有以下几大部分内容：影像集合的 ID、版本号、影像集合中包含影像列表和影像集合的属性信息。

（1）影像集合的 ID、版本号、波段名称列表等这些是 Earth Engine 对其资源进行管理的时候需要的标识，其中影像集合的 ID 是我们查找 Earth Engine 中影像集合的唯一标识。

图 2-13　影像集合组成

（2）影像列表中记录的是这个影像集合包含的所有影像列表。我们还可以更进一步点开查看每一景影像的详细信息，具体的详细信息就是这一景影像所有的波段信息，包括波段值的类型、投影信息、影像的宽高等。

（3）影像集合的属性信息则是记录这个影像集合的基本信息，如包含的日期范围、描述等。需要说明的是默认的自定义的影像集合中是不包含这些属性信息的。

2. 加载影像集合信息

下面这段代码简单输出了 Landsat 8 的 TOA 影像集合的详细信息，通过这个可以更好地理解什么是影像集合及其组成信息，具体代码链接：https://code.earthengine.google.com/08b4dd1ca0a29b04418e595f499c0e13（代码 4）。

```
1. var imgCol = ee.ImageCollection("LANDSAT/LC08/C01/T1_
TOA") .limit(10);
2. print(imgCol);
```

其中需要注意的是 print（）方法在输出的时候有一个限制，不能输出超过 5000个元素的信息，所以在使用一个陌生数据集时候通常会用 limit（）方法限制输出的数量。如上例所示，这里传入参数 10 意思就是只输出包含 10 张影像的影像集合。

2.2.5 矢量数据

Earth Engine 上矢量数据主要来源于平台提供和用户上传。矢量数据在本地多以 shapefile 格式或者 kml 格式存储，在 Earth Engine 中则几乎是以矢量数据集合的格式存在，主要分为几何图形类（Geometry）、矢量数据类（Feature）和矢量数据集合类（Feature Collection）三大类数据。下面依次描述一下这三种数据类型的构成元素。

1. Geometry

Geometry 中包含的几何图形类型有点、线、面、复合点、复合面等，而在 Earth Engine 中定义几何图形只要指定几何图形的类型和坐标点（经纬度坐标）（图 2-14）。

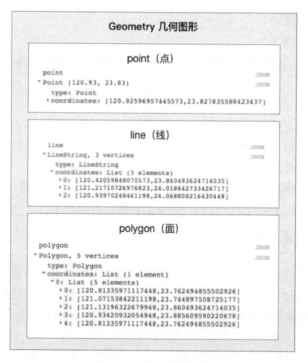

图 2-14   几何图形组成

2. Feature

Feature 矢量数据是对 Geometry 做了一个包装，它的主要组成部分为：本身的 ID 和类型说明、集合图像 Geometry 和 Feature 的基本属性（图 2-15）。

图 2-15　矢量数据

3. Feature Collection

Feature Collection 是由基本的 ID 和版本信息等、包含的 Feature 列表和本身的属性三部分组成（图 2-16）。

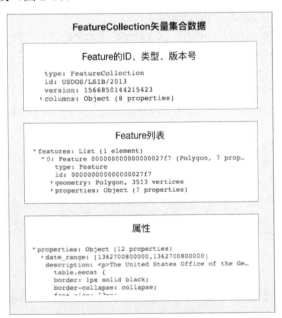

图 2-16　矢量集合组成

　　总结三种数据构成可以得到三者关系：Feature 是由 Geometry 加上一些特殊属性构成，Feature Collection 则是由一系列的 Feature 再加上一些特殊属性构成。另外，需要注意的是图 2-16 展示的是理想状态下完整的 Feature 和 Feature Collection 构成，而实际情况中 Feature 的 Geometry 属性可能为空，即矢量数据只有属性没有几何图形，这种情况十分常见，做统计需要额外注意。下面这个例子展示三种数据类型构成元素及展示方式，代码链接：https://code.earthengine.google.com/21ad52882cc792d51ce0fa3a8a8c788a（代码 5）。

```
1. var point = ee.Geometry.Point([116.387928, 40.00649]);//
2. var line = ee.Geometry.LineString(
3.          [[116.3782558270866, 40.02023566292988],
4.           [116.3782558270866, 39.9984096033757],
5.           [116.41069982733075, 39.9984096033757],
6.          [116.41069982733075, 40.02023566292988]]);
7. var polygon = ee.Geometry.Polygon(
8.        [[[116.3782558270866, 40.02023566292988],
9.           [116.3782558270866, 39.9984096033757],
10.          [116.41069982733075, 39.9984096033757],
11.          [116.41069982733075, 40.02023566292988]]]);
12. print("point", point);
13. print("line", line);
14. print("polygon", polygon);
15. Map.addLayer(polygon, {color: "green"}, "polygon");
16. var f1 = ee.Feature(point, {count:100});
17. print("feature 1", f1);
18. Map.addLayer(f1, {color: "blue"},'point');
19. var fCol = ee.FeatureCollection("users/landusers/province");
20. var f2 = ee.Feature(fCol.first());
21. print("feature 2", f2);
22. var sCol = fCol.filterBounds(point);
23. print("featureCollection", sCol);
24. Map.addLayer(sCol, {color: "red"}, "province");
25. Map.centerObject(point, 12);
```

　　代码分析：

　　（1）第 1～14 行定义了点、线、面三种几何图形数据，同时将 polygon 数据添加到了地图上，颜色显示为绿色。

（2）第 16～21 行定义了 Feature 这种矢量数据，使用了两种方式：一种是自定义的方式 f1，同时将数据加载在地图上，颜色显示为蓝色；另一种是从矢量集合 Feature Collection 中获取的方式 f2。

（3）第 22～25 行使用 Filter 过滤方式取得指定区域的矢量数据集合同时将数据加载在地图上，颜色显示红色。

2.2.6　过滤筛选

过滤筛选含义就是从集合列表中筛选出符合条件的数据，在 Earth Engine 中实现过滤的方法叫作 Filter，主要的过滤规则可以分为：空间过滤、时间过滤和属性过滤，更高级的操作都是基于这些过滤方法的基础上而衍生的。下面用具体例子来看一下如何使用 Filter 过滤筛选，具体代码链接：https://code.earthengine.google. com/1313555cdde860c854c6d9f49b6f6016（代码 6）。

```
1. var roi = ee.Geometry.Point([116.387928, 40.00649]);
2. Map.centerObject(roi, 7);
3. var l8 = ee.ImageCollection("LANDSAT/LC08/C01/T1_TOA");
4. var scol = l8.filterBounds(roi)
5.          .filterDate("2017-4-1", "2017-6-1")
6.          .filter(ee.Filter.lt("CLOUD_COVER", 5));
7. print("scol", scol);
```

这段代码覆盖了 Filter 过滤中常见的三种过滤方式，具体如图 2-17 所示。

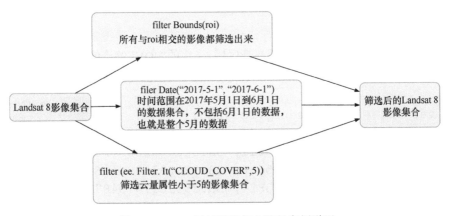

图 2-17　Filter 过滤影像集合运行实例说明

其中第 4～6 行分别表示空间筛选、日期筛选及属性筛选，通过这三个筛选条件后最终得到筛选后的影像集合，如图 2-18 所示。

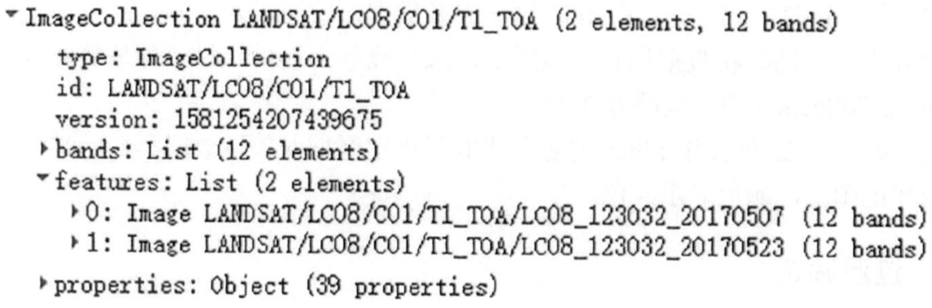

```
▾ ImageCollection LANDSAT/LC08/C01/T1_TOA (2 elements, 12 bands)
    type: ImageCollection
    id: LANDSAT/LC08/C01/T1_TOA
    version: 1581254207439675
  ▸ bands: List (12 elements)
  ▾ features: List (2 elements)
    ▸ 0: Image LANDSAT/LC08/C01/T1_TOA/LC08_123032_20170507 (12 bands)
    ▸ 1: Image LANDSAT/LC08/C01/T1_TOA/LC08_123032_20170523 (12 bands)
  ▸ properties: Object (39 properties)
```

图 2-18 筛选影像集合的结果

2.2.7 数据整合

数据整合 Reducer 是在 Earth Engine 中按照时间、空间、波段、矩阵或其他数据结构整合数据的方法。ee.Reducer () 这一大类指定了数据整合的方式。Reducer 是指将数据整合起来的某种简单的统计算法（如最小值、最大值、平均值、中位数、标准差等），或是对输入数据进行更为复杂的总结（如直方图、线性回归、列表等）。Reducer 这一操作通过以下依据实现：

（1）时间：imageColleciton.reduce ()；

（2）空间：image.reduceRegion ()；image.reduceNeighborhood ()；

（3）波段：image.reduce ()；

（4）Feature Colllection 的属性空间：Feature Colleciton.reduceColumns () 或者以 "aggregate_" 开头的 Feature Collection 的方法。

1. 实现 NDVI 计算的举例

下面以一个具体的例子计算感兴趣区域 roi 内的 NDVI 的均值，具体代码链接：https://code.earthengine.google.com/039f13adeedd57a36a1d36334a69598c（代码 7）。

```
1. var roi = ee.Geometry.Polygon(
2.      [[[114.62959747314449, 33.357067677774594],
3.       [114.63097076416011, 33.32896028884253],
4.       [114.68315582275386, 33.33125510961763],
5.       [114.68178253173824, 33.359361757948754]]]);
6. Map.centerObject(roi, 9);
7. var image = ee.Image("LANDSAT/LC08/C01/T1_TOA/LC08_
123037_20180611");
8. var ndvi = image.normalizedDifference(["B5", "B4"]).
rename("NDVI");
```

```
9.  var visParam = {
10.    min: -0.2,
11.    max: 0.8,
12.    palette: ["FFFFFF", "CE7E45", "DF923D", "F1B555",
"FCD163",
13.         "99B718", "74A901", "66A000", "529400", "3E8601",
14.         "207401", "056201", "004C00", "023B01", "012E01",
15.         "011D01", "011301"]
16.  };
17. Map.addLayer(ndvi, visParam, "NDVI");
18. Map.addLayer(roi, {color: "red"}, "roi");
19. var mean = ndvi.reduceRegion({
20.    reducer: ee.Reducer.mean(),
21.    geometry: roi,
22.    scale: 30
23. });
24. print("reduceRegion value is: ", mean);
```

2. 代码分析

（1）第 1～6 行定义感兴趣区域 roi，并且居中显示地图。

（2）第 8～18 行计算 Landsat 8 的 NDVI，同时将 NDVI 影像和 roi 矢量数据添加、显示。

（3）第 19～23 行调用 Image 中的 ReduceRegion 方法计算 roi 区域内的 NDVI 均值，参数分别是 Reducer 均值计算器、Geometry 计算区域 roi、scale 计算使用的分辨率为 30m。

3. 运行结果

最终得到的计算结果为 0.2477，如图 2-19 所示。

2.2.8　循环遍历 map

循环遍历是依次对列表或者集合中每一个元素做相同的处理，通常在其他的编程语言中用 for 或 while 来实现，同样，在 Earth Engine 中也可以使用这两种方式来做循环，但是由于 Earth Engine 语言的特殊性，更推荐大家使用 Earth Engine 原生的循环遍历方法 map 来做。需要注意的是这里说的是 map，不要和 2.2.2 节中的映射混为一谈。

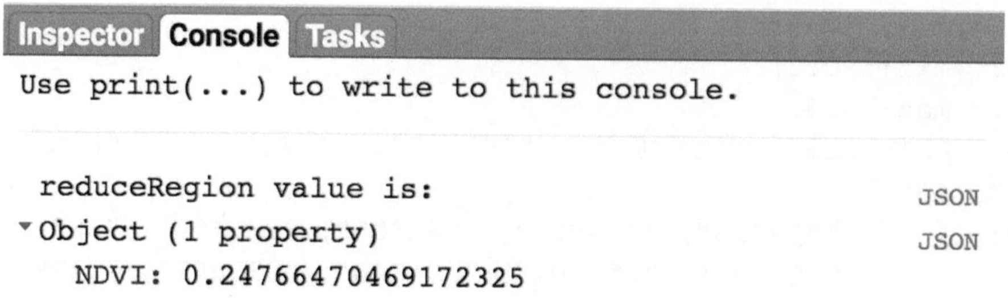

Inspector **Console** Tasks

Use print(...) to write to this console.

reduceRegion value is: JSON
▼Object (1 property)   JSON
    NDVI: 0.24766470469172325

图 2-19　计算影像指定区域内的 NDVI 均值结果

1. 遍历循环举例

以计算 NDVI 数值并添加至影像集合为例来介绍如何实现循环，具体的需求是为一个影像集合添加的 NDVI 波段，同时计算每一景影像上感兴趣区域 roi 的 NDVI 均值，具体代码链接：https://code.earthengine.google.com/9d9b72c002fe16ba406f6fe388b120c1（代码 8）。

```
1. var roi = ee.Geometry.Polygon(
2.        [[[116.3782558270866, 40.02023566292988],
3.         [116.3782558270866, 39.9984096033757],
4.         [116.41069982733075, 39.9984096033757],
5.         [116.41069982733075, 40.02023566292988]
6. ]]);
7. Map.addLayer(roi, {color: "red"}, "roi");
8. Map.centerObject(roi, 10);
9. var l8Col = ee.ImageCollection ("LANDSAT/LC08/C01/T1_
   TOA")
10.           .filterBounds(roi)
11.          .filterDate("2018-1-1", "2018-6-1")
12.          .map(function(image){
13.           var ndvi = image.normalizedDifference(["B5",
"B4"])
14.                          .rename("NDVI");
15.            return image.addBands(ndvi);
16.          })
17.          .select("NDVI")
18.          .map(function(image) {
19.        var dict = image.reduceRegion({
20.            reducer: ee.Reducer.mean(),
```

```
21.                   geometry: roi,
22.                   scale: 30
23.                 });
24.                 var ndvi = ee.Number(dict.get("NDVI"));
25.                 image = image.set("ndvi", ndvi);
26.                 return image;
27.               });
28.   print("l8Col", l8Col);
29.   var visParam = {
30.   min: -0.2,
31.   max: 0.8,
32.   palette: ["FFFFFF", "CE7E45", "DF923D", "F1B555",
"FCD163",
33.             "99B718", "74A901", "66A000", "529400",
"3E8601",
34.             "207401", "056201", "004C00", "023B01",
"012E01",
35.             "011D01", "011301"]
36.   };
37.   Map.addLayer(l8Col.first().clip(roi),      visParam,
"l8Col");
```

2. 代码分析

（1）第 1～7 行定义 roi 同时将 roi 显示在地图上。

（2）第 8～10 行过滤筛选 Landsat 8 影像。

（3）第 12～16 行循环遍历影像集合，为每一景影像都添加一个 NDVI 波段。

（4）第 17 行筛选 NDVI 波段。

（5）第 18～27 行循环遍历影像集合，计算每一景影像中 roi 区域内的 NDVI 均值，并且把这个均值赋值为新的属性字段"ndvi"。

（6）第 28～37 行地图上加载显示新的影像集合，使用 first（），返回集合的第一个非空元素，即第一景影像。

图 2-20 展示循环遍历的原理，即对整个影像集合中的每一景影像进行处理，先对每一景影像添加 NDVI 波段，然后筛选波段循环进行计算 roi 中的 NDVI 均值，实现对每一景影像的操作，最后为影像增加了"NDVI"的属性。

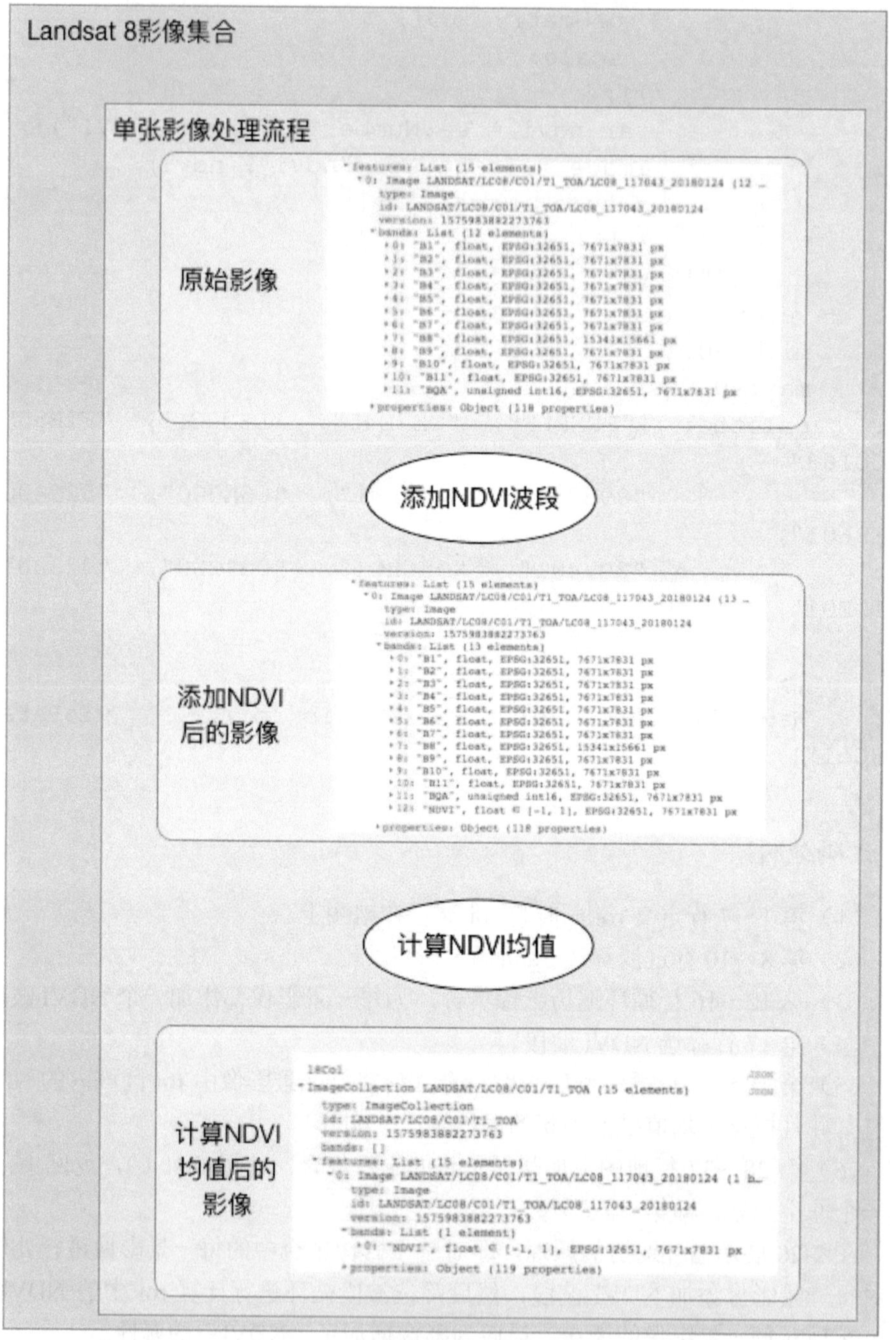

图 2-20 使用 map 循环遍历影像集合

2.2.9　发布 APP

APP 指的是把 Earth Engine 中编写的代码发布成为可在线运行的网页端应用，其他用户可以直接通过我们发布的链接地址访问、使用 APP。在 Earth Engine 中发布 APP 非常简单，具体的操作步骤如下：

1. 代码编辑器中输入逻辑代码

具体如图 2-21 所示。

```
Link c7192e4e2e16b3574454fd49155e0863        Get Link ▾    Save ▾        Run ▾    Reset ▾       ▦    ⚙

 1    var center = /* color: #d63000 */ee.Geometry.Point([115.12226562499995, 38.2939876648
 2    var zoom = 9;
 3    var leftMap = ui.Map();
 4    leftMap.centerObject(center, zoom);
 5    var rightMap = ui.Map();
 6    rightMap.centerObject(center, zoom);
 7    leftMap.setControlVisibility(false);
 8    rightMap.setControlVisibility(false);
 9    leftMap.setControlVisibility({zoomControl: true});
10    var linker = new ui.Map.Linker([leftMap, rightMap]);
11 ▾  var splitPanel = ui.SplitPanel({
12      firstPanel: leftMap,
13      secondPanel: rightMap,
14      orientation: 'horizontal',
15      wipe: true
16    });
17    ui.root.clear();
18    ui.root.add(splitPanel);|
19
```

图 2-21　APP 输入编辑器代码截图

2. 具体代码

测试 APP 的代码例子代码链接：https://code.earthengine.google.com/1fc5d33fa0121736f7fd71a2ea44501c（代码 9）。

```
1.    var center = /* color: #d63000 /ee.Geometry. Point ([116.
387928, 40.00649]);
2.    var zoom = 9;
3.    var leftMap = ui.Map();
4.    leftMap.centerObject(center, zoom);
5.    var rightMap = ui.Map();
6.    rightMap.centerObject(center, zoom);
7.    leftMap.setControlVisibility(false);
8.    rightMap.setControlVisibility(false);
9.    leftMap.setControlVisibility({zoomControl: true});
10.   var linker = new ui.Map.Linker([leftMap, rightMap]);
11.   var splitPanel = ui.SplitPanel({
```

```
12.          firstPanel: leftMap,
13.          secondPanel: rightMap,
14.          orientation: 'horizontal',
15.          wipe: true
16.        });
17.     ui.root.clear();
18.     ui.root.add(splitPanel);
19.     //RGB
20.     var landsat = ee.ImageCollection('LANDSAT/LC08/C01/
T1_SR')
21.                   .filterDate('2017-01-01', '2018-01-01')
22.                   .median();
23.     landsat = landsat.addBands(landsat.normalizedDiffer
ence(['B5', 'B4']).rename("NDVI"));
24.     var vis = {bands: ['B4', 'B3', 'B2'], min: 0, max: 3000};
25.     leftMap.addLayer(landsat, vis, "rgb");
26.     //NDVI
27.     var visNDVI = {
28.       min: 0,
29.       max: 1,
30.       palette: 'FFFFFF,CE7E45,DF923D,F1B555,FCD163, 99B718,
74A901,66A000,529400,' +
31.             '3E8601,207401,056201,004C00,023B01,012E01,
011D01,011301'
32.     };
33.     rightMap.addLayer(landsat.select("NDVI"),  visNDVI,
'NDVI');
```

3. 代码分析

(1) 第 1 行定义初始化地图并显示中心位置。

(2) 第 2 行定义初始化地图及缩放级别。

(3) 第 3~10 行初始化左地图和右地图，并且用 linker 将其联系起来。

(4) 第 11~16 行定义滑动界面组件，左右布局，中间显示滑动条。

(5) 第 17~18 行清空原始的地图界面内容。

(6) 第 19~25 行左地图显示 RGB 影像。

(7) 第 26~33 行右地图显示 NDVI 影像。

（8）这段代码最终的效果是生成左右两个对比地图，中间的滑动条以调整对比区域，通过对比找出感兴趣的内容、信息。

4. APP 发布

（1）点击编辑器上的 ⊞ 发布 APP 按钮，然后点击"NEW　APP"按钮选项根据弹出的提示框填写相关对应内容就可以新建 APP（图 2-22）。

（2）填写相关内容点击 PUBLISH 发布 APP（图 2-22）。

（3）发布完成后可以查看已经发布的所有 APP（图 2-23、图 2-24）。

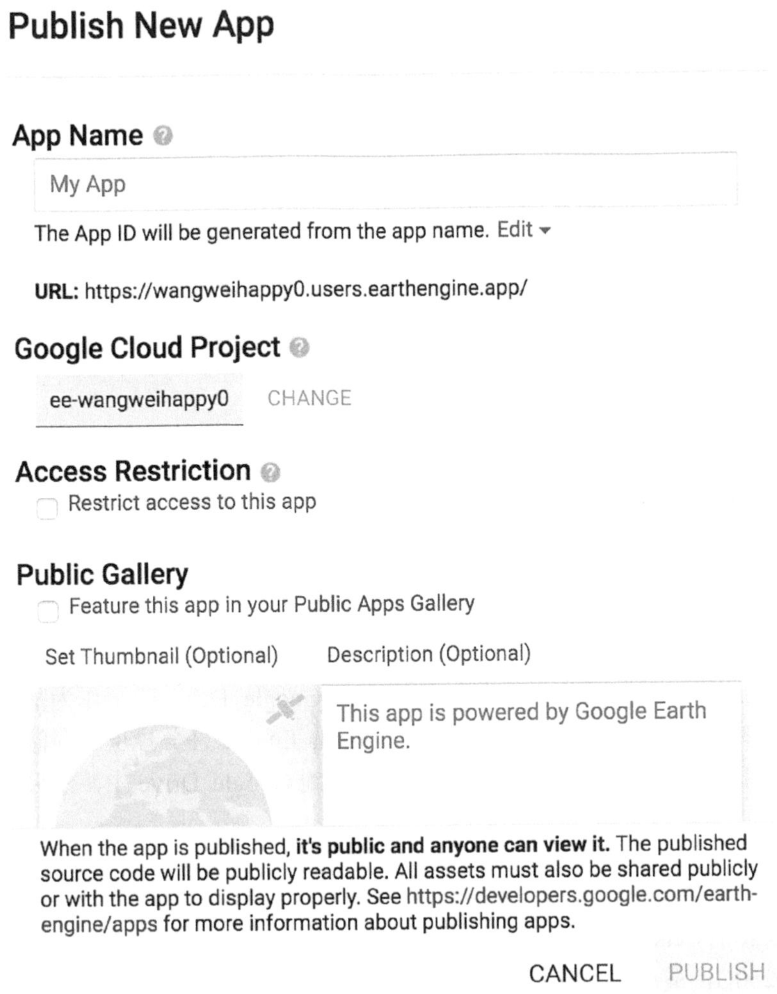

Publish New App

App Name ⓘ

```
My App
```

The App ID will be generated from the app name. Edit ▾

URL: https://wangweihappy0.users.earthengine.app/

Google Cloud Project ⓘ

ee-wangweihappy0　　CHANGE

Access Restriction ⓘ
☐ Restrict access to this app

Public Gallery
☐ Feature this app in your Public Apps Gallery

Set Thumbnail (Optional)　　Description (Optional)

This app is powered by Google Earth Engine.

When the app is published, **it's public and anyone can view it.** The published source code will be publicly readable. All assets must also be shared publicly or with the app to display properly. See https://developers.google.com/earth-engine/apps for more information about publishing apps.

CANCEL　　PUBLISH

图 2-22　创建配置发布 APP 界面

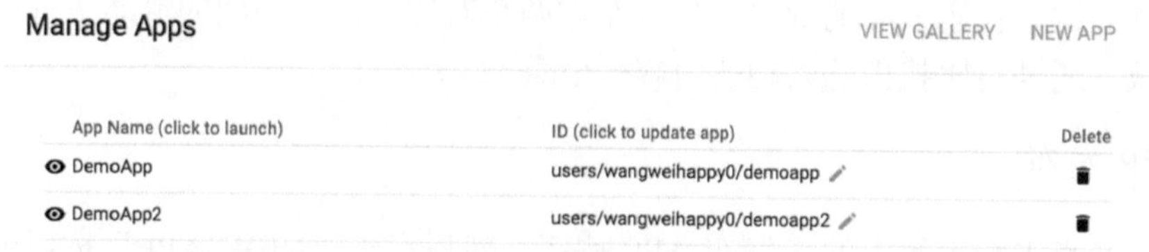

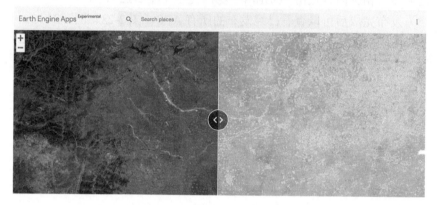

图 2-23　已经发布的 APP 列表

图 2-24　打开测试 APP 程序的界面

2.2.10　存储空间

在 Earth Engine 中主要的存储空间分别是：免费的 Google Drive、Google Assets，以及收费的 Google Cloud Storage，下面依次介绍这三个存储空间。

1. Google Drive

Google Drive 是 Google 提供给用户的免费在线存储空间，总大小是 15G，地址是：https://drive.google.com/drive/my-drive。Google Drive 除了作为基本网盘使用外，它的另外一个重要的功能就是作为 Earth Engine 任务导出的存储空间，用户可以将由 Earth Engine 生成的数据结果导出到 Google Drive 中，然后下载到本地使用。

2. Google Assets

Google Assets 是 Earth Engine 提供的可供用户上传私有资源的存储空间，总大小是 250G，最多可以存放 10000 个文件（图 2-25），地址就在编辑器的页签 "Assets" 中，打开方式就是直接点击 Assets 页签。要查询 Google Assets 使用量，将鼠标放置在空间目录上会出现一个圆圈标志，点击则可查询使用情况。

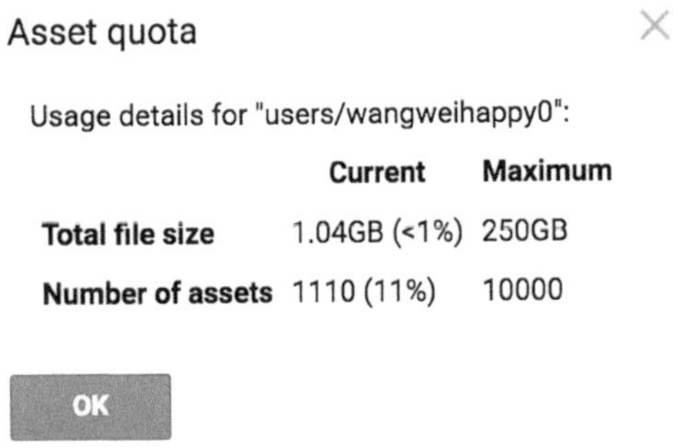

图 2-25　Google Assets 存储空间界面

在 Google Assets 中，用户可以上传的私有资源类型可以通过 Google Assets 界面中"New"新建按钮打开查看，如图 2-26 所示。

图 2-26　Google Assets 支持的数据上传类型

需要说明的是无论是上传矢量数据还是影像数据都需要遵守一些规则：
（1）文件的名称或者本地存放路径最好不要有中文；
（2）文件的格式最好是 UTF-8 格式；
（3）单个文件不能超过 10G；
（4）上传文件过程中不要关闭浏览器；
（5）文件的投影信息最好是 EPSG：4326。

可上传资源主要分为两种：一种是影像栅格数据，要求为 GeoTIFF 格式或者 Tensorflow 导出的 TFRecord 格式数据，需注意的是，在上传 shapefile 文件时，只需要上传 shp、zip、dbf、prj、shx、shp.xml、sbn 等格式文件，其他文件无需上传，上传则会出现报错；另一种为矢量数据，要求为 shapefile 或者 CSV 数据格式。图 2-27、图 2-28 为上传须填写的内容指引。

图 2-27　上传影像数据

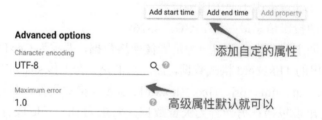

图 2-28　上传矢量数据

3. Google Cloud Storage

Google Cloud Storage 是 Google 的云存储空间，不同于前两个免费的存储空间，其是收费的存储空间，开通 Google Cloud Storage 地址为：https://cloud.google.com/storage。

2.2.11　公共库

1. 公共库的定义

公共库是软件程序开发中的一个概念，具体指把通用的方法编写到一个或者多个文件中，这些公共的文件可以在所有的项目中以类库的方式进行调用，这就是公共库。这样做的优势有：

（1）避免代码重复冗余；

（2）减少不同功能之间的影响；接口定义好后，不同分工人员只需专注于个人工作逻辑，而无需被其他功能的内部逻辑所影响；

（3）提高工作效率；修改逻辑只需修改公共库，所有使用的逻辑就会自动更新。

在 Earth Engine 中定义公共库是将公共代码放置在一个单独文件内，使用 exports 作为导出定义，在调用库的地方使用 require（"代码库名字：文件路径"）即可实现，下面用一个具体例子展示一下。

2. 公共库的计算 NDVI 代码

代码链接：

https://code.earthengine.google.com/832900bf4590041cb6b3781123706548
（代码 10）。

```
1.    /**
2.     * NDVI = (nir - red) / (nir + red)
3.     * */
4.    function l8NDVI(image) {
5.     return image. addBands (image. normalizedDifference
(["B5","B4"]).rename("NDVI"));
6.    }
7.    exports.l8NDVI = l8NDVI;
```

以上代码定义了 Landsat 8 的 NDVI 计算方法，方法原本命名为 l8NDVI（），在第 7 行使用 exports 外部调用的方法将其定义为"l8NDVI"。值得注意的是，平台没有规定导出的方法名称一定要和原方法名称一致。

3. 公共库的主程序代码

代码链接：https://code.earthengine.google.com/a842d94a782b49414f8adfebb9376503（代码 11）。

```
1.      //导入外部的库
2.      var lib=require("users/wangweihappy0/myTrainingShare:
training01/lib");
3.      var geometry = /* color: #d63000 */ee.Geometry.Polygon(
4.          [[[115.73063354492183, 38.0283609762046],
5.          [115.83225708007808, 38.02727921876993],
6.          [115.8336303710937, 38.09756022187834],
7.          [115.73338012695308, 38.09539873615892]]]);
8.      var l8NDVI = ee.ImageCollection("LANDSAT/LC08/C01/T1_
RT_TOA")
9.              .filterDate("2018-2-1", "2018-4-1")
10.             .filterBounds(geometry)
11.             .map(lib.l8NDVI) //调用 lib 中的 NDVI 方法
12.             .select("NDVI")
13.             .mosaic()
14.             .clip(geometry);
15.     Map.centerObject(geometry, 11);
16.     var visParam = {
17.       min: -0.2,
18.       max: 0.8,
19.       palette: 'FFFFFF, CE7E45, DF923D, F1B555, FCD163,
99B718, 74A901, 66A000, 529400,' +
20.             '3E8601, 207401, 056201, 004C00, 023B01, 012E01,
011D01, 011301'
21.     };
22.     print(l8NDVI);
23.     Map.addLayer(l8NDVI, visParam, "NDVI");
```

代码分析：

（1）第 2 行使用 require 导入外部资源，其中"users/wangweihappy0/my Training-ingShare"指的是外部库所在的编辑器的 Git 库路径，"training01/lib"指的是公共库

的文件路径。如图 2-29 所示。

▼ **users/wangweihappy0/myTrainingShare**
　　▼ **training01**
　　　📄 **lib**
　　　📄 **main**

图 2-29　公共库路径

（2）第 11 行调用 lib 中的定义方法 "l8NDVI"，实现语句为：lib.l8NDVI。

2.2.12　总结

基于前面介绍的 Earth Engine 的一些基本概念信息，本小节通过一个综合例子来总结前面所有的知识。

1. 综合例子代码

代码链接：https://code.earthengine.google.com/ce4aebb5b8ffc68ba717a27a3e3fcdc5（代码 12）。

```
1.    var roi = ee.Geometry.Point([116.29780273437495,
39.64351217797058]);
2.    Map.centerObject(roi, 7);
3.    var l8 = ee.ImageCollection ("LANDSAT/LC08/C01/ T1_
TOA");
4.    var scol = l8.filterBounds(roi)
5.            .filterDate("2017-4-1", "2017-6-1")
6.            .filter(ee.Filter.lt("CLOUD_COVER", 5))
7.            .map(function(image) {
8.              var ndvi = image. normalizedDifference
(["B5", "B4"]);
9.              return image.addBands(ndvi.rename("NDVI"));
10.           });
11.   print("scol", scol);
12.   var ndvi = scol.select("NDVI"). reduce(ee.Reducer.
max());
13.   var ndviVis = {
```

```
14.     min: 0,
15.     max: 0.8,
16.     palette: 'FFFFFF, CE7E45, DF923D, F1B555, FCD163,
99B718, 74A901,'+
17.          '66A000, 529400, 3E8601, 207401, 056201, 004C00,
023B01,'+
18.          '012E01, 011D01, 011301',
19.     };
20.     Map.addLayer(ndvi, ndviVis, "NDVI");
```

2. 运行结果

运行结果如图 2-30、图 2-31 所示。

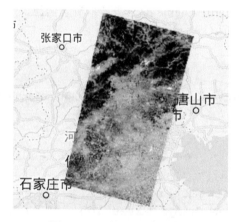

图 2-30 计算的 NDVI 图像

```
Inspector  Console  Tasks

Use print(...) to write to this console.


  scol                                              JSON
▼ ImageCollection LANDSAT/LC08/C01/T1_TOA …        JSON
    type: ImageCollection
    id: LANDSAT/LC08/C01/T1_TOA
    version: 1575983882273763
    bands: []
  ▼ features: List (3 elements)
    ▶ 0: Image LANDSAT/LC08/C01/T1_TOA/LC08_12…
    ▶ 1: Image LANDSAT/LC08/C01/T1_TOA/LC08_12…
    ▶ 2: Image LANDSAT/LC08/C01/T1_TOA/LC08_12…
  ▶ properties: Object (39 properties)
```

图 2-31 计算的 NDVI 输出结果

3. 代码分析

首先简要介绍编辑器代码如何与 Earth Engine 服务器通信。

图 2-32 中流程的具体步骤如下。

第一步：在代码编辑器中编写完成代码后保存代码。

第二步：点击"Run"按钮执行代码，编辑器会发送一个 POST 请求同 Earth Engine 后台服务器通信，这个 URL 如图 2-32 所示，同时这个 POST 请求会把我们写的代码作为参数发送给服务器。

第三步：云端服务器进行计算（图 2-32）。

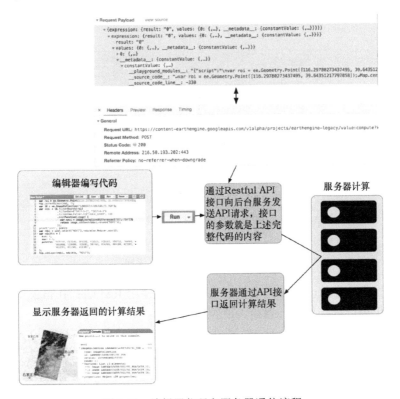

图 2-32　编辑器代码和服务器通信流程

图 2-33 展示的就是代码在服务器端执行的步骤，其中过滤操作是对影像集合做的操作，这也是在使用影像集合数据中最常用的三种过滤方式（代码 12：4～6行），通过过滤得到的影像集合就是筛选出的影像集合。接下来就是对这个影像集合做各种预处理或者计算的操作，以上述例子为例，这里我们计算了一个植被指数 NDVI，由于这个是需要对影像集合全部影像计算，所以在此使用 map 对影像集合做循环遍历（代码 12：7～10 行）实现添加 NDVI 波段的需求。再接着要计

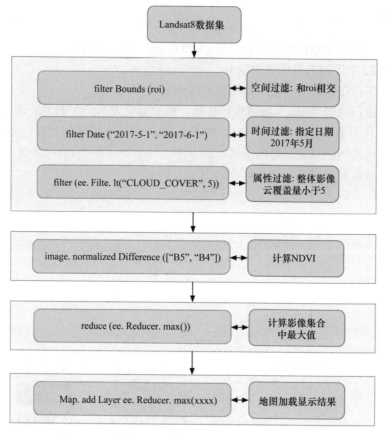

图 2-33   服务器云端计算流程

算这个影像集合中每一个像素点的最大值，直接使用 Reducer 中 max（）方法就可以，这里可以直接使用计算最大值的缩写方式：

　　　　　　　var ndvi = scol.select("NDVI").max();

最后代码 12 第 13～20 行用来显示计算结果。

第四步：服务器运算完成后通过 API 将结果返回给编辑器前台，前台根据返回的结果绘制显示计算的结果。

在 Earth Engine 所有复杂或者简单代码的执行顺序基本上都是遵循上述流程，然而，需要指出的是，我们编写的 Earth Engine 的代码不是在本地执行，所有的运算都是在服务器中执行的。

2.3   Earth Engine 基础语法

2.2 节介绍了 Earth Engine 一些基本概念，这一章节则更为详细地讲解 Earth

Engine 的语法规则及常用的方法。本章将先后讲解 Earth Engine 的 JavaScript 版和
Python 版的语法规则。

2.3.1　JavaScript 语法介绍

　　Earth Engine 的语法来源于 JavaScript，但又有很多自身的特点。本节将介绍
最基础的 JavaScript 语法实现对 JavaScript 的快速入门，代码链接：https://code.
earthengine.google.com/049fb037cc7e07b60fa82f16722c332c（代码 13）。

1. 基本变量

1）数字

```
1.    var num_a = 1; //整数
2.    var num_b = 2.1; //保留小数
3.    var num_c = 1e2; //科学计数法
```

2）字符串

```
1.    var str_1 = "hello world!"; //双引号
2.    var str_2 = 'hello world!'; //单引号，两者不能混用
```

3）布尔值

```
1.    var bool_1 = true; //布尔值表示判断结果为真或假
2.    var bool_2 = false;
```

4）字典对象

```
1.    var dict = { "name": "bili", "age": 12, "desc": "he is
good!" };
2.    print(dict.name); //获取制定 key 的对象
3.    print(dict['name']);
```

5）数组

```
1.    var arr_num = [1,2,3]; //数字数组
2.    var arr_str = ["a", "b", "c" ]; //字符串数组
```

```
3.     var arr_mul = [1,2, "a"]; //混合数组
4.     print(arr_num[0]); //数组索引从 0 开始,末位为 (arr.Length
() - 1)
```

6）null 和 undefined

```
1.     var x = null;
2.     print(x); //x 是 null
3.     var y;
4.     print(y); //y 是 undefined
```

以上为 JavaScript 中几种常用的数据变量,在平时使用的时候只需注意一下,定义变量的时候要使用关键字"var",再有就是 null 和 undefined 是两个不同的概念不要混为一谈。

2. 四则运算、字符串拼接

```
1.     //数学运算
2.     var a1 = 10;
3.     var a2 = 20;
4.     //数字运算的加、减、乘、除、求余
5.     print(a1 + a2);
6.     print(a1 - a2);
7.     print(a1 * a2);
8.     print(a1 / a2);
9.     print(a2 % a1);
10.    //字符串连接
11.    var b1 = "hello";
12.    var b2 = "Earth Engine";
13.    print(b1 + " " + b2);
```

3. 条件判断

```
1.     //if…else…
2.     var seen = true;
3.     if (Leroux et al.) {
4.       print("find it");
5.     } else {
6.       print("not find it");
```

```
7.      }
```

条件判断是使用 if 语句针对不同的具体条件而做的操作，假设 seen 为 true 则表示结果是真，那么将打印语句"find it"，否则就打印语句"not find it"。

4. 循环语句

```
1.      //for 循环
2.      var sum = 0;
3.      for (var i=0; i<=10; i++) {
4.        sum += i;
5.      }
6.      print("sum is: " + sum);
```

循环是反复做同一个操作，如上例 sum 的循环计算求和。

5. 定义方法

```
1.      //方法一：直接定义
2.      function mySum1(a, b) {
3.        return a + b;
4.      }
5.      //方法二：使用定义变量方式定义
6.      var mySum2 = function(a, b) {
7.        return a + b;
8.      };
9.      //方法三：在对象内部定义函数，实现方法封装，
10.     //          仅限特定的对象使用
11.     var funcObj = {
12.       mySum3: function(a, b) {
13.         return a + b;
14.       }
15.     };
16.     print(mySum1(1, 2));
17.     print(mySum2(1, 2));
18.     print(funcObj.mySum3(1, 2));
19.     //默认参数定义方式
20.     function myAdd2(a, b) {
21.       if (b === undefined) {
22.         b = 1;
```

```
23.      }
24.     return a + b;
25.     }
26.   print(myAdd2(10, 2));
27.   print(myAdd2(10));
```

上述不同定义方法的方式中，第 1～4 行定义的方法格式在实际开发中较为通用，后两种方式较为少用。第 19～27 行定义了包含默认参数的方法，如果不传入 *b* 则默认值为 1。

2.3.2 Earth Engine 中 JavaScript 和独立 JavaScript 的异同

尽管 Earth Engine 语言和 JavaScript 语言有相似之处，但是在项目开发中要遵守 Earth Engine 的对象和 JavaScript 的对象千万不要混在一块使用这一原则。

1. 两者主要的区别

1）执行代码位置不一样

Earth Engine 的代码在服务器上执行相关逻辑，然后返回相关结果到客户端。JavaScript 的代码则在客户端执行相关逻辑。

2）数据类型不一样

同一种数据类型不同，如数字 1，在 JavaScript 中就是普通的数值类型，而在 Earth Engine 中则是 ee.Number（）对象类型。由于数据类型不一样所以同一个数据类型两者包含的方法也不一样。以列表为例同样是计算列表的长度，在 JavaScript 中可以使用列表的属性 length 计算，而在 Earth Engine 中对列表数据计算长度只能使用 length（）方法计算。具体代码链接：https://code.earthengine. google.com/8309690e060ed95373ca7ba3fb325b1c（代码 14）。

```
1.    //javascript
2.    var aList = [1,2,3];
3.    print(aList.length);
4.
5.    //Earth Engine
6.    var bList = ee.List([1,2,3]);
7.    print(bList.length());
```

3）循环方式不一样

在 JavaScript 中可以直接使用 for 做循环操作，而在 Earth Engine 中通常使用 map 做循环操作。需要说明的是用 for 做循环操作可以获得相关索引，而 map 对集合每一个元素做操作时没有相关索引。具体代码链接：https://code.earthengine. google.com/57ed82f10298112304e682ac8fd41037（代码 15）。

```
1.      //JavaScript 中普通循环
2.      print("javaScript ---------");
3.      var nums_js = [1,2,3,4];
4.      for (var i=0; i<nums_js.length; i++) {
5.          nums_js[i] += 1;
6.      }
7.      print(nums_js);
8.
9.      //Earth Engine 中的循环
10.     print("gee ---------");
11.     var nums_gee = ee.List([1,2,3,4]);
12.     nums_gee = nums_gee.map(function(num) {
13.       num = ee.Number(num);
14.       return num.add(1);
15.     });
16.     print(nums_gee);
```

4）方法返回值不一样

在 Earth Engine 中大部分 API 都有返回值，这是因为 Earth Engine 不会对数据本身做修改，而是直接生成新的数据返回给本地使用，如在 JavaScript 中为列表添加数据可以进行如下操作：

```
1.      //JavaScript
2.      var aList = [1,2,3];
3.      aList.push(4);
4.      print("aList", aList);
```

在 Earth Engine 中添加元素的方式如下操作，添加操作 add 则是返回添加后的新列表：

```
1.    //gee
2.    var bList = ee.List([1,2,3]);
3.    bList = bList.add(4);
4.    print("bList", bList);
```

相关代码链接：https://code.earthengine.google.com/6f6c686ae0ff528ffe51c9210
f447d23 （代码 16）。

5）条件判断不一样

在 JavaScript 中，可以直接使用 if 条件来做逻辑判断，但是在 Earth Engine 中无法使用 if 条件来直接对对象做条件判断，因为在 Earth Engine 中，条件判断返回的布尔值是对象而不是数据本身值，所以 if 条件的判断永远是真。在 Earth Engine 中有自己定义的条件判断方式，使用方法为：

ee.Algorithms.If（condition，trueCase，falseCase）

代码链接：https://code.earthengine.google.com/df0ddb1401f15db63390fd22eb
61351b（代码 17）。

```
1.    var nums_gee = ee.List([1,2,3,4]);
2.    nums_gee = nums_gee.map(function(num) {
3.     num = ee.Number(num);
4.     var newNum = ee.Algorithms.If(num.gt(2), num.add(10),
num.add(1));
5.      return newNum;
6.    });
7.    print(nums_gee);
```

其中，第 4 行进行逻辑判断，如果元素 num 大于 1，那么就加 10，否则就加 1，最终返回结果为：[2,3,13,14]。

2. 两者的联系

1）Earth Engine 对象由 JavaScript 对象定义获得

Earth Engine 的对象是由 JavaScript 的数据对象直接定义而来的，如以字符串数据类型为例，要得到 Earth Engine 的字符串类型，只需将普通的 JavaScript 的字符串通过 ee.String（）转换即可。

具体代码链接：https://code.earthengine.google.com/6e0d5b494863dba81e9299
a06f59c87d（代码 18）。

```
1.    //javascript
2.    var aStr = "abc";
3.    print(aStr);
4.    //Earth Engine
5.    var bStr = ee.String("abc");
6.    print(bStr);
```

2）Earth Engine 的调用 getInfo（）将对象变为普通的 JavaScript 对象

具体代码链接：https://code.earthengine.google.com/60ffb0fe44c9a54607a87ff
6211e4e30（代码 19）。

```
1.    //javascript
2.    var aStr = "abc";
3.    print(typeof aStr);
4.    //Earth Engine
5.    var bStr = ee.String("abc");
6.    print(typeof bStr.getInfo())
```

输出结果发现两者都是 string 类型，即普通的 JavaScript 对象（图 2-34）。

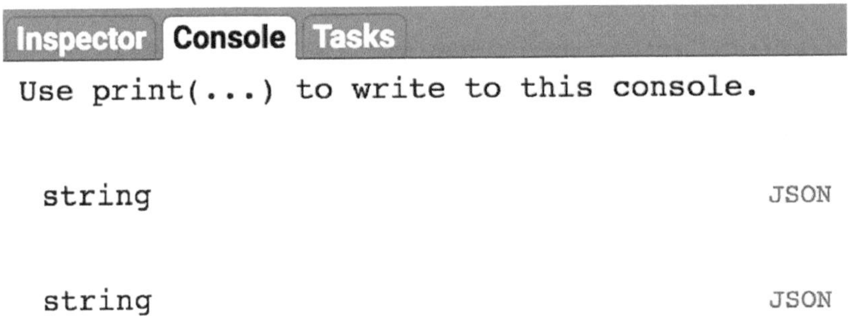

图 2-34　Earth Engine 对象和 JavaScript 对象相互转换

警告：getInfo（）在实际开发过程中不建议使用。因为正如前面章节提到 Earth Engine 是在服务器端执行完成后把结果返回给编辑器客户端的，如果调用 getInfo（）方法，那么 Earth Engine 会将数据以普通的 JavaScript 方式返回给客户端，但普通的 JavaScript 数据格式相比 Earth Engine 原生数据格式数据量非常大，这样数据通信量就会因为通信不畅造成客户端"假死"现象，因此不建议在开发中使用 getInfo（）这个方法。

2.3.3 JavaScript 版 API 语法详解

1. 基础变量

1）数值 ee.Number

在 Earth Engine 中申明数值直接使用 ee.Number（）转换普通的数字即可，下文将展示 Earth Engine 的数值对象常用的方法。

具体代码链接：https://code.earthengine.google.com/0d4bee18c4352ebf4c6dbe 1892032b93（代码 20）。

```
1.      //ee.Number 数值
2.      var ee_num1 = ee.Number(100.1);
3.      var ee_num2 = ee.Number(10);
4.      print("ee number is", ee_num1);
5.      // 绝对值 abs
6.      print("ee abs is", ee.Number(-100).abs());
7.      // 浮点型转换类型 toInt ...
8.      print("float to int", ee_num1.toInt());
9.      //四则运算 add subtract multiply divide mod
10.     print("add values", ee_num1.add(ee_num2));
11.     print("divide values", ee_num2.divide(ee_num1));
12.     print("mod values", ee_num2.mod(ee_num1));
13.     //对数 log10 ...
14.     print("log value", ee_num2.log());
```

2）左移运算符、右移运算符

这个名字是编程中的一个名字，具体形式："<<"左移运算符、">>"右移运算符。

A. 左移运算符 <<

左移的表达式：

$$result = a << b$$

计算规则：左移运算符把 a 的所有位向左移指定的位数 b，如 1<<2，1 的二进制是 01，左移后就是 0100（十进制是 4）。简而言之，左移 n 位即扩大原值的 2 的 n 次方倍。

$$result = a * 2\char`^b$$

B. 右移运算符 >>

右移的表达式：

$$result = a >> b$$

计算规则：右移运算符把 a 的所有位向右移指定的位数 b，如 8>>2，8 的二进制是 1000，右移后就是 0010（十进制是 2）。简而言之，右移 n 位就是缩小数字的 2 的 n 次方倍。

$$result = a / 2^b$$

左移右移的测试代码链接：https://code.earthengine.google.com/5cbc23190100bdd575fd1dee1fcdf1aa （代码 21）。

```
1.    var a = 1 << 2;
2.    print("a move left 2 is: ", a);
3.    var b = 8 >> 2;
4.    print("b move right 2 is:", b);
```

3）按位运算

按位运算是将十进制的数字转换为二进制的数字，再按照按位运算规则计算的运算方法，主要包括"与"、"或"、"异或"和"取反"四种，下文将介绍"与"和"或"两种按位运算，"异或"和"取反"并不常见。

A. 与

两个数字进行"与"运算，先将其转化为二进制数字，计算规则如下：

（1）1 and 1 = 1；

（2）1 and 0 = 0；

（3）0 and 1 = 0；

（4）0 and 0 = 0。

总结：全 1 为 1，否则为 0。

举例：2 and 3

```
0000 0000 0000 0010   and
0000 0000 0000 0011
--------------------------
0000 0000 0000 0010
```

结果是 2。

B. 或

两个数字进行"或"运算，先将其转化为二进制数字，计算规则如下：

（1）1 or 1 = 1；

（2）1 or 0 = 1；

（3）0 or 1＝1；

（4）0 or 0＝0。

总结：有 1 为 1，否则为 0。

举例：2 or 3

0000 0000 0000 0010　or

0000 0000 0000 0011

0000 0000 0000 0011

结果是 3。

按位运算测试代码链接如下：https://code.earthengine.google.com/6a501c29
facf667c4308de4282546490（代码 22）。

```
1.    var a = ee.Number(2);
2.    var b = ee.Number(3);
3.    // bitwiseAnd
4.    print("a bitwiseAnd b", a.bitwiseAnd(b));
5.    // bitwiseOr
6.    print("a bitwiseOr b", a.bitwiseOr(b));
```

4）字符串 ee.String

在 Earth Engine 中申明字符串只需要使用 ee.String（）定义普通的字符串对象即可，下面列举部分 Earth Engine 中常用的字符串方法，如构造、定义长度、拼接、替换、大小写变换、获取子字符串并重新起始索引号、分割字符串等。代码链接：https://code.earthengine.google.com/520390f1137b696d27ae89e46d8bcbbf（代码 23）。

```
1.    //字符串构造方法
2.    var base_str = "this is string.";
3.    var ee_str1 = ee.String(base_str);
4.    print("ee.string is", ee_str1);
5.    //字符串的长度
6.    print("ee.string length ", ee_str1.length());
7.    //拼接字符串
8.    var ee_str2 = ee.String("second string");
9.    var ee_str3 = ee_str1.cat(" ").cat(ee_str2);
10.   print("concatenates more strings", ee_str3);
11.   //替换字符串
```

```
12.    var ee_str4 = ee.String("my name is AA, so i am a boy.");
13.    var ee_str5 = ee_str4.replace("AA", "BB");
14.    print("replace string", ee_str5);
15.    //字符变大写、变小写
16.    var ee_str6 = ee.String("China");
17.    print("to upper string", ee_str6.toUpperCase());
18.    print("to lower string", ee_str6.toLowerCase());
19.    var ee_str7 = ee.String("This is landsat8 image.");
20.    //获取子字符串，字符串的起始索引 0
21.    print("get substring", ee_str7.slice(1, 6));
22.    //分割字符串
23.    print("split string to list", ee_str7.split(" "));
```

5）字典 ee.Dictionary

普通的字典对象为{key：value}格式，在 Earth Engine 中则需要加入 ee.Dictionary（）修饰，具体常见的方法有构建、获取字典信息、重构、合并、判断、删除、强制转换等。代码链接：https://code.earthengine.google.com/933d4a874f1 fddc946b0e1ec57d25a4e（代码 24）。

```
1.     //ee.Dictionary 字典
2.     var ee_dict1 = ee.Dictionary({
3.       name: "AA",
4.       age: 10,
5.       desc: "this is a boy"
6.     });
7.     //获取字典的大小、key 列表、值列表
8.     print("size is", ee_dict1.size());
9.     print("keys is", ee_dict1.keys());
10.    print("values is", ee_dict1.values());
11.    //根据键值取值
12.    print("age is ", ee_dict1.get("age"));
13.    print("name is ", ee_dict1.get("name"));
14.
15.    var keys = ["name", "year", "sex"];
16.    var values = ["BB", 1990, "girl"];
17.    //生成新的字典
18.    var ee_dict2 = ee.Dictionary.fromLists(keys, values);
```

```
19.    print("ee_dict2 is", ee_dict2);
20.    //合并两个字典
21.    var ee_dict3 = ee_dict1.combine(ee_dict2);
22.    print("ee_dict3 is", ee_dict3);
23.    var ee_dict4 = ee_dict1.combine(ee_dict2, false);
24.    print("ee_dict4 is", ee_dict4);
25.    //判断是否包含 key
26.    var flag = ee_dict4.contains("name");
27.    print("flag is", flag);
28.    //删除
29.    var ee_dict5 = ee.Dictionary({
30.      a: 1,
31.      b: 2,
32.      c: 3
33.    });
34.    ee_dict5 = ee_dict5.remove(["a", "c"]);
35.    print("ee_dict5 is", ee_dict5);
36.    //添加忽略，防止键值不存在造成删除错误
37.    print(ee_dict5.remove(["a", "c"], true));
38.    //添加,使用 set 后字典会变为 Earth Engine 的 object 对象类型,
39.    //所以需要强制转换一下
40.    var ee_dict6 = ee.Dictionary({
41.      a: 1,
42.      b: 2,
43.      c: 3
44.    });
45.    ee_dict6 = ee_dict6.set("d", 4);
46.    ee_dict6 = ee.Dictionary(ee_dict6);
47.    print("ee_dict6 is", ee_dict6);
```

其中，着重强调第 14～19 行利用列表直接生成字典对象的方法，十分重要。

6）日期 ee.Date

日期数据是记录具体时间的数据类型，用来记录年、月、日等具体信息，使用 Earth Engine 的日期数据只需要将日期字符串用 ee.Date（）做定义即可实现。下面例子展示日期类常用方法，如如何定义、如何获取时间信息、计算时间间隔、返回特殊格式的日期形式等。 具体代码链接：https://code.earthengine.google.com/30606457813bb5f021492a43147b0e93（代码 25）。

```
1.      //ee.Date 日期
2.      var ee_date1 = ee.Date("2017-01-01");
3.      print("ee_date1 is", ee_date1);
4.      //http://joda-time.sourceforge.net/apidocs/org/joda
time/format/DateTimeFormat.html
5.      var ee_date3 = ee.Date.parse("yyyyDDD", "2017010");
6.      print("ee date3 is", ee_date3);
7.      //获取后一天，单位可以是'year', 'month' 'week', 'day',
'hour', 'minute', or 'second'
8.      var ee_date4 = ee.Date("2017-1-10");
9.      var next_date = ee_date4.advance(1, "day");
10.     print("next date is", next_date);
11.     var pre_date = ee_date4.advance(-1, "day");
12.     print("pre date is", pre_date);
13.     //日期间隔，单位可以是'year', 'month' 'week', 'day',
'hour', 'minute', or 'second'
14.     var ee_date5 = ee.Date("2017-1-1");
15.     var ee_date6 = ee.Date("2017-1-10");
16.     print("days  number",  ee_date6.difference(ee_date5,
"day"));
17.     //获取指定格式的日期返回值，比如当前是一年中的第几天
18.     var doy1 = ee_date6.format("DDD");
19.     print("day of year1", doy1);
20.     //当前日期相对于这一年的开始是第几天、月、星期等
21.     var doy2 = ee_date6.getRelative("day", "year");
22.     print("day of year2", doy2);
23.     //获取日期的年月日等信息
24.     var ee_date7 = ee.Date.parse("yyyy-MM-dd HH:mm:ss",
"2017-1-10 12:19:01");
25.     print("year", ee_date7.get("year"));
26.     print("month", ee_date7.get("month"));
27.     print("week", ee_date7.get("week"));
28.     print("day", ee_date7.get("day"));
29.     print("hour", ee_date7.get("hour"));
30.     print("minute", ee_date7.get("minute"));
31.     print("second", ee_date7.get("second"));
32.     print("millis", ee_date7.millis());
```

代码释义：

（1）第 1 行通过字符串定义日期变量。

（2）第 4 行是一个非常重要的参考网址：http: //joda-time.sourceforge. et/apidocs/ org/joda/time/format/DateTimeFormat.html，它展示所有日期缩写的具体代码以及对应的含义。

（3）第 5 行根据上面网址中内容可以查询到 y 指的是年，D 指的是每年中的第几天，使用日期类中方法 parase 那么就可以解析指定格式的字符串为日期类，如"2017010"就是"yyyyDDD"。

7）列表 ee.List

列表是记录同类型数据的集合数据类型，如[1,2,3]，一个普通的数字列表，要转换为 Earth Engine 列表形式只需用 ee.List（）重新定义即可，下面代码展示了部分列表常用的方法，如创建、转换、添加新元素、合并、删除、替换、部分提取等。具体代码链接：https://code.earthengine.google.com/c3c35d6128e7e161b 4de9f9b57cb1ab1（代码 26）。

```
1.    //ee.List 列表
2.    var ee_list1 = ee.List([1,2,3,4,5]);
3.    print("ee list create first method", ee_list1);
4.    //列表初始化除了可以直接使用 Js 数组，还可以使用内部方法
5.    var ee_list2 = ee.List.sequence(1, 5);
6.    print("ee list create second method", ee_list2);
7.    print("ee_list2[1] = ", ee_list2.get(1));
8.    print("length ", ee_list2.length());
9.    print("size ", ee_list2.size());
10.   // 创建一个 4 长度，所有值都是 10 的列表
11.   print("repeat list", ee.List.repeat(10, 4));
12.   //添加元素
13.   var ee_list3 = ee.List([1,2,3]);
14.   ee_list3 = ee_list3.add(4);
15.   print("ee_list3 is", ee_list3);
16.   print("insert index", ee_list3.insert(0, 9));
17.   //合并列表
18.   var ee_list4 = ee.List([1,2,3]);
19.   var ee_list5 = ee.List([5,6,7]);
20.   print("cat list", ee_list4.cat(ee_list5));
21.   //删除
22.   var ee_list6 = ee.List([1,2,3,4]);
23.   print("remove element", ee_list6.remove(4));
```

```
24.    print("remove                              elements",
ee_list6.removeAll(ee.List([1,2])));
25.    //替换
26.    print("replace element", ee_list6.replace(4, 5));
27.    //提取部分 List
28.    print("slice list", ee_list6.slice(1, 3));
29.    //判断包含
30.    print("contain element", ee_list6.contains(3));
31.    //排序和翻转
32.    print("reverse list", ee_list6.reverse());
33.    print("sort list", ee_list6.sort());
34.    //to string
35.    var ee_list7 = ee.List(["a", "b", "c"]);
36.    print("join string", ee_list7.join("-"));
37.    //去重
38.    var ee_list8 = ee.List(["a", "b", "c", "a"]);
39.    print("remove dup string", ee_list8.distinct());
40.    //reduce
41.    var ee_list9 = ee.List([1,2,3,4]);
42.    print("list sum", ee_list9.reduce(ee.Reducer.sum()));
43.    //map
44.    var ee_list10 = ee_list9.map(function(data) {
45.      return ee.Number(data).multiply(2);
46.    });
47.    print("ee_list10 is", ee_list10);
```

代码第 5 行使用 ee.List.sequence（start，end）方法生成列表需要 start 和 end 两个参数。此外，几乎所有列表方法都有返回值需要通过变量接收。

8）数组 ee.Array

数组 ee.Array 是由一连串的数字或字符串构成，[ ]嵌套数目表示了数组维数，表示一维向量、二维矩阵、三维立方体类型，以及其他高维数据类型。下面的例子描述了 Array 的定义，具体代码链接：https://code.earthengine.google.com/ab32a9f7d2fa8131301ec103fed6f730（代码 27）。

```
1.    var conf = ee.Array([
2.      [ 0.3037,    0.2793,    0.4743,    0.5585,    0.5082,
0.1863],
```

```
3.       [-0.2848,  -0.2435,  -0.5436,   0.7243,   0.0840,
-0.1800],
4.       [ 0.1509,   0.1973,   0.3279,   0.3406,  -0.7112,
-0.4572],
5.       [-0.8242,   0.0849,   0.4392,  -0.0580,   0.2012,
-0.2768],
6.       [-0.3280,   0.0549,   0.1075,   0.1855,  -0.4357,
0.8085],
7.       [ 0.1084,  -0.9022,   0.4120,   0.0573,  -0.0251,
0.0238]
8.       ]
```

表示一个二维数组,其中行是 0 轴,列是 1 轴,纬度是 6 行 6 列,在 Earth Engine 中具体存储如表 2-1 所示。

表 2-1 二维数组储存内容示意

		1-axis					
		0	1	2	3	4	5
0-axis	0	0.3037	0.2793	0.4743	0.5585	0.5082	0.1863
	1	−0.2848	−0.2435	−0.5436	0.7243	0.0840	−0.1800
	2	0.1509	0.1973	0.3279	0.3406	−0.7112	−0.4572
	3	−0.8242	0.0849	0.4392	−0.0580	0.2012	−0.2768
	4	−0.3280	0.0549	0.1075	0.1855	−0.4357	0.8085
	5	0.1084	−0.9022	0.4120	0.0573	−0.0251	0.0238

具体代码链接: https://code.earthengine.google.com/f41f874bc6e7072c30e3c 8647ed049cf (代码 28)。

```
1.     //数组
2.     var ee_arr1 = ee.Array([[1,2], [2,2]]);
3.     print("ee_arr1 is", ee_arr1);
4.     var ee_arr2 = ee.Array(ee.List([[1,1], [3,3]]));
5.     //加、减、除、乘计算
6.     print("add result ", ee_arr1.add(ee_arr2));
7.     print("subtract result", ee_arr1.subtract(ee_arr2));
8.     print("divide result", ee_arr1.divide(ee_arr2));
9.     print("multiply result", ee_arr1.multiply(ee_arr2));
10.    //axis 0 1
```

```
11.    print("axis 0", ee_arr2.reduce(ee.Reducer.sum(), [0]));
12.    print("axis 1", ee_arr2.reduce(ee.Reducer.sum(), [1]));
```

代码分析：

（1）第 11 行传入的是 0 轴，遍历各行的每一列计算结果为[[4,4]]。

（2）第 12 行传入的是 1 轴，遍历各列的每一行计算结果为 [[2],[6]]。

9）地图 Map

A. Map.add（item）

这个方法通常是在地图展示区加入各种 ui 使用，如 ui.Label 等。

B. Map.centerObject（object，zoom）

设置地图居中位置，参数 object 是矢量数据或者影像数据；zoom 是缩放级别。

C. Map.addLayer（eeObject，visParams，name，shown，opacity）

地图上添加图层，这是几乎每一个程序都在使用的方法，具体参数如下。

（1）eeObject：图层内容，可以是矢量数据、影像等；

（2）visParams：显示图层内容样式参数；

（3）name：图层的名称；

（4）shown：图层是否显示；

（5）opacity：图层的透明度。

其中 visParams 参数样式可以设置的内容包括：bands（波段列表）、min（最小值）、max（最大值）、gamma（伽马系数）、palette（颜色列表）、opacity（透明度）等，具体详细内容见图 2-35。

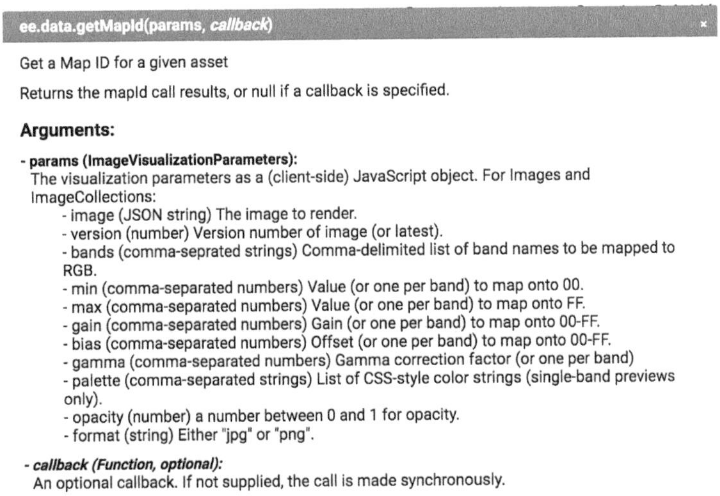
ee.data.getMapId(params, *callback*)

Get a Map ID for a given asset

Returns the mapId call results, or null if a callback is specified.

Arguments:

- params (ImageVisualizationParameters):
The visualization parameters as a (client-side) JavaScript object. For Images and ImageCollections:
- image (JSON string) The image to render.
- version (number) Version number of image (or latest).
- bands (comma-seprated strings) Comma-delimited list of band names to be mapped to RGB.
- min (comma-separated numbers) Value (or one per band) to map onto 00.
- max (comma-separated numbers) Value (or one per band) to map onto FF.
- gain (comma-separated numbers) Gain (or one per band) to map onto 00-FF.
- bias (comma-separated numbers) Offset (or one per band) to map onto 00-FF.
- gamma (comma-separated numbers) Gamma correction factor (or one per band)
- palette (comma-separated strings) List of CSS-style color strings (single-band previews only).
- opacity (number) a number between 0 and 1 for opacity.
- format (string) Either "jpg" or "png".

- callback (Function, optional):
An optional callback. If not supplied, the call is made synchronously.

图 2-35　图层 Layer 的可视化参数信息

不同的数据在地图上设置格式也不一样，下面分别展示影像栅格数据和矢量数据都是如何加载在地图上同时设置不同样式的。

a. 影像栅格数据

绘制影像数据，具体代码链接：https://code.earthengine.google.com/84a72d461 beb87c7b58b7007b157c73f（代码29）。

```
1.    var label = ui.Label({
2.      value: "Hello world!",
3.      style: {
4.        fontSize: "40px",
5.        fontWeight: "bold"
6.      }
7.    });
8.    Map.add(label);
9.    var image = ee.Image("LANDSAT/LC08/C01/T1_TOA/LC08_
123037_20180611");
10.    Map.centerObject(image, 7);
11.    var visParam = {
12.      min: 0,
13.      max: 0.3,
14.      bands: ["B4", "B3", "B2"]
15.    };
16.    Map.addLayer(image, visParam, "rawIamge");
```

其中，第1～8行使用add（）方法在地图上添加文本内容，第9～16行使用addLayer（）将一景遥感影像添加到地图上。

b. 矢量数据

绘制完全填充的矢量数据，具体代码链接：https://code.earthengine.google.com/ 93a15a9fde7e065836a093b7e3ece39c（代码30）。

```
1.    var fCol = ee.FeatureCollection("users/landusers/
province");
2.    var roi = ee.Geometry.Point([116.387928, 40.00649]);
3.    var sCol = fCol.filterBounds(roi);
4.    Map.centerObject(roi, 6);
5.    Map.addLayer(sCol, {color: "red"}, "Beijing");
```

只绘制矢量边界数据例子一，具体代码链接：https://code.earthengine.google.

com/4ef6fb5fb5a36c2e7601c511a30467ab　（代码 31）。

```
1.    var   fCol  =  ee.FeatureCollection("users/landusers/
province");
2.    var roi = ee.Geometry.Point([116.387928, 40.00649]);
3.    var sCol = fCol.filterBounds(roi);
4.    Map.centerObject(roi, 6);
5.    var empty = ee.Image();
6.    var outline = ee.Image()
7.                .toByte()
8.                .paint({
9.                    featureCollection:sCol,
10.                   color:0,
11.                   width:3
12.               });
13.   Map.addLayer(outline, {palette: "red"}, "Beijing");
```

只绘制矢量边界数据例子二，具体代码链接：https://code.earthengine. google.com/a708c433cd5d89233beca058f63bc55c（代码 32）。

```
1.    var   fCol  =  ee.FeatureCollection("users/landusers/
province");
2.    var roi = ee.Geometry.Point([116.387928, 40.00649]);
3.    var sCol = fCol.filterBounds(roi);
4.    Map.centerObject(roi, 6);
5.    var styling = {color: 'red', fillColor: '00000000'};
6.    Map.addLayer(sCol.style(styling), {}, "Beijing");
```

运行结果见图 2-36。

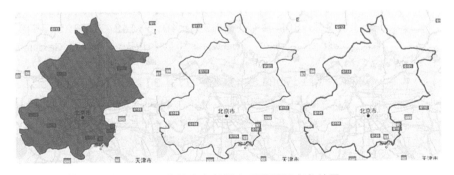

图 2-36　有填充色结果和两种无填充色结果

代码分析：

（1）第一个例子是默认的添加矢量数据方式，这种方式配置的样式只有一个 color 属性，显示样式是完全填充的样式。

（2）第二个例子是将矢量数据手动变为影像数据，方法是利用 paint（）方法，设置 color 为 0 或者 null 就代表填充颜色为空，然后用 palette 方法设置边界。

（3）第三个例子是直接使用 style 方式设置，可以直接设置边界颜色 color 和填充颜色 fillColor。

10）几何图形 ee.Geometry

A. Geometry 基础类型方法

在前面已经初步了解了 Geometry 的定义、基本类型，其他参数及详细内容如表 2-2 所示。

表 2-2　Geometry 参数

类名	含义
ee.Geometry.LineString	线段：有一系列点组成的直线
ee.Geometry.LineRing	环：线段首尾相连接
ee.Geometry.MultiLineString	复合线段：多个线段组合在一起
ee.Geometry.Point	点
ee.Geometry.MultiPoint	复合点：多个点组合在一起
ee.Geometry.Polygon	多边形
ee.Geometry.Rectangle	矩形
ee.Geometry.MultiPolygon	复合矩形：多个矩形组合在一起

不同 Geometry 展示的具体例子如下，代码链接：https://code.earthengine.google. com/d34fc83557fba51031151e512c22932f （代码 33）。

```
1.     var line = /* color: #d63000 */ee.Geometry.LineString(
2.         [[-103.28593749999999, 38.46623315614578],
3.          [-94.98027343749999, 40.534424706292405]]),
4.     multiLine   =   /*   color:   #28db3e   */ee.Geometry.
MultiLineString(
5.         [[[-101.70316271563797, 37.737101081855215],
6.          [-96.46658167152503, 38.017322136064934]],
7.          [[-105.74687499999999, 35.73286699047012],
8.          [-100.34160156249999,
36.584391288158706]]]),
9.         point = /* color: #0b4a8b */ee.Geometry. Point
```

```
    ([-89.09160156249999, 39.7956206925268]),
10.      multiPoint  =  /*  color:  #ffc82d  */ee.Geometry.
MultiPoint(
11.          [[-92.65117187499999, 37.42662495543974],
12.           [-93.79374999999999, 37.28690130733523]]),
13.      polygon = /* color: #00ffff */ee.Geometry.Polygon(
14.          [[[-96.86992187499999, 34.438354866968545],
15.            [-95.55156249999999, 36.90132207718713],
16.            [-97.74882812499999, 35.44697585969926]]]),
17.      rectangle =  ee.Geometry.Polygon(
18.          [[[-93.70585937499999, 36.44311350012563],
19.            [-93.70585937499999, 33.63721310743895],
20.            [-89.57499999999999, 33.63721310743895],
21.            [-89.57499999999999,  36.44311350012563]]],
null, false),
22.      multiPolygon = /* color: #ff0000 */ee.Geometry.
MultiPolygon(
23.          [[[[-84.29587208507718, 39.96117602741789],
24.             [-84.20893110596711, 38.095486162792234],
25.             [-81.32717506033146, 40.59421005772966]]],
26.           [[[-83.68632812499999, 34.7277971009936],
27.             [-81.97246093749999, 37.8095219161184],
28.             [-85.00468749999999,
37.63572230181635]]]]);
29.
30.    Map.addLayer(line, {color: "d63000"}, "line");
31.    Map.addLayer(multiLine, {color: "28db3e"}, "multi-
Line");
32.    Map.addLayer(point, {color: "0b4a8b"}, "point");
33.    Map.addLayer(multiPoint, {color: "ffc82d"}, "multi-
Point");
34.    Map.addLayer(polygon, {color: "00ffff"}, "polygon");
35.    Map.addLayer(rectangle,  {color: "bf04c2"}, "rect-
angle");
36.    Map.addLayer(multiPolygon, {color: "ff0000"}, "multi-
Polygon");
37.    Map.centerObject(point, 4);
```

运行结果如图 2-37 所示。

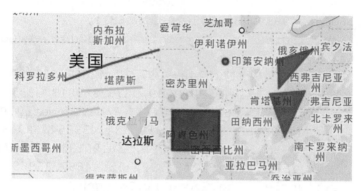

图 2-37　展示不同几何图形的例子

B. 空间计算方法

Earth Engine 中不仅仅定义了不同形状的 Geometry,同时针对矢量数据空间统计分析也提供了丰富的接口,可以实现常见的空间统计分析操作,如计算多边形的面积、计算多边形的中心点、判断两个 Geometry 是否相交等。下面例子将讲解如何使用 Earth Engine 中定义的 Geometry 以及对应的各种方法操作。

(1)计算 Geometry 的面积使用 area(),返回值单位为平方米;

(2)提取 Geometry 的中心点使用 centroid(),返回值是对应 Geometry 的中心坐标;

(3)提取 Geometry 对应的外接矩形使用 bounds(),具体如图 2-38 所示红色是多边形 Geometry,黑色的是外接矩形 bounds。

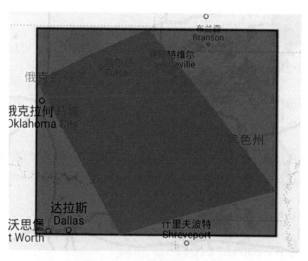

图 2-38　多边形的外接矩形

(4)对 Geometry 做缓冲区域使用 buffer(),如果传入的距离是正数则对

Geometry 做向外的扩大缓冲区域，如果传入的距离是负数则可以对 Geometry 做向内的缩小缓冲区域。图 2-39 的绿色是扩大缓冲区域，蓝色是缩小缓冲区域。

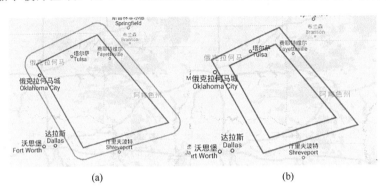

(a)　　　　　　　　　　　(b)

图 2-39　绿色外框内 buffer 为正的缓冲区（a），蓝色内框内 buffer 为负的缓冲区（b）

（5）判断两个 Geometry 是否相交使用 intersects（），返回两个 Geometry 是否相交的结果，如果两个 Geometry 相交那么返回值为 true，如果两个 Geometry 不相交那么返回值为 false。

（6）取得两个 Geometry 相交部分内容使用 intersection（），返回值是两个 Geometry 相交的新的 Geometry，如图 2-40 所示的黑色三角形部分。

图 2-40　黑色部分为两个多边形相交部分

（7）两个 Geometry 取得不同的部分使用 difference（），简单来讲就是在第一个 Geometry 但是不在第二个 Geometry 的部分，如图 2-41 所示的蓝色多边形区域。

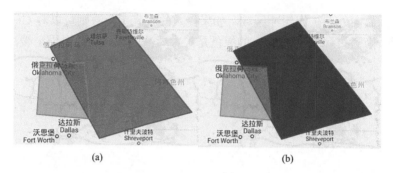

图 2-41   Geometry 原图（a），蓝色三角形部分是红色 Geometry 和
绿色 Geometry 做 difference 之后的结果（b）

下面的例子展示了 Geometry 常见的各种操作，代码链接：https://code. Earthen-gine.google.com/819bc6bc989f1f7c4fe426d43283d9e8（代码 34）。

```
1.    var polygon1 = /* color: #d63000 */ee.Geometry.Polygon(
2.          [[[116.18363255709164, 39.73608336682765],
3.          [116.62857884615414, 39.75297820506206],
4.          [116.60660618990414, 40.08580181855619],
5.          [116.15067357271664, 40.077395868796174]]]);
6.    var polygon2 = /* color: #ffc82d */ee.Geometry.Polygon(
7.          [[[116.45728060961198, 40.23636657920226],
8.          [116.42981478929948, 39.97166693527704],
9.          [116.82806918383073, 39.95903650847623],
10.         [116.88849398851823, 40.20700637790917]]]);
11.   Map.centerObject(polygon1, 9);
12.   Map.addLayer(polygon1, {color: "red"}, "polygon1");
13.   Map.addLayer(polygon2, {color: "blue"}, "polygon2");
14.   //多边形面积
15.   print("polygon area is: ", polygon1.area());
16.   //边界外接矩形
17.   print("polygon bounds is: ", polygon1.bounds());
18.   //多边形中心点
19.   print("polygon centroid is: ", polygon1.centroid());
20.   //坐标信息
21.   print("polygon coordinates is: ", polygon1. coordin
ates());
22.   //判断是否相交
23.   print("polygon1  and  polygon2  is  intersects  ?",
```

```
polygon1.intersects(polygon2));
24.    var intersec = polygon1.intersection(polygon2);
25.    Map.addLayer(intersec, {}, "intersec");
26.    //生成2000m外缓冲区
27.    var bufferPolygon1 = polygon1.buffer(2000);
28.    Map.addLayer(bufferPolygon1, {color:"ff00ff"},"buffer
Polygon1");
29.    //生成2000m内缓冲区
30.    var bufferPolygon2 = polygon1.buffer(-2000);
31.    Map.addLayer(bufferPolygon2, {color:"00ffff"},"buffer
Polygon2");
32.    //缓冲区裁剪
33.    var differ = bufferPolygon1. difference (buffer
Polygon2);
34.    Map.addLayer(differ, {color:"green"}, "differ");
```

11）矢量数据 ee.Feature

矢量数据 Feature 是 Earth Engine 定义的一种数据类型，前面详细分析了 Feature 的组成，其实就是一个中间类型的数据，相比 Geometry 多记录了一些要存储的属性，类比本地的矢量数据的属性表。

A. Feature 基本操作方法

（1）设置属性方法 set（var_args），其中，var_args 可以是字典对象或者直接设置 key 和 value，如 set（"count"，1）或者 set（{"count"：1}）。

（2）获取属性方法为 get（property），通过属性名称获取 Feature 属性对应的值。

（3）select（propertySelectors，newProperties，retainGeometry）方法是可以直接筛选只包含特定属性的 Feature，或者可以对筛选的属性重新命名。

下面例子是基本方法的应用，代码链接：https://code.earthengine.google.com/da54f6df1dd475fc478f8df30397b719（代码35）。

```
1.    var polygon = /* color: #d63000 */ee.Geometry.Polygon(
2.        [[[116.18363255709164, 39.73608336682765],
3.          [116.62857884615414, 39.75297820506206],
4.          [116.60660618990414, 40.08580181855619],
5.          [116.15067357271664, 40.077395868796174]]]);
6.    var feature = ee.Feature(polygon, {year: 2019, count:
100});
7.    Map.centerObject(feature, 9);
```

```
8.    Map.addLayer(feature, {color: "red"}, "feature");
9.    //get
10.   print(feature.get("year"));
11.   //set
12.   feature = feature.set("desc", "test demo");
13.   print(feature);
14.   //propertyNames
15.   print(feature.propertyNames());
16.   //select
17.   print(ee.Feature(feature.select(["count"])));
18.   var feature2 = feature.select(
19.     ["year", "count", "desc"],
20.     ["date", "count", "desc"]
21.   );
22.   feature2 = ee.Feature(feature2);
23.   print(feature2);
```

代码释义：

（1）第 10 行通过 get 方法获取"year"对应的值。

（2）第 12 行通过 set 方法添加新属性"desc"。

（3）第 15 行查看 Feature 对应的所有属性名称。

（4）第 17 行筛选获取只包含"count"属性的 Feature。

（5）第 18~23 行将"year"属性重新命名为"date"，这里需要注意一点的是使用 select 之后获得的数据是 Element 类型数据，需要使用 ee.Feature 强制转换为 Feature 类型。

B. Feature 空间操作方法

由于 Feature 中包含了 Geometry，所以两者的空间操作方法非常类似，常用的方法如下：

（1）获取 Feature 对应的 Geometry：geometry（）。

（2）计算 Feature 的面积：area（），这个方法的返回值是平方米。

（3）提取 Feature 的中心点：centroid（），这个方法的返回值是对应 Feature 的中心坐标。

（4）提取 Feature 对应的外部最大矩形：bounds（）。

（5）对 Feature 做缓冲区域：buffer（），如果传入的距离是正数则可以对 Feature 做向外的扩大缓冲区域，如果传入的距离是负数则可以对 Feature 做向内的缩小缓冲区域。

（6）判断两个 Feature 是否相交：intersects（），返回两个 Feature 是否相交的

结果，如果两个 Feature 相交那么返回值为 true，如果两个 Feature 不相交那么返回值为 false。

（7）取得两个 Feature 相交部分内容：intersection（），返回值是两个 Feature 相交的新的 Feature。

（8）两个 Feature 取得不同的部分：difference()，简单来讲就是在第一个 Feature 但是不在第二个 Feature 的部分。

以下展示具体的代码显示具体操作，代码链接：https://code.earthengine. google.com/d7262225d6229a9f5114b8b2b2a603ad（代码 36）。

```
1.    var polygon1 = /* color: #d63000 */ee.Geometry.Polygon(
2.         [[[116.18363255709164, 39.73608336682765],
3.          [116.62857884615414, 39.75297820506206],
4.          [116.60660618990414, 40.08580181855619],
5.          [116.15067357271664, 40.077395868796174]]]);
6.    var polygon2 = /* color: #ffc82d */ee.Geometry.Polygon(
7.         [[[116.45728060961198, 40.23636657920226],
8.          [116.42981478929948, 39.97166693527704],
9.          [116.82806918383073, 39.95903650847623],
10.         [116.88849398851823, 40.20700637790917]]]);
11.   var feature1 = ee.Feature(polygon1);
12.   var feature2 = ee.Feature(polygon2);
13.   Map.centerObject(feature1, 9);
14.   Map.addLayer(feature1, {color: "red"}, "feature1");
15.   Map.addLayer(feature2, {color: "blue"}, "feature2");
16.   //feature area
17.   print("feature area is: ", feature1.area());
18.   //feature bounds
19.   print("feature bounds is: ", feature1.bounds());
20.   //feature center point
21.   print("feature centroid is: ", feature1.centroid());
22.   //feature geometry
23.   print("feature geometry is: ", feature1.geometry());
24.   //feature coordinates
25.   print("feature coordinates is: ", feature1. geometry().
coordinates());
26.   //check intersects
27.   print("feature1 and feature2 is intersects ?",
feature1.intersects(feature2));
28.   var intersec = feature1.intersection(feature2);
```

```
29.    Map.addLayer(intersec, {}, "intersec");
30.    //outer 2000m
31.    var buffer1 = feature1.buffer(2000);
32.    Map.addLayer(buffer1, {color:"ff00ff"}, "buffer1");
33.    //innner 2000m
34.    var buffer2 = feature1.buffer(-2000);
35.    Map.addLayer(buffer2, {color:"00ffff"}, "buffer2");
36.    //difference
37.    var differ = buffer1.difference(buffer2);
38.    Map.addLayer(differ, {color:"green"}, "differ");
```

12）矢量数据集合 ee.FeatureCollection

矢量数据集合是开发中常用的数据格式，矢量数据的操作大都是对矢量集合数据做操作。本章节主要讲解矢量数据集合中常用的方法。

A. 展示矢量集合数据

使用地图的方法加载有填充的矢量数据和只显示边界的矢量数据（style 方法）。

B. 合并矢量集合数据

导入程序的矢量数据集合是多个时，则需要使用 merge 方法将所有的矢量集合数据先合并，然后再做相关操作，代码为：collection1.merge（collection2），具体代码链接：https://code.earthengine.google.com/5fd99abc83b36154eef1f56b 3677544a（代码 37）。

```
1.     var fCol1 = ee.FeatureCollection([
2.       ee.Feature(null, {count: 1}),
3.       ee.Feature(null, {count: 2}),
4.       ee.Feature(null, {count: 3})
5.     ]);
6.     var fCol2 = ee.FeatureCollection([
7.       ee.Feature(null, {count: 11}),
8.       ee.Feature(null, {count: 21}),
9.       ee.Feature(null, {count: 31})
10.    ]);
11.    var fCol3 = fCol1.merge(fCol2);
12.    print("fCol3", fCol3);
```

C. 过滤矢量集合数据

过滤矢量集合主要包括空间过滤、时间过滤、属性过滤这三个方法，目的是筛选出所有符合条件的数据。下面是一个使用 filterBounds 的简单例子进行空间筛选。具体代码链接：https://code.earthengine.google.com/f1bc3aad9d24148c48be
1435e50395f6（代码 38）。

```
1.    var  fCol  =  ee.FeatureCollection("users/landusers/
province");
2.    var roi = /* color: #00ffff */ee.Geometry.Point([116.
396 5580492448, 39.90217071553930 6]);
3.    var sCol = fCol.filterBounds(roi);
4.    print("select sCol", sCol);
5.    Map.addLayer(sCol, {}, "scol");
6.    Map.centerObject(roi, 3);
```

D. 循环遍历矢量集合数据

循环遍历这个在前面章节也提到过，在 Earth Engine 中一般不用 for 直接对集合做循环操作，常用的循环方法就是 Earth Engine 定义的方法 map、iterate。

a. map 循环

具体代码链接：https://code.earthengine.google.com/25f850033bafaab6e0f9d36
cb422fa4e（代码 39）。

```
1.    var  fCol  =  ee.FeatureCollection("users/landusers/
province");
2.    var sCol = fCol.limit(10);
3.    print("pre sCol", sCol);
4.    sCol = sCol.map(function(feature) {
5.      var area = feature.area();
6.      feature = feature.set("area", area);
7.      return feature;
8.    });
9.    print("add area properties", sCol);
```

运行结果如图 2-42 所示。

代码分析：这个例子的主要功能是提取矢量集合中的 10 个数据，并为每个数据添加 "area" 属性用来存储计算当前多边形的面积。

b. iterate 循环

iterate 是 Earth Engine 为了弥补 map 循环的缺点增加的循环方法。map 循环的缺陷是只能对集合的所有元素做循环处理，但是没办法操作它目前具体索引或

```
▼features: List (10 elements)
   ▼0: Feature 00000000000000000bc6 (Polygon,…
      type: Feature
      id: 00000000000000000bc6
    ▶geometry: Polygon, 15 vertices
    ▼properties: Object (8 properties)
         area: 766086.9259044459
         cc: PF
         iso_alpha2:
         iso_alpha3:
         iso_num: 0
         name: In dispute-Paracel Islands
         region: ASIA
         tld:
```

图 2-42　循环遍历矢量集合数据的结果

者前后其他元素数据。iterate 循环则是先定义了一个初始的值，然后遍历集合的具体元素，这样就可以实现初始值和这个元素的操作，最后返回相关结果重新赋值给初始值。

API 定义：iterate（algorithm，first）。

（1）参数 algorithm 是回调方法，即每一次循环要调用的方法，格式为

$$function（element\_data，first\_data）\ \{\}$$

第一个参数是集合的每一个元素，第二个参数 first_data 则是初始化定义的 first 的数据，返回值是计算的结果并且会重新赋值给 first。

（2）参数 first 定义的初始化值无须是列表类型，但它最终和想要获得的结果是同一个类型值。例如，下面这个例子就定义了两种初始化数据，另一个是列表类型，另一个是数值类型，为了获得不同的结果，如第一个是要获得新的集合数据，所以初始化数据用了列表，第二个则是为了获得总面积，所以初始化数据定义为数值类型数据。

使用 iterate 做循环的例子如下，具体代码链接：https://code.earthengine.google.com/245e92f7c0ce0e108a4937f5f06980f5（代码 40）。

```
1.    var  fCol  =  ee.FeatureCollection("users/landusers/
province")
2.                .limit(10);
3.    print("fCol", fCol);
4.    //添加面积属性
5.    var fColList = fCol.iterate(function(data, list){
6.      data = ee.Feature(data);
```

```
7.      list = ee.List (list);
8.      var area = data.area();
9.      data = data.set("area", area);
10.     return list.add(data);
11.   }, ee.List([]));
12.   var sCol = ee.FeatureCollection(ee.List(fColList));
13.   print("sCol", sCol);
14.   //计算面积和
15.   var totalArea = fCol.iterate(function(data, area){
16.     data = ee.Feature(data);
17.     area = ee.Number(area);
18.     var _area = data.area();
19.     return area.add(_area);
20.   }, ee.Number(0));
21.   totalArea = ee.Number(totalArea);
22.   print("totalArea", totalArea);
```

代码分析:

（1）第 1~3 行筛选出 10 条数据作为后续原材料;

（2）第 4~13 行使用 iterate 方法实现的功能和之前 map 实现的功能一致，都是给每一个元素加入一个面积属性 area，然后计算这个多边形面积并将这个面积赋值给 area 属性，最后将新的 feature 数据添加到列表 list 中返回给初始化的那个变量。生成的结果 fColList 就是一个列表数据，重新生成矢量集合就可以了。

（3）第 14~22 行则使用 itreate 方法实现了计算 10 条数据中所有面积的和。

E. 矢量集合数据统计分析 aggreate_xxxx

在矢量集合数据的 API 中，大部分的数据是 aggrate_xxx 类型的方法，它们的主要作用就是用来做各种数据统计，参数就是矢量数据的具体属性名称，如要统计一个矢量集合数据中的属性 "count" 最大值 max、最小值 min 等，具体代码链接:
https://code.earthengine.google.com/84de5bcbca3d94f46bcc61a8074389ef（代码 41）。

```
1.      //generate
2.      var fCol = ee.FeatureCollection([
3.        ee.Feature(null, {count: 1}),
4.        ee.Feature(null, {count: 2}),
5.        ee.Feature(null, {count: 3})
6.      ]);
7.
8.      print("count max", fCol.aggregate_max("count"));
```

```
9.      print("count min", fCol.aggregate_min("count"));
10.     print("count mean", fCol.aggregate_mean("count"));
```

F. 矢量数据转换为栅格数据

在 Earth Engine 中实现矢量转换为栅格数据只需调用 reduceToImage（properties，reducer）就可以实现，参数分别为：properties 是要转为栅格数据的属性，reducer 是使用什么计算方式，如均值等。具体代码链接：https://code.earthengine.google.com/9df983dacfeb6c0d9ec5357eae529b55（代码 42）。

```
1.      var roi = /* color: #0b4a8b */ee.Geometry.Polygon(
2.          [[[-88.0668203125, 43.29317317568222],
3.            [-85.5179921875, 44.80909524778966],
4.            [-85.6058828125, 46.830108131285186],
5.            [-89.9125234375, 47.60613790534617],
6.            [-95.0101796875, 46.52860904336895]]]);
7.      Map.centerObject(roi, 6);
8.      var counties = ee.FeatureCollection("TIGER/2018/
ounties").filterBounds(roi);
9.      counties = counties.map(function(f) {
10.       return f.set("AWATER", ee.Number(f.get("AWATER"))
divide(1000000));
11.     });
12.     var properties = ["AWATER"];
13.     var image = counties.filter(ee.Filter.neq("AWATER",
null))
14.             .reduceToImage({
15.                 properties: properties,
16.                 reducer: ee.Reducer.mean()
17.             });
18.     print("generate image", image);
19.     var style = {color:"red", fillColor:"00000000"};
20.     Map.addLayer(image, {min:0, max:3000}, "image");
21.     Map.addLayer(counties.style(style), {}, "counties");
```

运行效果见图 2-43。

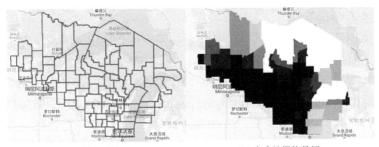

(a) 原始矢量数据　　　　　　　　　　(b) 生成的栅格数据

图 2-43　矢量数据转换为栅格数据效果图

13）影像数据 ee.Image

影像数据和影像集合在 Earth Engine 中的存储格式和组成部分在前面章节已经做介绍，本章节主要介绍一些影像的 API 方法。

A. 地图上展示影像资源

这个在前面地图那部分已介绍，这里不再赘述。

B. 基本属性信息设置和获取

在 Earth Engine 中基本属性的获取和设置主要是通过 set（）和 get（）方法获取，其他属性操作方法如获取波段名称列表方法 bandNames（）、获取波段类型列表方法 bandTypes（）、获得 ID 方法 id（）等。具体代码链接：https://code.earthengine.google.com/64237abc12ae7e4d70d17b9ce0c0c5fa（代码 43）。

```
1.     var image = ee.Image("LANDSAT/LC08/C01/T1_TOA/LC08_123037
20180611");
2.     print("image", image);
3.     print("image bandNames", image.bandNames());
4.     print("image bandTypes", image.bandTypes());
5.     print("image date", image.date());
6.     print("image id", image.id());
7.     print("cloud cover", image.get("CLOUD_COVER"));
```

C. 影像之间数学运算

处理影像最本质的原理是对影像波段做各种数学操作运算，Earth Engine 中定义了常用的数学运算如四则运算加减乘除（add、subtract、multiply、divide 等）、三角函数（sin、cos 等），还有特殊的如矩阵运算（matrixXXX）、数组运算（arrayXXX）、按位运算（bitwiseXXX）等。为了实现这些操作，Earth Engine 提供了不同的方法。

a. 直接数学运算

最简单也是最直接的方式，就是完全按照表达式用定义的数学方法将内容计算出来。下面是一个计算 NDVI 的例子，计算 NDVI 公式是 NDVI =（nir–red）/（nir + red），对应到 Landsat8 中就是 nir 波段是 B5 波段，red 波段是 B4 波段，示例代码链接：https://code.earthengine.google.com/b66950825e54953e429047034d6e99a6（代码 44）。

```
1.    Map.setOptions("SATELLITE");
2.    var image = ee.Image("LANDSAT/LC08/C01/T1_TOA/LC08_
123037_20180611");
3.    Map.centerObject(image, 7);
4.    var b4 = image.select("B4");
5.    var b5 = image.select("B5");
6.    var ndvi = b5.subtract(b4).divide(b5.add(b4));
7.    var visParam = {
8.      min: -0.2,
9.      max: 0.8,
10.     palette: 'FFFFFF, CE7E45, DF923D, F1B555, FCD163,
99B718, 74A901, 66A000, 529400,' +
11.       '3E8601, 207401, 056201, 004C00, 023B01, 012E01,
011D01, 011301'
12.     };
13.    Map.addLayer(ndvi, visParam, "ndvi");
```

运行结果见图 2-44。

图 2-44　计算的影像 NDVI 结果

b. normalizedDifference

此方法是（*A*–*B*）/（*A*+*B*）计算公式的缩略写法，常用于各种指数计算，代码链接：https://code.earthengine.google.com/9bfa4eedb14d2589ba3d26d252a56769（代码 45）。

```
1.    Map.setOptions("SATELLITE");
2.    var image = ee.Image("LANDSAT/LC08/C01/T1_TOA/LC08_
123037_20180611");
3.    Map.centerObject(image, 7);
4.    var ndvi = image.normalizedDifference(["B5", "B4"]);
5.    var visParam = {
6.      min: -0.2,
7.      max: 0.8,
8.      palette: 'FFFFFF, CE7E45, DF923D, F1B555, FCD163,
99B718, 74A901, 66A000, 529400,' +
9.        '3E8601, 207401, 056201, 004C00, 023B01, 012E01,
011D01, 011301'
10.   };
11.   Map.addLayer(ndvi, visParam, "ndvi");
```

c. expression 表达式

这种方法主要用于复杂的指数计算，如 EVI 等，表达式的最大优点是可以将要计算的内容通过表达式格式直观展示出来，用户只要替换表达式中具体的变量即可。下面展示的是可以在 expression 中使用的操作符号，如图 2-45 所示。

Operators for expression()		
Arithmetic	+ - * / % **	Add, Subtract, Multiply, Divide, Modulus, Exponent
Comparison	== != < > <= >=	Equal, Not Equal, Less Than, Greater than, etc.
Logical	&& || ! ^	And, Or, Not, Xor
Ternary	? :	If then else

图 2-45　expression 可以使用的数学计算符号

下面以计算 EVI 为例展示如何使用 expression 表达式，代码是第 11～16 行，具体代码链接：https://code.earthengine.google.com/13afc297669abf2e18163 dd90632 f58c（代码 46）。

```
1.    Map.setOptions("SATELLITE");
```

```
2.      var image = ee.Image("LANDSAT/LC08/C01/T1_TOA/LC08_
123037_20180611");
3.      Map.centerObject(image, 7);
4.      var visParam = {
5.        min: -0.2,
6.        max: 0.8,
7.        palette: 'FFFFFF, CE7E45, DF923D, F1B555, FCD163,
99B718, 74A901, 66A000, 529400,' +
8.          '3E8601, 207401, 056201, 004C00, 023B01, 012E01,
011D01, 011301'
9.      };
10.     var EVI = image.expression(
11.       '2.5 * ((NIR - RED) / (NIR + 6 * RED - 7.5 * BLUE
+ 1))', {
12.         'NIR': image.select('B5'),
13.         'RED': image.select('B4'),
14.         'BLUE': image.select('B2')
15.     }).rename("EVI");
16.     Map.addLayer(EVI, visParam, "EVI");
17.     Map.centerObject(image, 6);
```

上面这种方式计算的 EVI 结果如果要重命名波段名称需要调用 rename（）方法，但是在 Earth Engine 中还规定了一个新的写法可以直接命名波段数据。

代码链接：https://code.earthengine.google.com/93b93091ccda63b7ab1b8c436 edd0baf（代码 47）。

```
1.      Map.setOptions("SATELLITE");
2.      var image = ee.Image("LANDSAT/LC08/C01/T1_TOA/LC08_
123037_20180611");
3.      Map.centerObject(image, 7);
4.      var visParam = {
5.        min: -0.2,
6.        max: 0.8,
7.        palette: 'FFFFFF, CE7E45, DF923D, F1B555, FCD163,
99B718, 74A901, 66A000, 529400,' +
8.          '3E8601, 207401, 056201, 004C00, 023B01, 012E01,
011D01, 011301'
9.      };
10.     var EVI = image.expression(
```

```
11.        ' EVI = 2.5 * ((NIR - RED) / (NIR + 6 * RED - 7.5
* BLUE + 1))', {
12.          'NIR': image.select('B5'),
13.          'RED': image.select('B4'),
14.          'BLUE': image.select('B2')
15.      }).rename("EVI");
16.      Map.addLayer(EVI, visParam, "EVI");
17.      Map.centerObject(image, 6);
```

两种方法主要区别就在第 12 行，即 EVI=2.5*（（NIR–RED）/（NIR+6*RED–7.5*BLUE+1）），这里的 "EVI" 就是返回数据的波段名称。

D. 统计计算 Reducer

对影像做统计计算是十分重要的内容，目前统计分析主要常用的几种方法如下：

a. 计算（reducer）

这种方法主要是用于对多波段的影像做统计分析，如计算三个波段均值，通过调用 ee.Reducer.mean（）就可以计算得到均值数据，图 2-46 展示的就是 reduce 计算均值的流程。

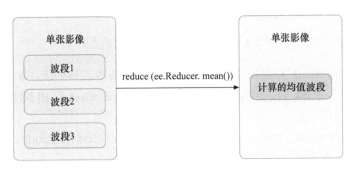

图 2-46   image 使用 reduce 统计分析

具体代码链接：https://code.earthengine.google.com/66c5e8050ffd6eb 0238045 cfa635 e6bb（代码 48）。

```
1.      Map.setOptions("SATELLITE");
2.      var image = ee.Image("LANDSAT/LC08/C01/T1_TOA/LC08_
123037_20180611")
3.              .select("B[2-4]");
4.      Map.centerObject(image, 7);
5.      var visParam = {
6.        min: 0,
7.        max: 0.3,
```

```
8.        bands: ["B4", "B3", "B2"]
9.     };
10.    Map.addLayer(image, visParam, "rawIamge");
11.
12.    var mean = image.reduce(ee.Reducer.mean());
13.    print("image reduce value is: ", mean);
14.    Map.addLayer(mean, {min:0, max:0.3}, "meanImage");
```

运行结果：点击影像上的一点后显示结果如下，可以看到新的波段值是之前三个波段的均值（图 2-47）。

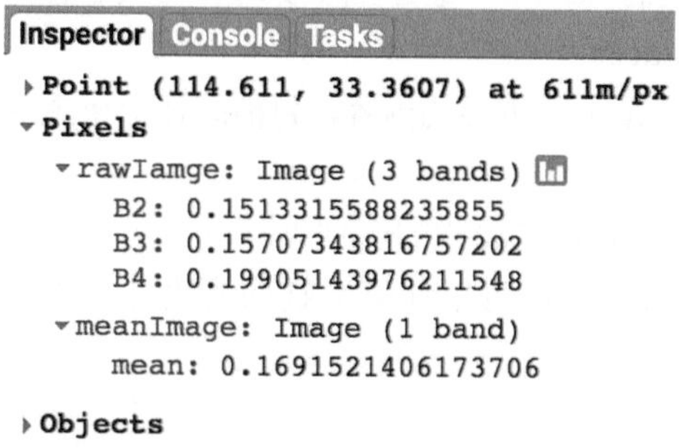

图 2-47   image 使用 reduce 计算的结果

代码分析：第 3 行获取影像波段通常是传入波段名称列表，如 image.select（["B2"，"B3"，"B4"]），但在这个例子中使用 image.select（"B[2-4]"）结果是一致的。

b. reduceRegion（reducer，geometry，scale，crs，crsTransform，bestEffort，maxPixels，tileScale）

方法具体参数含义如下。

（1）reducer：计算方法，如计算均值 mean 等；

（2）geometry：统计区域的边界；

（3）scale：计算统计使用的分辨率；

（4）crs：投影信息；

（5）crsTransform：投影信息参数；

（6）bestEffort：如果统计区域内像素过多，是否只取可以计算的最大像素数据；

（7）maxPixels：统计区域最多可以有多少像素；

（8）tileScale：系统内部优化参数，填写 2 的 N 次方，避免出现计算内存不足等问题。

其中常用的参数是 reducer、geometry、scale、maxPixels 和 tileScale，其他的

在使用时保持默认就可以了。这个方法是用于统计某个区域的具体信息。图 2-48
是统计某个区域 roi 内的 NDVI 均值。

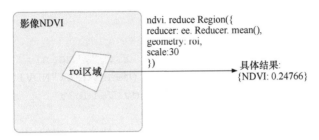

图 2-48　image 中 reduceRegion 计算过程（b 方法）

影像使用 reduceRegion 计算具体代码链接：https://code.earthengine.google.
com/573c4cadd52b261d5bdf8cad21a32a63 （代码 49）。

```
1.      var roi = /* color: #98ff00 */ee.Geometry.Polygon(
2.          [[[114.62959747314449, 33.357067677774594],
3.            [114.63097076416011, 33.32896028884253],
4.            [114.68315582275386, 33.33125510961763],
5.            [114.68178253173824, 33.359361757948754]]]);
6.      Map.centerObject(roi, 7);
7.      Map.setOptions("SATELLITE");
8.      var image = ee.Image("LANDSAT/LC08/C01/T1_TOA/LC08_
123037_20180611");
9.      var ndvi = image.normalizedDifference(["B5", "B4"]).
rename("NDVI");
10.     var visParam = {
11.       min: -0.2,
12.       max: 0.8,
13.       palette: ["FFFFFF", "CE7E45", "DF923D", "F1B555",
"FCD163",
14.                 "99B718", "74A901", "66A000", "529400",
"3E8601",
15.                 "207401", "056201", "004C00", "023B01",
"012E01",
16.                 "011D01", "011301"]
17.     };
18.     Map.addLayer(ndvi, visParam, "NDVI");
19.     Map.addLayer(roi, {color: "red"}, "roi");
20.     //计算指定区域的 NDVI 均值
```

```
21.     var mean = ndvi.reduceRegion({
22.       reducer: ee.Reducer.mean(),
23.       geometry: roi,
24.       scale: 30
25.     });
26.     print("reduceRegion value is: ", mean);
27.     var ndviValue = ee.Number(mean.get("NDVI"));
28.     print("ndvi mean is: ", ndviValue);
```

代码分析：第 21～25 行是使用 reduceRegion 计算 roi 内的均值，它的返回值是一个字典对象，要想获取具体值还需要用 get 方法通过字典的 key（NDVI）获取。

c. reduceRegions（collection，reducer，scale，crs，crsTransform，tileScale）方法具体参数含义如下。

（1）collection：统计分析使用的矢量集合数据；

（2）reducer：计算方法，如计算均值 mean 等；

（3）scale：计算统计使用的分辨率；

（4）crs：投影信息；

（5）crsTransform：投影信息参数；

（6）tileScale：系统内部优化参数，填写 2 的 N 次方，避免出现计算内存不足等问题。

这个方法实现的功能同 reduceRegion（）类似，即对指定区域进行统计分析。不同的地方是，这个方法可以对每一个矢量区域做统计，如果传入的矢量集合数据包含多个区域，最终可以将每一个区域计算结果都统计出来，并将结果数据写入新的矢量数据且返回这个矢量数据，具体如图 2-49 所示。

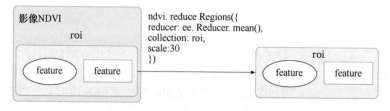

图 2-49　image 中 reduceRegions 计算过程（c 方法）

影像的 reduceRegion 计算过程具体代码链接：https://code.earthengine. google.com/9fb34494508a6543f54ccf6d709761eb　（代码 50）。

```
1.     var roi = /* color: #98ff00 */ee.FeatureCollection(
2.           [ee.Feature(
```

```
3.               ee.Geometry.Polygon(
4.                   [[[114.62959747314449,
33.357067677774594],
5.                     [114.63097076416011,
33.32896028884253],
6.                     [114.68315582275386,
33.33125510961763],
7.                     [114.68178253173824,
33.359361757948754]]]),
8.              {
9.                "system:index": "0"
10.             }),
11.         ee.Feature(
12.             ee.Geometry.Polygon(
13.                 [[[114.72092104073545,
33.35448759404677],
14.                   [114.72778749581357,
33.32580564060472],
15.                   [114.77585268136045,
33.33039538788689]]]),
16.             {
17.               "system:index": "1"
18.             }),
19.         ee.Feature(
20.             ee.Geometry.Polygon(
21.                 [[[114.7181744587042,
33.269561620989904],
22.                   [114.7181744587042,
33.29826208049367],
23.                   [114.67285585518857,
33.30055770950425]]]),
24.             {
25.               "system:index": "2"
26.             })]);
27.   Map.centerObject(roi, 9);
28.   Map.setOptions("SATELLITE");
29.   var image = ee.Image("LANDSAT/LC08/C01/T1_TOA/LC08_
123037_20180611");
30.   var ndvi = image.normalizedDifference(["B5", "B4"]).
rename("NDVI");
```

```
31.    var visParam = {
32.      min: -0.2,
33.      max: 0.8,
34.      palette: ["FFFFFF", "CE7E45", "DF923D", "F1B555",
"FCD163",
35.              "99B718", "74A901", "66A000", "529400",
"3E8601",
36.              "207401", "056201", "004C00", "023B01",
"012E01",
37.              "011D01", "011301"]
38.    };
39.    Map.addLayer(ndvi, visParam, "NDVI");
40.    Map.addLayer(roi, {color: "red"}, "roi");
41.
42.    var mean = ndvi.reduceRegions({
43.      collection: roi,
44.      reducer: ee.Reducer.mean(),
45.      scale: 30
46.    });
47.    print("reduceRegions value is: ", mean);
```

运行结果是之前 collection 传入的 roi 数据，但属性中增加了新的结果波段（图 2-50）。

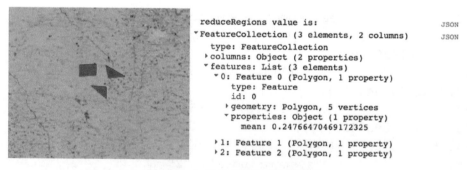

图 2-50　矢量集合数据及计算结果

E. 栅格数据转为矢量数据

栅格数据转换为矢量数据在做数据分析的时候或者提取边界的时候都非常有用，在 Earth Engine 中转换方法是 reduceToVectors，具体的 API 如下：reduceToVectors（reducer，geometry，scale，geometryType，eightConnected，labelProperty，crs，crsTransform，bestEffort，maxPixels，tileScale，geometryInNativeProjection）

（1）reducer：计算方法；

（2）geometry：范围；

（3）scale：分辨率；

（4）geometryType：生成的矢量类型，默认是 polygon 类型；

（5）eightConnected：是否是八连通，默认是 true；

（6）labelProperty：属性表的标签，默认 label；

（7）crs：投影信息；

（8）crsTransform：投影信息参数；

（9）bestEffort：如果像素数过多，是否只提取有限像素实现计算要求；

（10）maxPixels：最大像素数量，默认 1e8，通常设置为 1e13；

（11）tileScale：优化内部计算使用，可以减少计算内存溢出问题；

（12）geometryInNativeProjection：在像素的投影信息下创建矢量数据，默认 false，这个几乎都是 false。

影像数据转换为矢量数据的代码链接：https://code.earthengine.google.com/7dfcd9ebb7f03348b0cc225f1574ecef（代码 51）。

```
1.    //reduceToVectors
2.    var roi = /* color: #999900 */ee.Geometry.Polygon(
3.          [[[116.21437502022764, 39.62355024325724],
4.            [116.82960939522764, 39.75881346356145],
5.            [116.75270509835264, 40.213367999414956],
6.            [115.97816896554014, 40.17140672221596]]]);
7.    Map.centerObject(roi, 8);
8.    var image = ee.Image("NOAA/DMSP-OLS/NIGHTTIME_LIGHTS/
F182012")
9.                .select("stable_lights")
10.               .clip(roi);
11.   var mask = image.gt(30).add(image.gt(60));
12.   mask = mask.updateMask (mask) ;
13.   mask = mask.addBands(image);
14.   print("mask", mask);
15.   var vectors = mask.reduceToVectors({
16.     reducer: ee.Reducer.mean(),
17.     geometry: roi,
18.     scale: 1000,
19.     geometryType: "polygon",
20.     maxPixels: 1e13
21.   });
```

```
22.    print("vectors", vectors);
23.    Map.addLayer(mask.select("stable_lights"),    {min:1,
max:2, palette: ["red", "green"]}, "image");
24.    var display = ee.Image()
25.            .toByte()
26.            .paint({
27.                featureCollection: vectors,
28.                color: null,
29.                width: 1
30.            });
31.    Map.addLayer(display, {palette: "blue"}, "display");
```

运行结果见图 2-51。

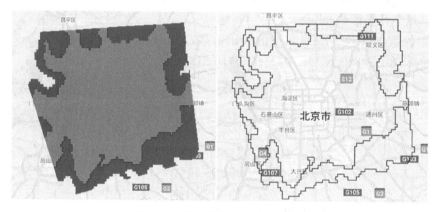

图 2-51　栅格数据及矢量化结果

代码分析：

（1）第 2～10 行定义了研究区 roi，并且导入了研究使用的数据夜光遥感影像数据。

（2）第 11 行计算了灯光像素值大于 30 并且小于 60 的值变为 1，大于 60 的值变为 2，小于 30 的值变为 0。

（3）第 12 行将所有小于等于 0 或者是 None 的数据全部掩膜掉。

（4）第 13 行在新的 mask 数据上添加新的影像数据为新的波段。

（5）第 14～21 行将栅格影像数据转换为矢量数据，矢量数据形成的标准是第一个 mask 波段，其中 Reducer 均值计算的是影像数据第二个波段值，分辨率是按照 1000m 来统计的。

此外，还有很多其他方法。例如，获取影像波段用 select（）方法；裁剪影像用 clip（）方法；转换波段数据格式使用 toXXX（），如影像波段转换为 int 格式类型，只需要调用 image.toInt（）或者 image.int（）。

14）影像集合 ee.ImageCollection

理解影像 Image 各种操作对于掌握影像集合的方法很有帮助，类似矢量集合数据处理方法，常用的方法有过滤方法、循环遍历方法等。

A. 获取基本属性

首先，可以通过几个方法获得基本属性，获取影像集合大小 size（）、获取和设置影像集合的属性 set（）和 get（）、固定筛选指定个数影像 limit（）等。具体代码链接：https://code.earthengine.google.com/65498e49ba6f033822d01bba001 bbb53（代码 52）。

```
1.    var l8Col = ee.ImageCollection("LANDSAT/LC08/C01/T1_
TOA");
2.    var newCol = l8Col.limit(10);
3.    print(newCol);
4.    print(newCol.size());
```

B. 过滤筛选

常用的方法有 filterBounds、filterDate、filterMetadata、filter 等，示例代码链接：https://code.earthengine.google.com/4f5dd486c9ef60d5efa3c6913e34237f（代码 53）。

```
1.    var roi = /* color: #98ff00 */ee.Geometry.Polygon(
2.        [[[114.62959747314449, 33.357067677774594],
3.         [114.63097076416011, 33.32896028884253],
4.         [114.68315582275386, 33.33125510961763],
5.         [114.68178253173824, 33.359361757948754]]]);
6.    var l8Col = ee.ImageCollection("LANDSAT/LC08/C01/T1_
TOA")
7.            .filterBounds(roi)
8.            .filterDate("2018-1-1", "2019-1-1");
9.    print(l8Col);
```

C. 循环遍历

循环遍历方法是 map 或者 iterate，示例代码链接：https://code.earthengine.google.com/2acf9af48b1bc6a2be8e87790e250027（代码 54）

```
1.    var roi = /* color: #0b4a8b */ ee.Geometry.Polygon(
2.        [[[120.95600585937495, 23.860418455104288],
```

```
3.                    [121.10981445312495, 23.860418455104288],
4.                    [121.12080078124995, 23.960853112476986],
5.                    [120.94501953124995, 23.960853112476986]]]);
6.    var l8Col = ee.ImageCollection("LANDSAT/LC08/C01/T1_
TOA")
7.                    .filterBounds(roi)
8.                    .filterDate("2018-1-1", "2018-6-1")
9.                    .map(function(image){
10.              var           ndvi              =
image.normalizedDifference(["B5", "B4"]);
11.              return
image.addBands(ndvi.rename("NDVI"));
12.              })
13.              .select("NDVI");
14.    print("l8Col", l8Col);
15.    //(1) map() 使用 map 方式
16.    var sCol1 = l8Col.map(function(image) {
17.      var dict = image.reduceRegion({
18.        reducer: ee.Reducer.mean(),
19.        geometry: roi,
20.        scale: 30
21.      });
22.      var ndvi = ee.Number(dict.get("NDVI"));
23.      image = image.set("ndvi", ndvi);
24.      return image;
25.    });
26.    print("sCol1", sCol1);
27.    //(2) iterate() 使用 iterate 方式
28.    var imgColList = sCol1.iterate(function(data, list){
29.      data = ee.Image(data);
30.      list = ee.List (list );
31.      var preNDVI = ee.Image(list.get(-1)).get("ndvi");
32.      preNDVI = ee.Number(preNDVI);
33.      var curNDVI = ee.Number(data.get("ndvi"));
34.      var differ = curNDVI.subtract(preNDVI);
35.      data = data.set("differ", differ);
36.      return list.add(data);
37.    }, ee.List([sCol1.first()]));
38.    imgColList = ee.List(imgColList);
```

```
39.    imgColList = imgColList.slice(1);
40.    var sCol2 = ee.ImageCollection.fromImages(imgColLis t);
41.    print("sCol2", sCol2);
```

代码分析：

（1）第 1～14 行定义 roi，为影像集合数据添加 NDVI 波段。

（2）第 15～26 行使用 map 循环遍历影像集合，计算每一景影像上的 roi 区域内的 NDVI 均值，并且把这个均值结果记录到 ndvi 属性中。

（3）第 27～37 行使用 iterate 循环遍历影像集合，计算每一景影像上的 ndvi 值与前一景影像的 ndvi 值的差值。

（4）第 39 行删除默认初始化的第一个元素，因为在使用 iterate 计算的时候初始化加入了多余的一个数据，所以这里需要删除这个元素。

D. 统计计算

影像集合的 API 中常用的统计分析有两种。

a. reduce（reducer，parallelScale）

具体参数如下。

（1）reducer：使用计算方法，如均值、最大值、最小值等；

（2）parallelScale：缩放比例，是一个后台的优化参数，如果计算内存溢出可以设置大一些的参数如 2、4 等。

影像中的 reduce 用于计算多波段数据，此处的 reduce 方法则是要将影像集合中的所有影像按照对应波段计算，然后生成单景影像。需要说明的是 Earth Engine 中所有的操作底层都是在操作像素，所以这里计算的结果是对应的所有像素的计算结果（图 2-52）。

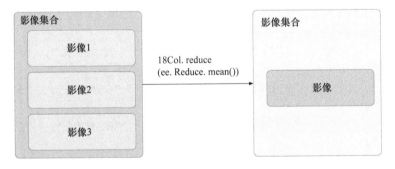

图 2-52　imageCollection 的 reduce 计算过程

具体代码链接：https://code.earthengine.google.com/2d2669f796b4317022d73348740b9acd（代码 55）。

```
1.      var roi = /* color: #98ff00 */ee.Geometry.Polygon(
2.          [[[114.62959747314449, 33.357067677774594],
3.            [114.63097076416011, 33.32896028884253],
4.            [114.68315582275386, 33.33125510961763],
5.            [114.68178253173824, 33.359361757948754]]]);
6.      Map.centerObject(roi, 7);
7.      Map.setOptions("SATELLITE");
8.
9.      var l8Col = ee.ImageCollection("LANDSAT/LC08/C01/T1_
TOA")
10.                 .filterBounds(roi)
11.                 .filterDate("2018-1-1", "2019-1-1")
12.                 .map(ee.Algorithms.Landsat.simpleCloud
Score)
13.                 .map(function(image) {
14.                 return    image.updateMask(image.select
("cloud").lte(20));
15.                 })
16.                 .map(function(image) {
17.                 var ndvi = image.normalizedDifference
(["B5", "B4"]).rename("NDVI");
18.                 return image.addBands(ndvi);
19.                 })
20.                 .select("NDVI");
21.     //配置显示规则
22.     var visParam = {
23.       min: -0.2,
24.       max: 0.8,
25.       palette: ["FFFFFF", "CE7E45", "DF923D", "F1B555",
"FCD163",
26.                 "99B718", "74A901", "66A000", "529400",
"3E8601",
27.                 "207401", "056201", "004C00", "023B01",
"012E01",
28.                 "011D01", "011301"]
29.     };
30.     var img = l8Col.reduce(ee.Reducer.mean());
31.     Map.addLayer(img, visParam, "NDVI");
32.     Map.addLayer(roi, {color: "red"}, "roi");
```

代码分析：第 30 行就是影像集合使用 reduce 方法，这里计算的是 NDVI 的均值，计算均值可以直接使用 imageCollection.mean（），运算结果和使用 reduce 计算一致。类似的方法还有最大值 max（）、最小值 min（）、中值 median（）、统计非空的像素值数量 count（）、求和 sum（）等。

b. reduceColumns（reducer，selectors，weightSelectors）

具体参数如下。

（1）reducer：使用计算方法，如均值、最大值、最小值等；

（2）selectors：属性列表；

（3）weightSelectors：属性列表对应的权重信息，通常都是默认值；

这个方法用来统计属性的基本信息，常见的一个操作如要统计集合的所有索引信息，并且返回这个列表，具体代码链接：https://code.earthengine.google.com/a46e9247b66a9725440db74a6df02084（代码 56）。

```
1.    var roi = /* color: #98ff00 */ee.Geometry.Polygon(
2.          [[[114.62959747314449, 33.357067677774594],
3.            [114.63097076416011, 33.32896028884253],
4.            [114.68315582275386, 33.33125510961763],
5.            [114.68178253173824, 33.359361757948754]]]);
6.    Map.centerObject(roi, 7);
7.    var l8Col = ee.ImageCollection("LANDSAT/LC08/C01/T1_
TOA")
8.            .filterBounds(roi)
9.            .filterDate("2018-1-1", "2019-1-1")
10.           .map(ee.Algorithms.Landsat.simpleCloud
Score)
11.           .map(function(image) {
12.              returnimage.updateMask(image.select
("cloud"). lte(20));
13.           });
14.    var indexs = l8Col.reduceColumns(ee.Reducer.toList(),
["system:index"])
15.              .get("list");
16.    print("indexs", indexs);
```

代码分析：第 14～15 行通过这个方法，使用 Reducer 中的 toList 方法，将影像集合数据中每一个元素的属性 system：index 聚合在一起以列表形式返回。

2. 操作方法

1）过滤 ee.Filter

在 Earth Engine 中所有的集合数据如 FeatureCollection、ImageCollection 等中都有四个封装好的过滤方法，分别为：日期过滤 filterDate（）、空间过滤 filterBounds（）和属性过滤 filterMetadata（），以及一个通用的过滤方法 filter。这四个方法具体表达的含义和操作内容如下。

A. filterDate（start，end）

这个方法在底层需要去查询集合中的每一个元素属性列表中的属性 system：time_start（格式需要是毫秒数），如果元素没有 system：time_start 这个属性，那么就没有办法用这个日期过滤方法，如图 2-53 所示。

图 2-53   imageCollection 中日期属性

代码示例如下：

```
1.    filterDate(start, end)
2.    等同于
3.    filter(
4.      ee.Filter.and(
5.        ee.Filter.gte("system:time_start",
ee.Date(start).millis()),
6.        ee.Filter.lt("system:time_start",
ee.Date(end).millis())
7.      )
8.    )
```

第 1 行过滤方法等价于第 3～8 行，即 filterDate 过滤方法是包含开始日期 start

的数据，但是不包含结束日期 end 的数据。

B. filterBounds（geometry）

filterBounds（geometry）是用于进行空间过滤的方法，这个方法判断依据是两个矢量边界是否相交即判断两个矢量数据是否有相交。但是对于影像数据集合做空间过滤有些不同，首先需要声明一个集合的特殊属性——"影像数据包含本身的几何图形属性"，是影像边界或者是影像的外接矩形，属性名称通常是 system：footprint，获取单张影像包含的几何图形直接使用 image.geometry（）。图 2-54、图 2-55 展示了影像以及本身包含的几何图形关系。

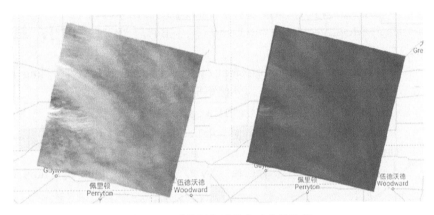

图 2-54　原始影像以及其对应的边界

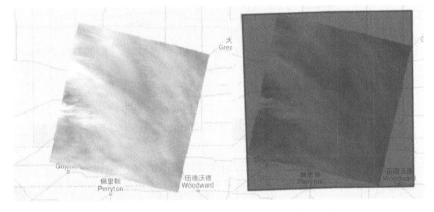

图 2-55　原始影像以及对应的外接矩形

影像集合数据做空间过滤，指的是和"几何图形"属性做空间判断，如 filterBounds 就是用指定的 geometry 和影像本身的几何图形属性做相交判断，然后筛选出想要的结果。下面是一个具体的例子来解释，代码链接：https://code.earthengine.google.com/8da883f33f7a37ed900bc6e0352c0df6（代码 57）。

```
1.      var l8 = ee.ImageCollection("LANDSAT/LC08/C01/T1_TOA");
2.      var p1 = ee.Geometry.Point([-100.91289062499999, 37.07
682857623016]);
3.      var p2 = ee.Geometry.Point([-101.63798828124999, 38.25
5175928901245]);
4.      Map.centerObject(p1, 7);
5.      var imgCol = l8.filterDate("2018-1-1", "2018-2-1")
6.               .filterBounds(p1);
7.      var img = imgCol.first();
8.      print("image geometry", img.geometry());
9.      Map.addLayer(img, {bands: ["B4", "B3", "B2"], min:0,
max:0.3}, "img");
10.     Map.addLayer(img.geometry(), {color: "red"}, "img_roi");
11.     //构造一个几何图形属性为外接矩形的影像
12.     var b1 = img.select("B1").add(1);
13.     print("new image geoemtry", b1.geometry());
14.     Map.addLayer(b1, {min:1, max:1.3}, "ndvi");
15.     Map.addLayer(b1.geometry(), {color: "blue"}, "ndvi_roi");
16.
17.     //生成新的影像集合重新使用 p2 做过滤
18.     var firImgCol = ee.ImageCollection.fromImages([img])
19.               .filterBounds(p2);
20.     print("firImgCol", firImgCol);
21.     var secImgCol = ee.ImageCollection.fromImages([b1])
22.               .filterBounds(p2);
23.     print("secImgCol", secImgCol);
24.     Map.addLayer(p1, {color: "black"}, "p1");
25.     Map.addLayer(p2, {color: "green"}, "p2");
```

第 8~13 行输出了筛选的影像的几何图形数据信息；第 17~24 行用来测试如果 p2 在 img 的几何图形外，但在 b1 的几何图形内，输出的结果可以看到 firImgCol 是空的，但是 secImgCol 是能筛选出来的。

ilterBounds 等价于使用 filter 中的 ee.Filter.bounds（），即

$$filter（ee.Filter.bounds（geometry））$$

C. filterMetadata（name，operater，value）

这个方法就是根据指定的名字（name），也就是集合中每一个元素对应的属性名称，通过操作 operater（如 equals、less_than）和给定的值做判断，过滤出符合条

件的数据。实际开发中一般不用这个方法，从上面说明也可以看到这个方法写法过长，尤其是 operater 操作这个名称，常用的是各种缩写方式，如 ee.Filter.eq（）或者 ee.Filter.lte（）等。

D. filter

这个是最通用的方法，直接通过 filter 调用 Earth Engine 内部定义的各种 filter 方法实现具体过滤。在 Earth Engine 中的 filter 操作大概有几十种，常用的操作如表 2-3 所示。

表 2-3 filter 常见方法及其参数

方法名称	方法含义	参数
ee.Filter.or	或者操作：用来合并多个 filter 条件，意思是只要满足其中一个条件就可以被筛选出来	var_args：多个 filter
ee.Filter.and	与操作：用来合并多个 filter 条件，意思是必须满足所有的条件才可以被筛选出来	var_args：多个 filter
ee.Filter.calendarRange	根据指定的日期格式筛选数据实现过滤	start：开始日期（筛选结果包含）；end：结束日期（筛选结果包含）；field：日期格式，如 year、month、hour、minute、day_of_year、day_of_month、day_of_week 等；
ee.Filter.eq	根据属性值是否和指定的数据相等实现过滤	name：属性名称；value：过滤值；
ee.Filter.lte	根据属性值是否小于等于指定的数据实现过滤	name：属性名称；value：过滤值；
ee.Filter.inList	根据指定的属性值是否在列表中	leftField：第一个集合中属性名称；rightValue：第一个集合属性过滤值；rightField：第二个集合中属性名称；leftValue：第二个集合属性过滤值

下面通过一些具体例子展示如何使用这些 filter，没有展示到的 filter 用法都是类似的，只要按照指定的数据格式配置就可以。

a. 提取 2015 年 1～3 月的 path 为 44 且 row 为 34 的数据，代码链接：https://code.earthengine.google.com/1915840f449544e72c5753137e1b98fa（代码 58）。

```
1.    var sCol = ee.ImageCollection('LANDSAT/LC08/C01/T1_TOA')
2.        .filterDate('2014-01-01', '2014-04-01')
3.            .filter(ee.Filter.and(
4.                ee.Filter.eq("WRS_PATH", 44),
5.                ee.Filter.eq('WRS_ROW', 34)
6.            ));
7.    print("select image collection:", sCol);
```

b. 提取 2015 年 1～3 月的 path 为 44 或者 row 为 34 的数据，代码链接：https: //code.earthengine.google.com/22f97a0d49bed67c0a816aa6cb0448bb（代码 59）。

```
1.    var sCol = ee.ImageCollection('LANDSAT/LC08/C01/T1_
TOA')
2.       .filterDate('2014-01-01', '2014-02-01')
3.            .filter(ee.Filter.or(
4.               ee.Filter.eq("WRS_PATH", 44),
5.               ee.Filter.eq('WRS_ROW', 34)
6.          ));
7.    print("select image collection: ", sCol);
```

c. 提取指定区域每年第 1 天到第 31 天的数据，也就是每年 1 月的数据，代码链接：https://code.earthengine.google.com/5cdbeaad0be96acd3d0ed8b5fbd4ee2c（代码 60）。

```
1.    //ee.Filter.calendarRange
2.    var roi = /* color: #ffc82d */ee.Geometry.
Polygon(
3.        [[[116.39748737502077, 39.8337451562542],
4.         [116.56228229689577, 39.8358542417612],
5.         [116.55678913283327, 39.95596503308958],
6.         [116.40847370314577,39.94964866100854]]]);
7.    Map.centerObject(roi, 8);
8.    var sCol = ee.ImageCollection('LANDSAT/LC08/C01/T1_
TOA')
9.              .filterBounds(roi)
10.             .filter(ee.Filter.calendarRange(1, 31,
"day_of_year"))
11.   print (sCol);
```

说明：这段代码还可以替换为 ee.Filter.calendarRange（1，1，"month"）。

d. 指定属性 system：index 列表，只获取此列表内的数据，代码链接：https: //code.earthengine.google.com/db21ad274ecfa526fbdf8d5cf1159aea（代码 61）。

```
1.    //ee.Filter.inList
2.    var sCol = ee.ImageCollection('LANDSAT/LC08/C01/T1_
TOA')
3.              .filter(ee.Filter.inList({
```

```
4.                    leftField: "system:index",
5.                    rightValue: ["LC08_123032_20170115",
"LC08_123032_20180118"]
6.                    }));
7.    print (sCol);
```

2）计算 ee.Reducer

Earth Engine 中目前有数十种 reducer 可供选择，下面的代码展示的另外一个功能是用 reducer 中的 group 统计面积或者数量，这个在分类等功能中十分常用。下面这个例子是统计不同类别像素个数，具体代码链接：https://code.earthengine.google.com/5b021d2946e6c7988f7dc4cea2d10238（代码62）。

```
1.    //roi 选取的是北京，数据使用的是 modis 地标分类数据集合
2.    var countries = ee.FeatureCollection("users/landusers
/province");
3.    var mcd12q1 = ee.ImageCollection("MODIS/006/MCD12
Q1");
4.    var roi = countries.filter(ee.Filter.eq("PINYIN_NAM",
"Beijing"));
5.    Map.centerObject(roi, 7);
6.    Map.addLayer(roi, {}, "roi");
7.    var bounds = roi.geometry().bounds();
8.    var landCover = mcd12q1.filterDate("2016-1-1", "2017-1 -1")
9.                    .select("LC_Type1")
10.                   .first()
11.                   .clip(roi);
12.   print("landCover", landCover);
13.   //直接加载到地图上的样子
14.   Map.addLayer(landCover, {min:1, max:17}, "landCover");
15.    //生成新的影像并且添加土地分类波段
16.   var image = ee.Image.constant(1)
17.                   .addBands(landCover);
18.   var dict = image.reduceRegion({
19.     reducer: ee.Reducer.count().group({
20.       groupField: 1,
21.       groupName: "landType"
22.     }),
```

```
23.        geometry: roi,
24.        scale: 500,
25.        maxPixels: 1e13
26.    });
27.    print(dict);
```

运行结果见图 2-56。

```
▼Object (1 property)                                    JSON
  ▼groups: List (15 elements)
    ▼0: Object (2 properties)
         count: 5738
         landType: 1
    ▶1: Object (2 properties)
    ▶2: Object (2 properties)
```

图 2-56　统计不同像素值数量个数的结果

代码分析：

（1）第 2~6 行筛选出使用的 roi（北京地区），以及要使用的地物分类数据。

（2）第 8~14 行将数据裁剪为指定的 roi 范围，同时在地图上显示。

（3）第 16~17 行由于要统计的是像素数量，所以这里生成一个全是 1 的常量影像，然后将地物分类的结果添加到这个常量影像中。

（4）第 18~27 行对生成的影像做统计分析，这里统计依据波段是地物分类结果波段，返回值里面的属性名称是"landType"，统计的区域是 roi，统计分析使用的分辨率是 500m。

3）联合 ee.Join

Earth Engine 中的联合（ee.Join）通过利用 Filter 中的特殊筛选条件（ee.Filter.equals、ee.Filter.notEquals 等），提取两个不同集合（FeatureCollection 或者是 ImageCollection）中满足条件的所有的元素。简单来讲就是集合 A 和集合 B 通过一定条件筛选联合取得满足条件的集合 C。在实际开发中主要常用的 Join 有 ee.Join.simple（）、ee.Join.saveAll（）等。

a. ee.Join.simple

简单联合（simple join）就是找出集合 A 和集合 B 中指定列中（如图 2-57（a）中的 p1、图（b）中的 p3）相同的元素，然后取出集合 A 中对应的所有元素，p1=1 和 p1=2 的元素。具体代码链接：https://code.earthengine.google.com/a6ded2a48ef 19891f183f29b19f744f7（代码 63）。

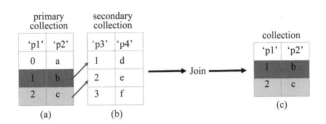

图 2-57　simple join 原理

```
1.      //构建第一个 featureCollection
2.      var primaryCol = ee.FeatureCollection([
3.        ee.Feature(null, {p1: 0, p2: "a"}),
4.        ee.Feature(null, {p1: 1, p2: "b"}),
5.        ee.Feature(null, {p1: 2, p2: "c"})
6.      ]);
7.
8.      var secondaryCol = ee.FeatureCollection([
9.        ee.Feature(null, {p3: 1, p4: "d"}),
10.       ee.Feature(null, {p3: 2, p4: "e"}),
11.       ee.Feature(null, {p3: 3, p4: "f"})
12.     ]);
13.     //构建新的 filter
14.     var filter = ee.Filter.equals({
15.       leftField: "p1",
16.       rightField: "p3"
17.     });
18.     var join = ee.Join.simple();
19.     var result = join.apply(primaryCol, secondaryCol,
filter);
20.     print("join result", result);
```

运行结果见图 2-58。

```
Inspector  Console  Tasks
Use print(...) to write to this console.

join result                                              JSON
▼FeatureCollection (2 elements, 3 columns)               JSON
   type: FeatureCollection
  ▶columns: Object (3 properties)
  ▼features: List (2 elements)
    ▼0: Feature 1
       type: Feature
       id: 1
       geometry: null
      ▼properties: Object (2 properties)
         p1: 1
         p2: b
    ▼1: Feature 2
       type: Feature
       id: 2
       geometry: null
      ▼properties: Object (2 properties)
         p1: 2
         p2: c
```

图 2-58   两个矢量数据做 simple join 的结果

b. ee.Join.saveAll

全部联合（save all join）首先是在 A 中的每一个元素中加入一个新的列 matches（用户命名），然后找出集合 A 和集合 B 中的指定列（如图 2-59 中(a)中的 p1、图(b)中的 p3）相同的元素。

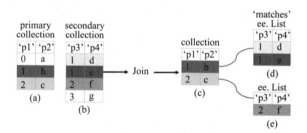

图 2-59   save all join 的原理

取出集合 A 中对应的所有元素—— p1=1 和 p1=2 的元素，同时将集合 B 中对应元素 p3=1 的数据添加到集合 A 中 p1=1 的 matches 列中，将 p3=2 的数据添加到集合 A 中 p1=2 的 matches 列中。具体代码链接：https://code.earthengine. google.com/942aad 96281fe7a1b20a28e139408caf（代码 64）。

```
1.      //构建第一个 featureCollection
2.      var primaryCol = ee.FeatureCollection([
3.        ee.Feature(null, {p1: 0, p2: "a"}),
4.        ee.Feature(null, {p1: 1, p2: "b"}),
5.        ee.Feature(null, {p1: 2, p2: "c"})
```

```
6.     ]);
7.     //构建第二个 featureCollection
8.     var secondaryCol = ee.FeatureCollection([
9.       ee.Feature(null, {p3: 1, p4: "d"}),
10.      ee.Feature(null, {p3: 1, p4: "e"}),
11.      ee.Feature(null, {p3: 2, p4: "f"}),
12.      ee.Feature(null, {p3: 3, p4: "g"})
13.    ]);
14.    var filter = ee.Filter.equals({
15.      leftField: "p1",
16.      rightField: "p3"
17.    });
18.    var join = ee.Join.saveAll("matches");
19.    var  result  =  join.apply(primaryCol,  secondaryCol,
filter);
20.    //输出结果
21.    print("join result", result);
```

运行结果见图 2-60。

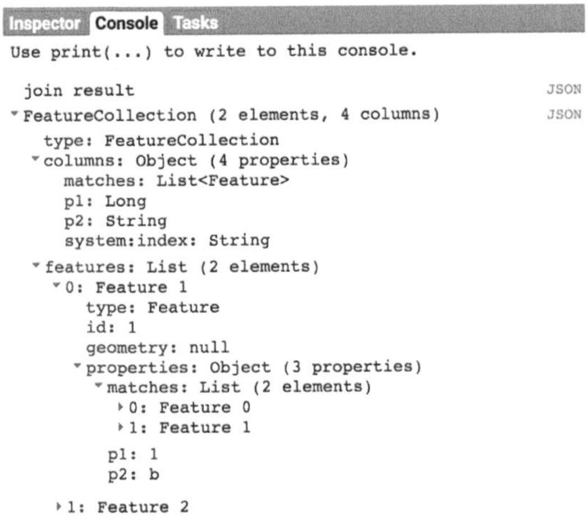

图 2-60　两个矢量集合做 save all join 的结果

其他的 Join 在开发中不常用。下面通过一个具体例子来展示如何在实际开发中使用 Join 以及 Join 具体能做什么，这个例子是用来合并 Sentinel-2 日值数据，目的是把同一天的数据合并到一张影像。代码链接：https://code.earthengine.google.com/9124c398f79f0d1e12c03290d15a3537（代码 65）。

```
1.    var roi = ee.Geometry.Polygon(
2.            [[[115.61754146837495, 39.93710597256936],
3.             [115.61754146837495, 39.50190842380451],
4.             [116.06798092149995, 39.50190842380451],
5.             [116.06798092149995, 39.93710597256936]]],
null, false);
6.    Map.centerObject(roi, 7);
7.    var s2 = ee.ImageCollection("COPERNICUS/S2");
8.    var s2Col = s2.filterBounds(roi)
9.                  .filterDate("2018-1-1", "2018-1-10");
10.   print("sentinel imageCollection", s2Col);
11.
12.   var filter = ee.Filter.equals({
13.     leftField: "system:time_start",
14.     rightField: "system:time_start"
15.   });
16.   var join = ee.Join.saveAll("matches");
17.
   var joinCol = join.apply(s2Col.distinct("system:time_st
art"), s2Col, filter);
18.   print("joinCol is:", joinCol);
19.   joinCol = joinCol.map(function(image) {
20.     var imgList = ee.List(image.get("matches"));
21.     var img = ee.ImageCollection.fromImages(imgList)
22.                  .mosaic();
23.
   img = img.set("system:time_start", image.get("system:ti
me_start"));
24.     return img;
25.   });
26.   joinCol = ee.ImageCollection(joinCol);
27.   print("result is: ", joinCol);
28.
```

运行结果见图 2-61。

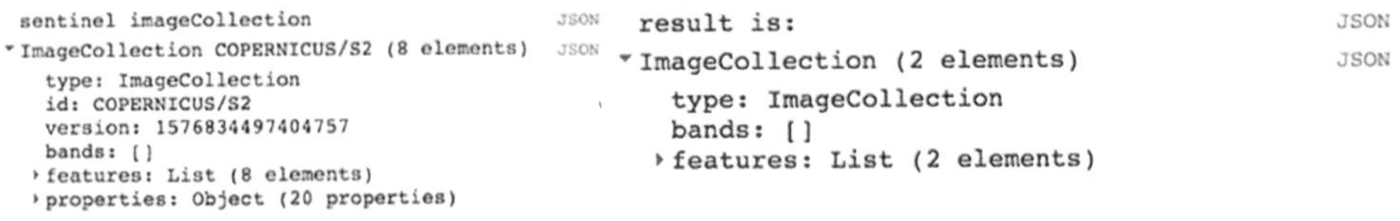

```
sentinel imageCollection                    JSON          result is:                              JSON
▼ ImageCollection COPERNICUS/S2 (8 elements) JSON        ▼ ImageCollection (2 elements)           JSON
    type: ImageCollection                                    type: ImageCollection
    id: COPERNICUS/S2                                        bands: []
    version: 1576834497404757                              ▶ features: List (2 elements)
    bands: []
  ▶ features: List (8 elements)
  ▶ properties: Object (20 properties)
```

| (a) 原始影像集合 | (b) 合并后的影像集合 |

图 2-61　join 运行结果

代码分析：

（1）第 12～15 行定义使用的 filter 是相等条件，检查的属性是 system：time_start。

（2）第 16 行使用 save all Join 作为联合的判断条件。

（3）第 17 行这里有一个新的方法 distinct（propetyName），这个方法是去除集合中相同的元素，判断条件是指定的属性名称 propertyName，这个例子中使用的是 system：time_start 这个属性。

（4）第 19～25 行处理联合后的集合数据，将存储在属性 matches 中的影像列表做镶嵌处理生成单张影像。

（5）第 26 行将生成的集合强制转换为影像集合。

4）循环遍历

循环操作中需要注意的内容：

（1）map 操作必须有返回值，不同集合的返回值不同，如 featureCollection 返回值是 feature，imageCollection 返回值是 image 等。

（2）map 操作中不要用 print（）方法。

（3）map 操作中不能使用 ui.Chart、Export 导出等方法。

（4）不要用 getInfo（）来获取列表长度作为循环条件来操作 for 循环。

5）数据导出 Export

在 Earth Engine 中做数据导出主要导出的地方有 Google Drive、Google Assets 和 Google Cloud Storage，但是通过使用前两个免费的存储空间，可以导出的数据分为遥感影像、矢量数据、视频和地图，由于地图导出目前在国内没办法直接使用，所以这里就不介绍这部分内容。

A. 影像数据

a. Export.image.toAsset（image，description，assetId，pyramidingPolicy，dimensions，region，scale，crs，crsTransform，maxPixels）

常用参数说明见表 2-4。

表 2-4　影像导出到 Asset 参数说明

参数	含义
image	需要导出的影像
description	导出任务描述
assetId	资源名称，也就是在 Asset 文件夹中看到的资源名称
pyramidingPolicy	波段值计算方式，为对象值。计算方式包括：mean（默认）、sample、min、max、mode。这个值通常不会设置，都是采用默认值。示例：{'B4'：'mean'} 意思是波段名称为 B4 的波段采用 mean 的方式计算
dimensions	导出 Image 的宽和高
region	导出的区域，是一个 Geomtry
scale	分辨率，单位米，如 30m
crs	投影信息，通常设置为 EPSG：4326
crsTransform	定义仿射变换的参数，具体的参数是[xScale, xShearing, xTranslation, yShearing, yScale, yTranslation]
maxPixels	导出影像的最大像素个数，默认是设置是 "1e8"，通常可以设置为 "1e13" 防止导出时候报错

具体代码链接：https://code.earthengine.google.com/44ca0fcf4fa8004598db28bd43245a64（代码 66）。

```
1.    var  l8  =  ee.ImageCollection("LANDSAT/LC08/C01/T1_
TOA");
2.    var roi = ee.Geometry.Polygon(
3.         [[[116.33401967309078, 39.8738616709093],
4.         [116.46882950954137, 39.87808443916675],
5.         [116.46882978521751, 39.94772261856061],
6.         [116.33952185055819, 39.943504136461144]]]);
7.    var selectCol = l8.filterBounds(roi)
8.              .filterDate("2017-1-1", "2018-6-1")
9.            .map(ee.Algorithms.Landsat.simpleCloudScore)
10.             .map(function(img) {
11.               img   =   img.updateMask(img.select
("cloud").lt(1));
12.               return img;
13.             })
14.             .sort("system:time_start");
15.    var l8Img = selectCol.mosaic().clip(roi);
16.    Map.addLayer(l8Img, {bands: ["B3", "B2", "B1"], min:0,
max:0.3}, "l8");
17.    Map.centerObject(roi, 12);
18.    Map.addLayer(roi, {color: "red"}, "roi");
```

```
19.    //export To Asset
20.    Export.image.toAsset({
21.      image: l8Img.select("B1"),
22.      description: "Asset-l8ImgB1-01",
23.      assetId: "training01/l8ImgB1-01",
24.      scale: 30,
25.      region: roi
26.    });
```

第 23 行这里设置的 assetId 是 "training01/l8ImgB1-01"，它的含义是在 Google
Assets 下面文件夹 training01，生成名称叫作 l8ImgB1-01 的影像文件。

b. Export.image.toDrive（image，description，folder，fileNamePrefix，dimensions，
region，scale，crs，crsTransform，maxPixels，shardSize，fileDimensions，skipEmptyTiles，
fileFormat，formatOptions）

常用参数说明见表 2-5。

表 2-5　影像导出到 Drive 参数说明

参数	含义
image	需要导出的影像
description	导出任务描述
folder	在 Assets 中的文件夹名称，也就是用户自己创建的文件夹。如果不传此参数，那么导出的文件会直接放在 Assets 根目录下，通常都不会传此参数
fileNamePrefix	导出的资源名称，如果默认的不传，那么会直接采用 description 作为导出的文件名称
region	导出的区域，是一个 Geomtry
scale	分辨率，单位米，如 30m
crs	投影信息，一般是采用默认方式，通常可以设置为 EPSG：4326
crsTransform	定义仿射变换的参数，具体的参数是[$xScale$, $xShearing$, $xTranslation$, $yShearing$, $yScale$, $yTranslation$]
maxPixels	导出影像的最大像素个数可以设置为 1e13 防止导出的时候报错

具体代码链接：https://code.earthengine.google.com/bf183bcb5feb0532fa2484c
215192f72（代码 67）。

```
1.    var l8 = ee.ImageCollection("LANDSAT/LC08/C01/T1_
TOA");
2.    var roi = /* color: #d63000 */ee.Geometry.Polygon(
3.        [[[116.33401967309078, 39.8738616709093],
4.          [116.46882950954137, 39.87808443916675],
5.          [116.46882978521751, 39.94772261856061],
6.          [116.33952185055819, 39.943504136461144]]]);
```

```
7.      var selectCol = 18.filterBounds(roi)
8.                  .filterDate("2017-1-1", "2018-6-1")
9.              .map(ee.Algorithms.Landsat.simpleCloudSco
re)
10.             .map(function(img) {
11.                 img = img.updateMask(img.select("clo
ud").lt(1));
12.                 return img;
13.             })
14.             .sort("system:time_start");
15.     var 18Img = selectCol.mosaic().clip(roi);
16.     Map.addLayer(18Img, {bands: ["B3", "B2", "B1"], min:0,
max:0.3}, "18");
17.     Map.centerObject(roi, 12);
18.     Map.addLayer(roi, {color: "red"}, "roi");
19.     // To Drive
20.     //导出文件到Drive，名称为18Img，分辨率30m，区域是roi区域
21.     Export.image.toDrive({
22.       image: 18Img.select(["B3", "B2", "B1"]),
23.       description: "Drive-18ImageDrive",
24.       fileNamePrefix: "18Img1",
25.       folder: "training01",
26.       scale: 30,
27.       region: roi,
28.       crs: "EPSG:4326",
29.       maxPixels: 1e13
30.     });
```

B. 矢量数据

a. Export.table.toAsset（collection，description，assetId）

常用参数说明见表2-6。

表2-6　矢量数据导出到 Asset 参数说明

参数	含义
collection	需要导出的矢量数据集合
description	导出任务描述
assetId	在 Google Assets 中资源标识名字

具体代码链接：https://code.earthengine.google.com/a6011bd7e127538dcbf 1d 54450589b0f（代码 68）。

```
1.    //使用的是中国省界这个数据集，展示的是北京
2.    var  fCol  =  ee.FeatureCollection("users/landusers/
province");
3.    var roi = ee.Geometry.Point([116.387928, 40.00649]);
4.    var Beijing = fCol.filterBounds(roi);
5.    Map.addLayer(Beijing, {color: "red"}, " Beijing");
6.    Map.centerObject(Beijing, 6);
7.
8.    //导出北京，格式是 KML 格式
9.    Export.table.toAsset({
10.     collection: Beijing,
11.     description: "Asset-Beijing ",
12.     assetId: "training01/Beijing "
13.    });
```

b. Export.table.toDrive（collection，description，folder，fileNamePrefix，fileFormat，selectors）

常用参数说明见表 2-7。

表 2-7　矢量数据导出到 Drive 参数说明

参数	含义
collection	需要导出的矢量数据集合
description	导出任务描述
folder	在 Google Drive 中的文件夹名称。如果不传此参数，那么导出的文件会直接放在 Google Drive 根目录下
fileNamePrefix	导出的资源名称，如果默认的不传，那么会直接采用 description 作为导出的文件名称
fileFormat	文件的格式，支持导出 GeoJson、KML、KMZ、CSV、SHP、TFRecord 格式，其中 CSV 是默认的参数
selectors	筛选下载的矢量数据中包含哪些属性，默认是包含全部属性

具体代码链接：https://code.earthengine.google.com/fc3f3660deb63ddeff187200 d3d55d8a（代码 69）。

```
1.    //使用的是中国省界这个数据集，展示的是北京
2.    var  fCol  =  ee.FeatureCollection("users/landusers/
province");
3.     var roi = ee.Geometry.Point([116.387928, 40.00649]);
```

```
4.      var Beijing= fCol.filterBounds(roi);
5.      Map.addLayer(Beijing, {color: "red"}, " Beijing");
6.      Map.centerObject(Beijing, 6);
7.      //导出北京边界，格式是 KML 格式
8.      Export.table.toDrive({
9.        collection: Beijing,
10.       description: "Drive-Beijing",
11.       fileNamePrefix: "Beijing",
12.       fileFormat: "KML",
13.       folder: "training01"
14.     });
```

C. 视频数据

导出视频数据就是将影像集合数据以 mp4 视频格式导出，目前的主要问题是导出速度缓慢，现在的替代方案是使用 GIF 动画替换这种方式。关于 GIF 动画导出可以参考后续的入海口变化实例，这里就不再赘述。

Export.video.toDrive（collection，description，folder，fileNamePrefix，framesPer-Second，dimensions，region，scale，crs，crsTransform，maxPixels，maxFrames）

常用参数说明见表 2-8。

表 2-8　视频 mp4 导出到 Drive 参数说明

参数	含义
collection	需要导出的影像数据集合
description	导出任务描述
folder	在 Google Drive 中的文件夹名称。如果不传此参数，那么导出的文件会直接放在 Google Drive 根目录下
fileNamePrefix	导出的资源名称，如果默认的不传，那么会直接采用 description 为导出的文件名称
framePerSecond	每秒帧率，可选值范围 0.1~100，通常采用 10 或者 12 就可以
dimensions	导出的影像宽和高
region	导出的区域，是一个 Geomtry
scale	分辨率，单位米，如 30m
crs	投影信息，一般是采用默认方式，通常可以设置为 EPSG：4326
crsTransform	定义仿射变换的参数，具体的参数是[$xScale$，$xShearing$，$xTranslation$，$yShearing$，$yScale$，$yTranslation$]
maxPixels	导出影像的最大像素个数可以设置为 1e13 防止导出的时候报错
maxFrames	导出的视频最大帧数，默认是 1000，可以不用修改

具体代码链接：https://code.earthengine.google.com/ac2caf4842572c5aa82dce04c41d599f（代码 70）。

```
1.      var l8 = ee.ImageCollection("LANDSAT/LC08/C01/T1_RT_
```

```
TOA");
2.    var roi = /* color: #d63000 */ee.Geometry.Polygon(
3.          [[[116.33401967309078, 39.8738616709093],
4.            [116.46882950954137, 39.87808443916675],
5.            [116.46882978521751, 39.94772261856061],
6.            [116.33952185055819, 39.943504136461144]]]);
7.
8.    var selectCol = l8.filterBounds(roi)
9.              .filterDate("2017-1-1", "2017-12-31");
10.   var l8Img = selectCol.mosaic().clip(roi);
11.   Map.addLayer(l8Img, {bands: ["B3", "B2", "B1"], min:0,
max:0.3}, "l8");
12.   Map.centerObject(roi, 12);
13.
14.   var exportCol = selectCol.map(function(img) {
15.     img = img.clip(roi);
16.     return img.multiply(768).uint8();
17.   });
18.   print("image count is: ", exportCol.size());
19.   //导出指定区域的时间序列的 rgb 影像, 帧率 12, 分辨率 30, 区域是
roi 区域
20.   Export.video.toDrive({
21.     collection: exportCol.select(["B3", "B2", "B1"]),
22.     description: "Drive-exportL8Video",
23.     fileNamePrefix: "l8Video",
24.     folder: "training01",
25.     scale: 30,
26.     framesPerSecond: 12,
27.     region: roi
28.   });
```

代码分析:

（1）第 1 行导入了使用的影像集合数据。

（2）第 2～12 行导入研究区域 roi, 并且对影像集合数据做预处理（空间筛选、时间筛选）, 同时将其影像在地图上展示。

（3）第 14～17 行将影像波段值转换为 uint8 类型, 这是因为普通的 RGB 影像是 256 色, 也就是像素值是 0～255, 所以这里需要转换为 uint8 类型。

（4）第 20～28 行将影像集合数据导出为视频并且存储到 Google Drive 中。

D. 总结

上面讲解了各种数据的不同导出方式，下面简单总结一下在使用导出功能时需要注意的地方：

（1）数据导出投影的 crs 最好设置为 EPSG：4326；

（2）影像数据导出的时候最好都修改 maxPixels 的默认值，它的默认值是 1e8，通常修改为 1e13；

（3）影像数据导出要设置 region，通常使用的矢量数据在大部分都是以 FeatureCollection 方式存在的，所以参数需要写为：roi.geometry（）.bounds（）这种方法。如果使用的矢量数据是 geometry 格式，那么也最好将其设置为：fcol.bounds（），这样做可以避免传输数据过大造成异常错误。

（4）导出时候可以直接设置 scale 分辨率参数，单位是米。如果是要使用度作为单位导出数据，那需要用 crs 和 crsTransform。具体方法参考下面的例子，如气象数据 "GLDAS-2.1：Global Land Data Assimilation System" 的分辨率是 0.25°。

具体代码链接：https://code.earthengine.google.com/a23d20dd7eab10bf494a391d9d13e278（代码 71）。

```
1.    var gldas = ee.ImageCollection("NASA/GLDAS/V021/NOAH/
G025/T3H");
2.    var fCol = ee.FeatureCollection ("users/landusers/
province");
3.    var sCol = fCol.filter(ee.Filter.eq("PINYIN_NAM",
"Beijing"));
4.    print("select sCol", sCol);
5.    Map.centerObject(sCol, 9);
6.    Map.addLayer(sCol, {color: "red"}, "roi");
7.    var tem = gldas.filterDate("2018-3-1", "2018-4-1")
8.              .select("Tair_f_inst")
9.              .first()
10.             .subtract(273.15);
11.   print("tem", tem);
12.   var visParams = {
13.     min: -40,
14.     max: 50,
15.     palette: [
16.       '040274', '040281', '0502a3', '0502b8', '0502ce',
'0502e6',
17.       '0602ff', '235cb1', '307ef3', '269db1', '30c8e2',
'32d3ef',
```

```
18.        '3be285', '3ff38f', '86e26f', '3ae237', 'b5e22e',
    'd6e21f',
19.        'fff705', 'ffd611', 'ffb613', 'ff8b13', 'ff6e08',
    'ff500d',
20.        'ff0000', 'de0101', 'c21301', 'a71001', '911003'
21.      ],
22.    };
23.    Map.addLayer(tem, visParams, "tem");
24.    Export.image.toDrive({
25.      image: tem.clip(sCol),
26.      description: "tem",
27.      folder: "training02",
28.      fileNamePrefix: "tem",
29.      region: sCol.geometry().bounds(), //设置范围
30.      crs: "EPSG:4326", //设置投影方式
31.      crsTransform: [0.25,0,-180,0,-0.25,90],
32.      maxPixels: 1e13 //设置最大像素值
33.    });
```

代码分析：第 30 行和第 31 行设置以 0.25° 方式导出数据结果。

6）图表展示 ui.Chart

通过图表信息展示项目成果是非常重要的手段，有一句话说得非常好："一个好的图表胜过千言万语"。Earth Engine 为用户提供丰富的图表，帮助用户实现自己不同的需求。这里需要点明一点，在 Earth Engine 中的 ui.Chart 并不是 Earth Engine 从零开发的一个图表组件，它是依赖于 Google Chart，也就是 Google 产品中的图表产品，所以它才能有非常强大的功能。

目前 Earth Engine 的图表主要有三种类型：array 数据的图表（ui.Chart.array）、feature 数据的图表（ui.Chart.feature）和 image 数据的图表（ui.Chart.image）。虽然可以直接使用 ui.Chart 的默认构造方式手动构造一个图表，但不适合做遥感数据分析。

A. ui.Chart.array

这种方法是生成图表最为灵活的一种构造方式，通过这种方法可以构造出不同自定义样式的图表，它的具体构造方法为：

ui.Chart.array.values（array，axis，xLabels）

其中：

（1）array 是要展示的数据列表；

（2）axis 是要以哪个轴为方向展示列表，默认都是 0；

（3）xLabels 是要展示的数据对应的自变量数据列表。

下面以具体实例来说明一下这个图表的使用方法，这个实例要做的内容就是展示 2018 年的 NDVI 均值影像，同时展示其中一点 roi 对应的 NDVI 时间序列数据的图表。具体代码链接：https://code.earthengine.google.com/143b0c6a9f95f7b642e6f97bab676032（代码 72）。

```
1.     //ui.Chart.array.values
2.     var roi = ee.Geometry.Point([114.59457826729795,33.
3533404972818]);
3.     Map.centerObject(roi, 10);
4.     Map.setOptions("SATELLITE");
5.     Map.style().set("cursor", "crosshair");
6.
7.     var sCol = ee.ImageCollection("LANDSAT/LC08/C01/T1_
TOA")
8.               .filterBounds(roi)
9.               .filterDate("2018-1-1", "2019-1-1")
10.              .map(function(image){
11.                 var ndvi = image.normalizedDifference
(["B5", "B4"]);
12.                 return
image.addBands(ndvi.rename("NDVI"));
13.              });
14.
15.    var visParam = {
16.      min: -0.2,
17.      max: 0.8,
18.      palette: ["FFFFFF", "CE7E45", "DF923D", "F1B555",
"FCD163",
19.              "99B718", "74A901", "66A000", "529400",
"3E8601",
20.              "207401", "056201", "004C00", "023B01",
"012E01",
21.              "011D01", "011301"]
22.    };
23.    Map.addLayer(sCol.select("NDVI").mean(),  visParam,
"NDVI");
24.    Map.addLayer(roi, {color: "red"}, "roi");
25.    //获取指定点的 NDVI 数据列表
```

```
26.    var dataList = sCol.select("NDVI")
27.                   .getRegion(roi, 30);
28.    dataList = ee.List(dataList);
29.    print("NDVI data list is", dataList);
30.    //显示 NDVI 值列表
31.    dataList.evaluate(function(dList) {
32.      var diList = [];
33.      var dateList = [];
34.      for (var i=1; i<dList.length; i++) {
35.        var data = dList[i];
36.        diList.push(data[4]);
37.        dateList.push(ee.Date(data[3]).format("YYYY-MM-
dd"));
38.      }
39.      var chart = ui.Chart.array.values(ee.List(diList), 0,
ee.List(dateList))
40.                  .setSeriesNames(["NDVI"])
41.                  .setOptions({
42.                    title: "NDVI 值列表",
43.                    hAxis: {title: "日期"},
44.                    vAxis: {title: "NDVI 值"},
45.                    lineWidth:1,
46.                    pointSize:2
47.                  });
48.      print(chart);
49.    });
```

运行结果见图 2-62。

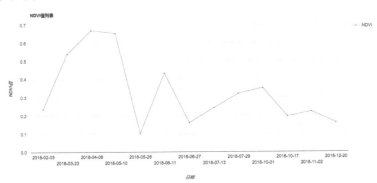

图 2-62　2018 年某点 NDVI 运行结果图

代码分析：

（1）第 1~3 行导入研究区域 roi。

（2）第 4 行设置地图为卫星底图样式。

（3）第 5 行设置鼠标格式为小十字形状"+"。

（4）第 7~13 行处理影像集合数据，添加 NDVI 波段。

（5）第 14~24 行加载显示影像集合均值。

（6）第 26~29 行使用 getRegions（）方法从影像集合中提取 roi 对应的数据列表。

（7）第 31~49 行根据上一步提取的 NDVI 列表数据绘制图表。

（8）第 32~38 行提取要绘制图表的 X 轴和 Y 轴的数据。

（9）第 40 行设置图表中曲线的名称为"NDVI"。

（10）第 41~47 行设置图表的具体样式：标题（title）、水平轴的标签（hAxis）、垂直轴的标签（vAxis）、线段宽度（lineWidth）以及点的大小（pointSize）。

getRegion（geometry，scale，crs，crsTransform）这个方法在提取某个点 point 的时间序列数据中非常常用，各种参数含义如下。

（1）geometry 是研究区域，通常是点，如果设为多边形区域则会提取整个区域中所有像素的时间序列值；

（2）scale 是设置分辨率，单位为米；

（3）crs 和 crsTransform 用来指定投影信息，通常一起使用，可以用来设置如 0.5°分辨率等。

具体输出结果如图 2-63 所示。

```
NDVI data list is                              JSON
▼List (14 elements)                            JSON
  ▶0: ["id","longitude","latitude","time","NDVI"]
  ▼1: List (5 elements)
      0: LC08_123037_20180203
      1: 114.5946222812835
      2: 33.35332360525268
      3: 1517626522720
      4: 0.23403100045275219
  ▶2: List (5 elements)
```

图 2-63　使用 getRegion 提取的某点的 NDVI 列表结果

结果显示，getRegion（）输出是一个二维的列表，列表的长度要比实际的影像集合长度大 1，原因是它的输出结果列表中第一个记录了每一个元素每一位的值具体含义是什么。例如，上例中第二维的每一个元素分别为 id、经度、纬度、日期和 NDVI 值，其中前四个元素在所有的 getRegion（）输出都是一致的。

B. ui.Chart.feature

ui.Chart.feature.byProperty（features，xProperties，seriesProperty），参数如下。

（1）features：要做统计的矢量数据；

（2）xProperties：要做统计的矢量数据属性；

（3）seriesProperty：对应统计属性的标签列表，默认使用的是 system：index。

这个方法可以对矢量数据根据指定的属性或者属性列表做不同的统计，下面用一个简单的例子来展示一下如何统计展示不同区域的水体面积，具体代码链接：https://code.earthengine.google.com/f34101e2631e797b9b59bbaefd220934（代码 73）。

```
1.      var fCol = ee.FeatureCollection("TIGER/2018/Counti es")
2.              .filter(ee.Filter.eq("COUNTYFP","510"))
3.              .map(function(f) {
4.                f = ee.Feature(f);
5.                var area = ee.Number(f.get("AWATER")).
divide(1000000);
6.                f = f.set("WaterArea", area);
7.                return f;
8.              });
9.    print(fCol);
10.   var chart=ui.Chart.feature.byProperty(fCol, "WaterArea",
"NAME")
11.       .setChartType("ColumnChart")
12.       .setOptions({
13.        title: "Water Area",
14.        vAxis: {title: "Area (km^2)"}
15.       });
16.   print(chart);
```

运行结果见图 2-64。

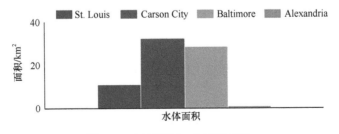

图 2-64　不同区域水体面积展示

代码分析：

（1）第 1～9 行对矢量数据做预处理，添加新的水体面积属性"WaterArea"。

（2）第 10 行统计水体面积，属性为"WaterArea"；标签显示的是城市的名称，属性为"NAME"。

C. ui.Chart.image

通过影像生成图表有很多方法，下面介绍几个比较常用的方法，第一个是生成一个影像集合每年内每一天的变化图表，第二个是生成直方图统计图表。

a. ui.Chart.image.doySeries

具体参数如下。

（1）imageCollection：影像集合数据；

（2）region：要统计的区域；

（3）regionReducer：对区域要做统计的 Reducer 方法；

（4）scale：分辨率，单位米；

（5）yearReducer：对每年数据要做统计的 Reducer 方法；

（6）startDay：每一年起始的日期，值的范围是 1～366；

（7）endDay：每一年结束日期，值的范围是 1～366。

具体代码链接：https://code.earthengine.google.com/5fb2eb5fe3be567866dcb4abd625c3f5（代码 74）。

```
1.     var roi = ee.Geometry.Polygon(
2.          [[[114.59114503975889, 33.35455928709266],
3.            [114.59114503975889, 33.35183490983753],
4.            [114.59869814034482, 33.35183490983753],
5.            [114.59818315621396, 33.35642328555932]]]);
6.     Map.centerObject(roi, 7);
7.     //设置地图为影像地图
8.     Map.setOptions("SATELLITE");
9.     Map.style().set("cursor", "crosshair");
10.    var l8Col = ee.ImageCollection("LANDSAT/LC08/C01/T1_TOA")
11.              .filterBounds(roi)
12.              .filterDate("2018-1-1", "2019-1-1")
13.              .map(function(image) {
14.                return image.addBands(image.normalizedDifference(["B5", "B4"]).rename("NDVI"));
15.              })
```

```
16.                     .select("NDVI");
17.     //配置 NDVI 显示规则
18.     var visParam = {
19.       min: -0.2,
20.       max: 0.8,
21.       palette: ["FFFFFF", "CE7E45", "DF923D", "F1B555",
"FCD163",
22.                   "99B718", "74A901", "66A000", "529400",
"3E8601",
23.                   "207401", "056201", "004C00", "023B01",
"012E01",
24.                   "011D01", "011301"]
25.     };
26.     Map.addLayer(l8Col.mean(), visParam, "NDVI");
27.     Map.addLayer(roi, {color: "red"}, "roi");
28.
29.     var chart = ui.Chart.image.doySeries({
30.                   imageCollection: l8Col,
31.                   region: roi,
32.                   regionReducer: ee.Reducer.mean(),
33.                   scale: 30
34.               })
35.               .setSeriesNames(["NDVI"])
36.               .setOptions({
37.               title: "NDVI 列表",
38.               hAxis: {title: "day of year"},
39.               vAxis: {title: "ndvi value"},
40.               legend: null,
41.               lineWidth:1,
42.               pointSize:2
43.               });
44.     print(chart);
```

运行结果见图 2-65。

代码分析：

（1）第 1~27 行加载需要的影像数据，同时对影像做基本处理，如添加 NDVI 波段等。

（2）第 29~44 行生成图表，使用的 Reducer 是计算当前区域的均值，分辨率设置的是 30m。

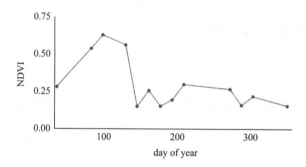

图 2-65　NDVI 时间序列图

b. ui.Chart.image.histogram

具体参数如下。

（1）image：要做直方图统计的影像；

（2）region：要做统计的区域，geometry；

（3）scale：统计使用的影像分辨率，单位米；

（4）maxBuckets：最大分多少个小区间，如果设置的值不是 2 的 N 次方，系统会将其处理为 2 的 N 次方数据；

（5）minBucketWidth：最小区间的宽度；

（6）maxRaw：构建直方图之前的初始累加值。

开发中后三个参数一般都不需要设置，直接使用系统默认的参数就可以。

具体代码链接：https://code.earthengine.google.com/d3c3727d4c1a305c31fe 964 eec32ce0f（代码 75）。

```
1.   //ui.Chart.image.histogram
2.   var roi = /* color: #ffc82d */ee.Geometry.Polygon(
3.       [[[114.56631860180869, 33.336219360057971],
4.        [114.57095345898642, 33.336506192580465],
5.        [114.57026681347861, 33.340378332142684],
6.        [114.56631860180869, 33.33994810291467]]]);
7.   Map.centerObject(roi, 7);
8.   //设置地图为影像地图
9.   Map.setOptions("SATELLITE");
10.  Map.style().set("cursor", "crosshair");
11.  var image = ee.Image("LANDSAT/LC08/C01/T1_TOA/LC08_
123037_20180611");
12.  image                                                =
image.addBands(image.normalizedDifference(["B5",
```

```
       "B4"]).rename("NDVI"));
13.    var visParam = {
14.      min: -0.2,
15.      max: 0.8,
16.      palette: ["FFFFFF", "CE7E45", "DF923D", "F1B555",
"FCD163",
17.               "99B718", "74A901", "66A000", "529400",
"3E8601",
18.               "207401", "056201", "004C00", "023B01",
"012E01",
19.               "011D01", "011301"]
20.    };
21.    Map.addLayer(image.select("NDVI"), visParam, "NDVI");
22.    Map.addLayer(roi, {color: "red"}, "roi");
23.
24.    var chart = ui.Chart.image.histogram({
25.               image: image.select("NDVI"),
26.               region: roi,
27.               scale: 30
28.             })
29.             .setOptions({
30.               title: "NDVI Histogram",
31.               hAxis: {title: "ndvi"},
32.               vAxis: {title: "count"}
33.             });
34.    print(chart);
```

运行结果见图 2-66。

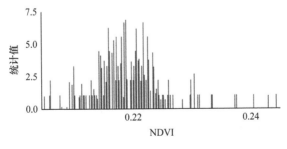

图 2-66　研究区域内的 NDVI 值统计直方图

代码分析：

（1）第 1~7 行导入研究区域 roi。

（2）第 10~22 行计算指定影像的 NDVI，同时加载展示对应的结果数据。

（3）第 24~34 行生成 NDVI 影像统计结果。

需要注意的一点是在实际开发中，很少用此种方法对面积大的区域做均值处理，因为会出现像素数量过多的问题。要解决这个问题通常是手动计算相关数据得到结果，然后使用 array 类型的图表方式自定义显示。

3. 界面 UI 编程

编写的所有工程代码不仅仅是给懂得程序开发的人员使用，更多的是给业务人员来操作使用，所以一个简单可操作的界面 UI 变得必不可少。在 Earth Engine 的 API 它也提供了相关 UI 界面接口，如常见的文本框 ui.Label 等，表 2-9 罗列了详细的接口信息。

表 2-9   UI 界面接口信息

接口	名称	子类
ui.Button	按钮	
ui.Chart	图表	ui.Chart.array ui.Chart.feature ui.Chart.image
ui.Checkbox	复选框	
ui.DateSlider	日期滑块	
ui.Label	文本	
ui.Map	地图	ui.Map.Layer ui.Map.Linker ui.Map.CloudStrageLayer ui.Map.DrawingTools ui.Map.GeometryLayer
ui.Panel	面板容器	
ui.Select	下拉选择列表	
ui.Slider	滑块	
ui.SplitPanel	分屏查看地图	
ui.Textbox	文本输入框	
ui.Thumbnail	缩略图	
ui.root	根结点	

下面会依次展示每一种组件具体的样子，这样在后续开发中大家就可以根据自己的需求筛选需要的组件。

1）ui.Button

ui.Button（label，onClick，disabled，style），参数如下。

（1）label：按钮上面的标签，可选参数；

（2）onClick：点击按钮的回调方法，可选参数；

（3）disabled：按钮组件是否可用，可选参数；

（4）style：设置按钮样式，可选参数。

其中 style 样式参数在所有的 UI 设置均相似，样式内容如下。

```
1.      CSS 样式
2.      - height, maxHeight, minHeight (e.g. '100px')  高度,
最大高度, 最小高度
3.      - width, maxWidth, minWidth (e.g. '100px') 宽度, 最大
宽度, 最小宽度
4.
- padding, margin (e.g. '4px 4px 4px 4px' or simply '4px')
  内边距, 外边距
5.
     - color, backgroundColor (e.g. 'red' or '#FF0000') 字体
颜色, 背景颜色
6.      - border (e.g. '1px solid black') 边界样式
7.      - fontSize (e.g. '24px') 字体大小
8.      - fontWeight (e.g. 'bold' or '100') 字体样式
9.  - textAlign (e.g. 'left' or 'center') 文本对齐方式
10.     - shown (true or false) 是否显示
11.     布局样式
12.     - stretch ('horizontal', 'vertical', 'both') 拉伸
13.
   - position ('top-right', 'top-center', 'top-left', 'bot
tom-right', …) 位置
```

示例代码链接：https://code.earthengine.google.com/c69eff3889d1a098115e1d
3ec12e3ec9（代码 76）。

```
1.      function clickBtn() {
2.          print("click button");
3.      }
4.      var btn = ui.Button({
5.      label: "Red Button",
```

```
6.    onClick: clickBtn,
7.    //颜色设置为红色
7.    style: {
8.      color: "#ff0000"
9.        }
10.    });
11.    print(btn);
```

最终效果展示了一个红色按钮，点击这个红色按钮可以触发对应的点击事件
（图 2-67）。

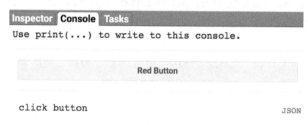

图 2-67 button 示例

2）ui.Checkbox

ui.Checkbox（label，value，onChange，disabled，style），参数如下。

（1）label：复选框显示内容，可选参数；

（2）value：是否选中值，可选参数；

（3）onChange：选中或取消的回调方法，可选参数；

（4）disabled：复选框是否可用，可选参数；

（5）style：复选框的样式，可选参数。

示 例 代 码 链 接： https://code.earthengine.google.com/bcabd52534f327646179
3279b4cf9363（代码 77）。

```
1.    var checkbox = ui.Checkbox("checkbox", true);
2.    checkbox.onChange(function(checked){
3.      print("select box: " + checked);
4.    });
5.    print(checkbox);
```

运行结果见图 2-68。

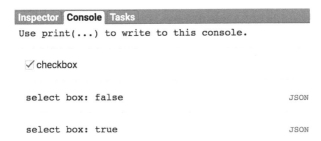

图 2-68　checkbox 示例

3）ui.DateSlider

ui.DateSlider（start，end，value，period，onChange，disabled，style），参数如下。

（1）start：开始日期，可以是数值或者是"2010-1-1"这种字符串，可选参数；

（2）end：结束日期，可以是数值或者是"2010-1-1"这种字符串，可选参数；

（3）value：初始化的值。如果不设置，默认的是开始日期的前一天。这里需要注意的是如果设置了这个日期，那么显示的时候依然是设置日期的前一天，可选参数；

（4）period：滑动条滑动间隔天数，默认是 1 天，可选参数；

（5）onChange：滑动回调方法，参数是 ee.DateRange（），可选参数；

（6）disabled：滑动条是否可用，可选参数；

（7）style：设置样式，可选参数。

示例代码链接：https://code.earthengine.google.com/d897ac8fdf2d4519469f76ba223ac7a2（代码 78）

```
1.    var start = "2016-1-1";
2.    var end = "2016-2-1";
3.    var showImage = function(range) {
4.      print("show image", range);
5.    };
6.    var dateSlider = ui.DateSlider({
7.      start: start,
8.      end: end,
9.      value: null,
10.     period: 1,
11.     onChange: showImage,
12.     style: {
13.       width: "200px"
14.     }
15.   });
```

```
16.      Map.add(dateSlider);
```

这个组件是为了两个时间间隔设计的可以拖动的日期列表组件，效果见图 2-69。

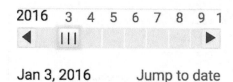

图 2-69   dateSlider 示例

4）ui.Label

ui.Label（value，style，targetUrl），参数如下。

（1）value：显示的文本内容，可选参数；

（2）style：显示的文本样式，可选参数；

（3）targetUrl：如果是超链接则是超链接的 URL 地址，可选参数。

示例代码链接：https://code.earthengine.google.com/ed7f23afe3381c330044a
5495866094c（代码 79）。

```
1.      //normal
2.      var label1 = ui.Label("this is label");
3.      print(label1);
4.      //URL
5.      var label2 = ui.Label({
6.        value: "Google",
7.        targetUrl: "https://www.google.com"
8.      });
9.      print(label2);
```

运行效果见图 2-70。

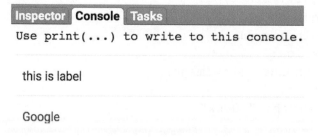

图 2-70   label 示例

5）ui.Map

这个和 Map 其实是同一个组件，两者方法也类似。

6）ui.Panel

ui.Panel（widgets，layout，style），参数如下。

（1）widgets：需要添加到 Panel 上的组件，如按钮（button）、文本（label）等，可选参数；

（2）layout：布局有流布局（flow）和绝对布局（absolute），可选参数；

（3）style：设置 panel 的样式，可选参数。

示例代码链接：https://code.earthengine.google.com/b3f66484cba78a1625ef 34eb 6f41b4b7（代码 80）。

```
1.      //label
2.      var label = ui.Label({
3.        value: "text label",
4.        style: {fontSize:'24px'}
5.      });
6.      //button
7.      var btn = ui.Button("button");
8.      btn.onClick(function() {
9.        print("click button");
10.     });
11.     //panel
12.     var panel = ui.Panel([label, btn]);
13.     print(panel);
```

运行结果见图 2-71。

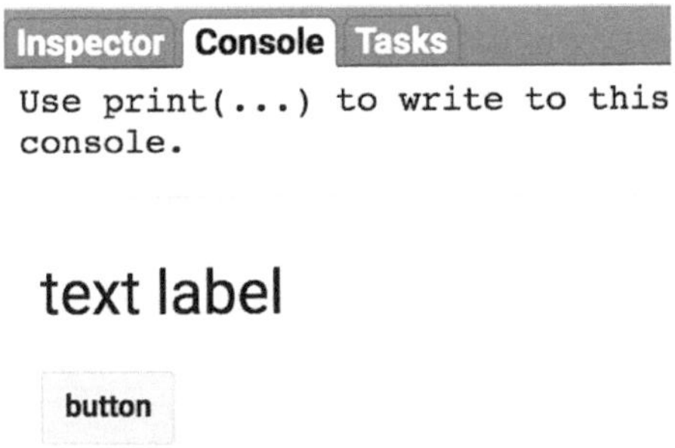

图 2-71　panel 示例

7）ui.Select

ui.Select（items，placeholder，value，onChange，disabled，style），参数如下。

（1）items：内容列表，可选参数；

（2）placeholder：当 value 为空时默认提示内容，可选参数；

（3）value：默认显示的值，可选参数；

（4）onChange：选择列表内容后回调方法，可选参数；

（5）disabled：下拉列表是否可用，可选参数；

（6）style：下拉列表样式，可选参数。

示例代码链接：https://code.earthengine.google.com/32e42f70ff7d0d345ea 92de 330a0c962（代码 81）。

```
1.    var items = ["a", "b", "c"];
2.    var select = ui.Select({
3.      items: items,
4.      onChange: function(key) {
5.        print("select key is: " + key);
6.      }
7.    });
8.    print(select);
```

运行结果见图 2-72。

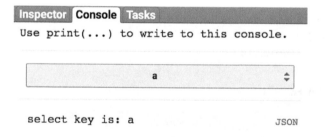

图 2-72　select 示例

8）ui.Slider

ui.Slider（min，max，value，step，onChange，direction，disabled，style），参数如下。

（1）min：滑动条最小值，可选参数；

（2）max：滑动条最大值，可选参数；

（3）value：滑块当前值，可选参数；

（4）step：滑动步长，可选参数；

（5）onChange：滑动条值修改时候回调方法，可选参数；

（6）direction：滑动条的方式：水平或者垂直，可选参数；

（7）disabled：是否可用，可选参数；

（8）style：下拉列表样式，可选参数。

示例代码链接：https://code.earthengine.google.com/3e7e653d4cc59f70f 5bd036 869282f59（代码 82）。

```
1.    var slider = ui.Slider({
2.      min:0,
3.      max:100,
4.      value:30,
5.      step:2,
6.      direction: "horizontal",
7.      onChange: function(value) {
8.        print("slider change value is:"+ value);
9.      }
10.   });
11.   print(slider);
```

运行结果见图 2-73。

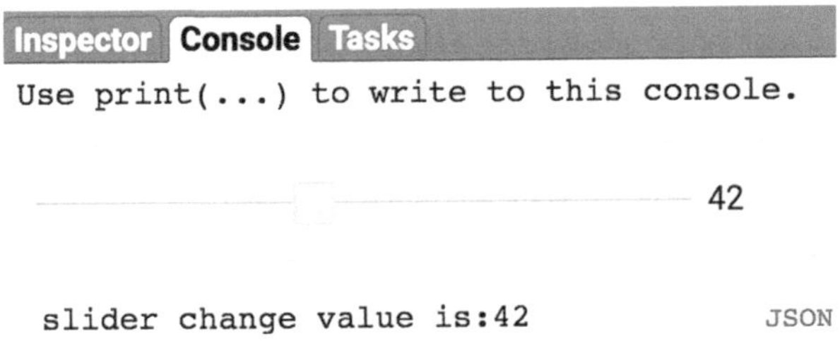

图 2-73　slider 示例

9）ui.SplitPanel

在最开始介绍 APP 的时候使用的就是 ui.SplitPanel，即是一个分屏查看组件，可以做两个不同底图来做对比。

10）ui.Textbox

ui.Textbox（placeholder，value，onChange，disabled，style），参数如下。

（1）placeholder：value 为空时默认显示的内容，可选参数；

（2）value：文本输入框显示的文本内容，可选参数；

（3）onChange：文本输入框内容修改后触发的回调方法，可选参数；

（4）disabled：文本输入框是否可用，可选参数；

（5）style：文本输入框显示样式，可选参数。

示例代码链接：https://code.earthengine.google.com/c94bcef01e1fc795a2c6dce 42692d7be（代码 83）。

```
1.    var textbox = ui.Textbox({
2.      placeholder: "Enter your name ...",
3.      value: "",
4.      onChange: function(value) {
5.        print("textbox enter text is: " + value);
6.      }
7.    });
8.    print(textbox);
```

运行结果见图 2-74。

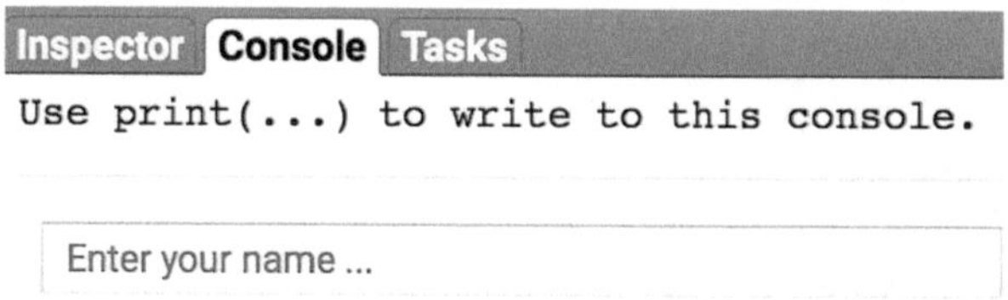

图 2-74　textbox 示例

11）ui.Thumbnail

ui.Thumbnail（image，params，onClick，style），参数如下。

（1）image：单景影像或者单个影像集合，可选参数；

（2）params：配置的相关参数如生成的缩略图的宽高等，可选参数；

（3）onClick：点击回调方法，可选参数；

（4）style：样式，可选参数。

示例代码链接：https://code.earthengine.google.com/524e49480fc4d455665b 2ebd9143e5bd（代码 84）。

```
1.    //ui.Thumbnail
2.    //定义缩略图可见的范围
3.    var roi = ee.Geometry.Polygon([[
4.      [-62.9564, 2.5596], [-62.9550, 2.4313],
```

```
5.        [-62.8294, 2.4327], [-62.8294, 2.5596]
6.    ]]);
7.    var  image  =  ee.Image('LANDSAT/LT5_SR/LT5233058198
9212');
8.    var thumbnail = ui.Thumbnail({
9.      image: image,
10.      params: {
11.        dimensions: "256x256",  //缩略图大小
12.        region: roi, //地理信息
13.        format: "png",  //缩略图图片格式
14.        bands: ['B3', 'B2', 'B1'],
15.        min: 0,
16.        max: 3000,
17.        gamma: [1.3, 1.3, 1]
18.      },
19.      //点击缩略图触发事件
20.      onClick: function() {
21.        print("click thumbnail");
22.      }
23.    });
24.    print(thumbnail);
25.    var vis = {
26.      bands: ['B3', 'B2', 'B1'],
27.      min: 0,
28.      max: 3000,
29.      gamma: [1.3, 1.3, 1]
30.    };
31.    Map.addLayer(image, vis, "image");
32.    Map.centerObject(roi, 9);
33.    Map.addLayer(roi, {color: "red"}, "roi");
```

运行结果见图 2-75。

12）ui.root

root 是 Earth Engine 所有组件的跟组件，写的所有组件都需要加载到 root 上才能在地图上显示。

示例代码链接：https://code.earthengine.google.com/7dc70cfdcf62eded9ca9e6f47969692d（代码 85）。

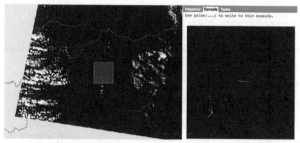

(a) 地图加载的原始影像 　　　　(b) 红色roi区域的缩略图

图 2-75　roi 运行结果示例

```
1.    //label
2.    var label = ui.Label({
3.      value: "text label",
4.      style: {fontSize:'24px'}
5.    });
6.    //button
7.    var btn = ui.Button("button");
8.    btn.onClick(function() {
9.      print("click button");
10.   });
11.   //panel
12.   var panel = ui.Panel([label, btn]);
13.   ui.root.add(panel);
```

　　这个代码就是 panel 组件的代码，相比之前有一处不同，就是最后一行，这里使用的是 root 中 add 方法，通过这个方法可以将组件添加到地图界面上。

4. 综合例子

　　截止到本章节，Earth Engine 中的常用 API 及方法都已经简单讲述。为了巩固并且应用所学到的内容，下面做一个综合例子来将之前所学的知识一一应用起来。这个综合例子使用了文本框、按钮、列表等组件，通过筛选 Landsat 影像数据，计算相关植被指数（NDVI、EVI 等），实现点击某点后显示该时间段内的所有相关指数时间序列图表，并且可以导出相关数据。

　　示例代码链接：https://code.earthengine.google.com/1587f0a6f95964877ee4c4331e10e623（代码 86）。

1）运行效果

运行效果如图 2-76～图 2-78 所示。

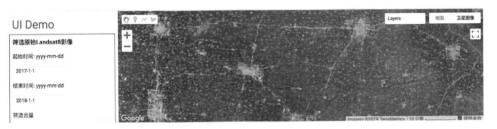

图 2-76　初始化界面

图 2-77　指定条件筛选后界面

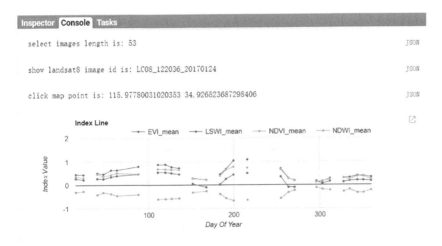

图 2-78　NDVI、EVI 等列表曲线

2）流程分析

总体的功能不复杂，400 多行代码中主要逻辑代码约为 100 行，其他的代码是作用于编写 UI 界面的。建议读者在做这类开发功能时候，把各个模块划分清楚，然后再根据划分的具体模块进行编程（图 2-79）。

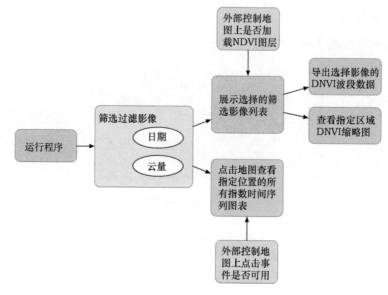

图 2-79　综合例子功能运行图

3）具体代码

代码链接：https://code.earthengine.google.com/7cc9e4dcf4c892734b9012 d1017 b2328（代码 87）

```
1.     var roi = /* color: #009999 */ee.Geometry.Polygon(
2.          [[[116.01215820312495, 35.01173039395982],
3.            [116.00117187499995, 34.89917580755738],
4.            [116.15498046874995, 34.912690517484585],
5.            [116.17145996093745, 35.025226554463565]]]),
6.       l8  =  ee.ImageCollection("LANDSAT/LC08/C01/T1_
TOA");
7.
8.    /**
9.     * 定义相关常量和变量
10.    * @type {Object}
11.    */
12.   var app = {
13.    data: {
14.      startDate: "2017-1-1",
15.      endDate: "2018-1-1",
16.      cloudScore: 50,
```

```
17.        l8Col: null,
18.        mapClickFlag: false,
19.        showNDVILayer: true,
20.        rawLayer: null,
21.        ndviLayer: null,
22.        selectImageKey: null,
23.        clickPoint: null
24.      },
25.      config: {
26.        ndviVisParam: {
27.          min: -0.2,
28.          max: 0.8,
29.          palette: 'FFFFFF, CE7E45, DF923D, F1B555, FCD163,
99B718, 74A901, 66A000, 529400,' +
30.              '3E8601, 207401, 056201, 004C00, 023B01, 012E01,
011D01, 011301'
31.        },
32.        rgbVisParam: {
33.          min: 0,
34.          max: 0.3,
35.          bands: ["B4", "B3", "B2"]
36.        }
37.      },
38.      ui: {}
39.    };
40.
41.    /**
42.     * 定义 Landsat 8 公共方法
43.     * @type {Object}
44.     */
45.    var Landsat8 = {
46.      //NDWI: (B03 - B05)/(B03 + B05)
47.      NDWI: function(image) {
48.          return image.addBands(image.normalizedDifference
(["B3", "B5"])
49.              .rename("NDWI"));
50.      },
51.
52.      //NDVI: (B05 - B04)/(B05 + B04)
53.      NDVI: function(img) {
```

```
54.        var ndvi = img.normalizedDifference(["B5","B4"]);
55.        return img.addBands(ndvi.rename("NDVI"));
56.      },
57.      //计算 EVI
58.      //EVI: 2.5*(B05 - B04) / (B05 + 6*B04 - 7.5*B02 + 1)
59.      EVI: function(img) {
60.        var nir = img.select("B5");
61.        var red = img.select("B4");
62.        var blue = img.select("B2");
63.        var evi = img.expression(
64.          "2.5 * (B5 - B4) / (B5 + 6*B4 - 7.5*B2 + 1)",
65.          {
66.            "B5": nir,
67.            "B4": red,
68.            "B2": blue
69.          }
70.        );
71.        return img.addBands(evi.rename("EVI"));
72.      },
73.      //计算 LSWI
74.      //LSWI: (B05 - B6)/(B06 + B6)
75.      LSWI: function(img) {
76.        var lswi = img.normalizedDifference(["B5","B6"]);
77.        return img.addBands(lswi.rename("LSWI"));
78.      },
79.
80.      /**
81.       * 通过日期、区域、云量筛选数据
82.       * @param  {[type]} startDate [description]
83.       * @param  {[type]} endDate   [description]
84.       * @param  {[type]} region    [description]
85.       * @param  {[type]} cloud     [description]
86.       * @return {[type]}           [description]
87.       */
88.      getL8ImageCollection : function(startDate, endDate,
region, cloud) {
89.        var dataset = l8.filterDate(startDate, endDate)
90.              .filterBounds(region)
91.              .map(ee.Algorithms.Landsat.simpleCloud
```

```
Score)
92.                .map(function(image) {
93.                  return image. updateMask (image. select
("cloud"). lte(cloud));
94.                })
95.                .map(Landsat8.NDVI)
96.                .map(Landsat8.NDWI)
97.                .map(Landsat8.EVI)
98.                .map(Landsat8.LSWI);
99.      return dataset;
100.    }
101.  };
102.
103.  /**
104.   * 显示边界
105.   * @param {[type]} region [description]
106.   * @return {[type]}      [description]
107.   */
108.  function showBounds(region) {
109.    var outline = ee.Image()
110.               .toByte()
111.               .paint({
112.                 featureCollection:region,
113.                 color:0,
114.                 width:1.5
115.               });
116.    Map.addLayer(outline,    {palette:    "ff0000"},
"bounds");
117.  }
118.  /**
119.   *
120.   * 导出影像数据
121.   * @param {[type]} image    [description]
122.   * @param {[type]} region   [description]
123.   * @param {[type]} desc     [description]
124.   * @param {[type]} fileName [description]
125.   * @return {[type]}         [description]
126.   */
127.  function exportImageToDrive(image,   region,   desc,
```

```
fileName) {
128.        Export.image.toDrive({
129.            image: image,
130.            description: desc,
131.            folder: "training01",
132.            fileNamePrefix: fileName,
133.            crs: "EPSG:4326",
134.            region: region,
135.            scale: 30,
136.            maxPixels: 1e13
137.        });
138.    }
139.
140.    /**
141.     * 地图点击事件
142.     * @param {[type]} coords) {print ("click map point is:
    " + coords.lon + " " + coords.lat);if (app.data.mapClickFlag)
    {var point [description]
143.     * @param  {[type]} region:point   [description]
144.     * @param  {[type]} regionReducer: ee.Reducer.mean()
    [description]
145.     * @param {[type]}scale:30}[description]
146.     * @return {[type]}[description]
147.     */
148.    Map.onClick(function(coords) {
149.        print("click map point is: " + coords.lon + " " +
    coords.lat);
150.        if (app.data.mapClickFlag) {
151.          var point = ee.Geometry.Point(coords.lon, coords.
    lat);
152.          if (app.data.clickPoint !== null) {
153.            Map.remove(app.data.clickPoint);
154.          }
155.          app.data.clickPoint = null;
156.          app.data.clickPoint = Map.addLayer(point, {color:
    "red"}, "clickPoint");
157.          //normal
158.          var chart = ui.Chart.image.doySeries({
```

```
159.              imageCollection: app.data.l8Col.select(["ND
VI", "EVI", "NDWI", "LSWI"]),
160.           region:point,
161.           regionReducer: ee.Reducer.mean(),
162.           scale:30
163.        }).setOptions({
164.          title: "Index Line",
165.          hAxis: {title: "Day Of Year"},
166.          vAxis: {title: "Index Value"},
167.          series: {
168.            0: { lineWidth: 1, pointSize: 2 },
169.            1: { lineWidth: 1, pointSize: 2 },
170.            2: { lineWidth: 1, pointSize: 2 },
171.            3: { lineWidth: 1, pointSize: 2 }
172.          }
173.        });
174.        print(chart);
175.      }
176.    }
177.  );
178.
179.  /**
180.   * 查找卫星影像
181.   * @return {[type]} [description]
182.   */
183.  function searchLandsatImages () {
184.    app.data.l8Col = Landsat8.getL8ImageCollection (app.
data.startDate, app.data.endDate, roi, app.data.cloudScore);
185. var l8Ids = app.data.l8Col.reduceColumns (ee.Reducer.
toList(), ["system:index"])
186.                          .get("list");
187.    l8Ids.evaluate(function(ids) {
188.      print("select images length is: " + ids.length);
189.      app.ui.rawImagePanel.select.items().reset (ids );
190.      app.ui.rawImagePanel.select.setValue(app.ui.raw
ImagePanel.select.items().get(0));
191.    });
192.  }
```

```
193.    /**
194.    *
195.    * 切换卫星影像
196.    * @param {[type]} key [description]
197.    * @return {[type]}    [description]
198.    */
199.    function showLandsatImage(key) {
200.      if (app.data.rawLayer !== null) {
201.        Map.remove(app.data.rawLayer);
202.      }
203.      app.data.rawLayer = null;
204.
205.      if (app.data.ndviLayer !== null) {
206.        Map.remove(app.data.ndviLayer);
207.      }
208.      app.data.ndviLayer = null;
209.
210.      print("show landsat8 image id is: " + key);
211.      app.data.selectImageKey = key;
212.      varimage=ee.Image(app.data.l8Col.filter(ee.Filter.
eq("system:index", key)).first());
213.      app.data.rawLayer=Map.addLayer(image,app.config.
rgbVisParam, "RGB-"+key);
214.
215.      if (app.data.showNDVILayer) {
216.        app.data.ndviLayer=Map.addLayer(image.select
("NDVI"), app.config.ndviVisParam, "NDVI-"+key);
217.      }
218.    }
219.
220.    /**
221.    * 导出 NDVI 结果
222.    * @return {[type]} [description]
223.    */
224.    function exportNDVIResult() {
225.      var key = app.data.selectImageKey;
226.      varimage=ee.Image(app.data.l8Col.filter(ee.Filter.
eq("system:index", key)).first());
```

```
227.    var ndvi = image.select("NDVI");
228.    exportImageToDrive(image, roi, key, key);
229.  }
230.
231.  /**
232.   * 展示 NDVI 缩略图
233.   * @return {[type]} [description]
234.   */
235.  function showNDVIThumbnail() {
236.    var key = app.data.selectImageKey;
237.    varimage=ee.Image(app.data.l8Col.filter(ee.Filter.
eq("system:index", key)).first());
238.    var thumbnail = ui.Thumbnail({
239.      image:image.select("NDVI").visualize(app.config.
ndviVisParam),
240.      params: {
241.        dimensions: "256x256",  //缩略图大小
242.        // region: roi.toGeoJSON(), //地理信息
243.        region: roi, //也可以直接设置为 geometry
244.        format: "png"  //缩略图图片格式
245.      },
246.      //显示内容宽和高
247.      style: {height: "300px", width: "300px"},
248.      //点击缩略图触发事件
249.      onClick: function() {
250.        print("click thumbnail");
251.      }
252.    });
253.    print(thumbnail);
254.  }
255.  /**
256.   *
257.   * 初始化 UI 界面
258.   * */
259.  function initUI() {
260.  //app 中 ui 常量
```

```
261.    app.ui = {};
262.    /////////////////////////////////////
263.    app.ui.titlePanel = {
264.      panel: ui.Panel({
265.        widgets: [
266.          ui.Label({
267.            value: "UI Demo",
268.            style: {
269.              color: "0000ff",
270.              fontSize: "30px"
271.            }
272.          })
273.        ]
274.      })
275.    };
276.    /////////////////////////////////////
277.    //定义标题
278.    var rawImageTitle = ui.Label({
279.      value:"筛选原始 Landsat8 影像",
280.      style: {
281.        fontWeight: "bold",
282.        fontSize: "16px"
283.      }
284.    });
285.    var startLabel = ui.Label("起始时间: yyyy-mm-dd");
286.    var startTextbox = ui.Textbox({
287.      placeholder: "起始时间: yyyy-mm-dd",
288.      value: app.data.startDate,
289.      onChange: function(value) {
290.        print("录入的起始时间: " + value);
291.        app.data.startDate = value;
292.      }
293.    });
294.    //定义结束日期
295.    var endLabel = ui.Label("结束时间: yyyy-mm-dd");
296.    var endTextbox = ui.Textbox({
297.      placeholder: "结束时间: yyyy-mm-dd",
```

```
298.      value: app.data.endDate,
299.      onChange: function(value) {
300.        print("录入的结束时间: " + value);
301.        app.data.endDate = value;
302.      }
303.    });
304.    //定义筛选云量组件
305.    var cloudLabel = ui.Label("筛选云量");
306.    var cloudSlider = ui.Slider({
307.      min:1,
308.      max:100,
309.      value:app.data.cloudScore,
310.      step:1,
311.      direction: "horizontal",
312.      onChange: function(value) {
313.        print("slider1 change value is:"+ value);
314.        app.data.cloudScore = parseInt(value, 10);
315.      }
316.    });
317.    //定义按钮
318.    var searchBtn = ui.Button({
319.      label: "查找 Landsat8 原始影像",
320.      onClick: searchLandsatImages
321.    });
322.    //定义下拉列表
323.    var showImages = ui.Select({
324.      items: [],
325.      placeholder: "显示 Landsat8 原始影像",
326.      onChange: showLandsatImage
327.    });
328.    //将所有组件合并到一个面板中
329.    app.ui.rawImagePanel = {
330.      panel: ui.Panel({
331.        widgets: [
332.          rawImageTitle,
333.          startLabel, startTextbox,
334.          endLabel, endTextbox,
335.          cloudLabel, cloudSlider,
336.          searchBtn,
```

```
337.          showImages
338.        ],
339.        style: {
340.          border : "1px solid black"
341.        }
342.      }),
343.      select: showImages
344.    };
345.    //定义处理过程
346.    /////////////////////////////////
347.    var processTitle = ui.Label({
348.      value:"处理 Landsat8 影像",
349.      style: {
350.        fontWeight: "bold",
351.        fontSize: "16px"
352.      }
353.    });
354.    var mapClickCB = ui.Checkbox("开启地图点击事件",
app.data.mapClickFlag);
355.    mapClickCB.onChange(function(checked){
356.      print("地图点击事件: " + checked);
357.      app.data.mapClickFlag = checked;
358.    });
359.    //定义选择器
360.    var showNDVICB = ui.Checkbox("加载 NDVI 图层",
app.data.showNDVILayer);
361.    showNDVICB.onChange(function(checked){
362.      print("加载 NDVI 图层: " + checked);
363.      app.data.showNDVILayer = checked;
364.    });
365.    //定义按钮
366.    var showThumbnailBtn = ui.Button({
367.      label: "展示 NDVI 图层缩略图",
368.      onClick: showNDVIThumbnail
369.    });
370.     //定义按钮
371.    var exportNDVIBtn = ui.Button({
372.      label: "导出 NDVI 图层",
```

```
373.        onClick: exportNDVIResult
374.      });
375.      app.ui.processPanel = {
376.        panel: ui.Panel({
377.          widgets: [
378.            processTitle,
379.            mapClickCB,
380.            showNDVICB,
381.            showThumbnailBtn,
382.            exportNDVIBtn
383.          ],
384.          style: {
385.            border : "1px solid black"
386.          }
387.        })
388.      };
389.      var main = ui.Panel({
390.          widgets: [
391.            app.ui.titlePanel.panel,
392.            app.ui.rawImagePanel.panel,
393.            app.ui.processPanel.panel
394.          ],
395.          style: {width: "300px", padding: '8px'}
396.      });
397.      ui.root.insert(0, main);
398.    }
399.
400.    /***
401.     *
402.     * main
403.     **/
404.    function main() {
405.      Map.style().set('cursor', 'crosshair');
406.      Map.centerObject(roi, 10);
407.      Map.setOptions("SATELLITE");
408.
409.      initUI();
410.      showBounds(roi);
411.    }
412.    main();
```

4）代码分析

这个例子几乎涵盖之前所有的知识信息，能够巩固理解之前所学的各种知识内容，下面就是逐行代码解释。

（1）第 1~6 行导入研究区域 roi，以及使用的数据 Landsat 8 的 TOA 数据集合。

（2）第 12~39 行初始化一个 app 对象，这个对象用来存储程序中使用的各种变量数据（data）、显示配置数据（config）、界面组成对象（ui）。

（3）第 44~101 行定义了 Landsat8 的 TOA 数据处理常用方法。其中第 46~78 行定义了常见的指数计算方法 NDWI、NDVI、EVI、LSWI 等；第 88~100 行则是定义了根据日期、区域、云量筛选所需要的影像集合方法；第 91~94 行定义实现了去云操作；第 94~98 行则实现了各种常见指数的计算操作调用。

（4）第 108~117 行是显示边界的方法，将传入的矢量数据只绘制边界，中间不显示填充颜色。

（5）第 127~138 行是导出影像到 Google Drive 的方法。

（6）第 148~177 行是在地图上单击触发的事件方法。方法内逻辑调用前提是勾选界面中的"是否开启地图点击事件"，mapClickFlag 为 true，则相关逻辑就可以触发。触发点击事件后会在点击的位置添加一个红色点，然后生成这个点时间序列指数列表图表。

（7）第 183~192 行定义查询 Landsat 原始影像的方法。

（8）第 199~218 行定义下拉列表选择切换影像列表中不同影像的方法。

（9）第 224~229 行定义导出 NDVI 影像方法。

（10）第 234~254 行定义显示指定区域的 NDVI 缩略图方法。

（11）第 259~402 行定义界面 UI 主逻辑。

（12）第 263~275 行定义的是界面中标题。

（13）第 284~293 行定义的是开始日期标签及对应的输入框。

（14）第 294~303 行定义的是结束日期标签及对应的输入框。

（15）第 304~316 行定义的是云量筛选滑动筛选条。

（16）第 318~321 行定义的是查找原始影像按钮。

（17）第 323~327 行定义的是通过下拉列表筛选显示原始影像。

（18）第 329~344 行将上述定义的组件放置在同一个容器 panel 中，方便后续布局控制。

（19）第 354~358 行定义多选按钮控制是否开启地图点击事件。

（20）第 360~364 行定义多选按钮控制是否显示加载 NDVI 图层。

（21）第 366～369 行定义展示 NDVI 图层缩略图的按钮。

（22）第 371～374 行定义导出 NDVI 图层到 Google Drive 的按钮。

（23）第 377～388 行将上述内容放置在同一个容器中，方便控制布局格式。

（24）第 389～396 行设置主界面的布局，以及对应的组件内容。

（25）第 397 行将定义好的组件 main 添加到根结点中。

（26）第 404～411 行定义程序入口主逻辑，在 main（）方法中定义了鼠标样式、底图样式同时初始化 UI 和加载 roi 区域。

（27）第 412 行调用入口方法。

2.3.4　Python 版的 API 语法详解

前面讲解了 JavaScript 版的语法规则，而作为目前最为火爆的 Python 语言，Earth Engine 官方也提供了一套 Python 版的 API 接口。通过这套 API 接口，开发者也可以自由调用 Earth Engine 在线服务，实现遥感影像相关处理操作，甚至结合目前最为流行的 Tensorflow 做深度学习处理。

需要强调的是，JavaScript 版的 Earth Engine 的 API 学习是其他知识的基础，因为从基础上讲 JavaScript 版的 API 和 Python 版的 API 本质上没有什么区别，甚至在很多 API 接口名称上面是通用的。所以后面讲解 Python 版的 API 不会从基础的开始讲解，基础的内容参考前面章节内容，本节只会讲解一些 Python 版自己特有 API 内容。

1. 环境配置

目前，虽然官方提供了 Python 版的 API 接口，但是在线的编辑器 Code Editor：https://code.earthengine.google.com/，只支持 JavaScript 版的 API 开发，所以如果想要学习或者使用 Python 版的 API，第一步是需要配置开发环境。

目前流行的配置方式主要有两种：使用 Google Drive 中的在线版的 colab 或者是配置本地的 Earth Engine 开发环境。下面依次展示两种不同配置方式的主要步骤，更详细的内容可以参考知乎的专栏文章：https://zhuanlan.zhihu.com/c_123993183。

1）本地环境配置

A. 安装 Python 环境

相关的 Python 安装包可以从 Python 的官网 https://www.python.org/downloads 选择下载。

B. 安装 pip

下载地址：https://pip.pypa.io/en/stable/installing，这个工具主要是用来管理第三方库，但是如果本地安装了 Anaconda 也同样可以。

C. 安装 Google 的 Python 的 API 的接口

pip install google-api-python-client

D. 安装鉴权库

pip install pyCrypto

这一步不是必须的，如果本地已经安装过鉴权库就不需要再安装相关内容。

E. 安装 Earth Engine 的 API 库

pip install earth engine-API

F. 验证 Earth Engine 的账户

earth engine authenticate

这一步中点击 Enter 键后，系统会给出一个链接地址，打开这个链接地址按照网页上的步骤会生成一个验证码，将这个验证码拷贝到命令行中后，再次点击 Enter 键就可以验证相关信息（图 2-80）。

G. 测试本地环境

```
# lsw at lswdeMacBook-Pro.local in ~ [0:16:57]
→ python
Python 2.7.10 (default, Feb  7 2017, 00:08:15)
[GCC 4.2.1 Compatible Apple LLVM 8.0.0 (clang-800.0.34)] on darwin
Type "help", "copyright", "credits" or "license" for more information.
>>> import ee
>>> ee.Initialize()
>>> image = ee.Image('srtm90_v4')
>>> print(image.getInfo())
{u'bands': [{u'crs': u'EPSG:4326', u'crs_transform': [0.000833333333333, 0.0, -180.0, 0.0, -0.000833333333333, 60.0], u'i
d': u'elevation', u'data_type': {u'max': 32767, u'type': u'PixelType', u'precision': u'int', u'min': -32768}, u'dimension
s': [432000, 144000]}], u'version': 1494271934303000, u'type': u'Image', u'id': u'srtm90_v4', u'properties': {u'system:ti
me_end': 951177600000, u'system:asset_size': 18827626666, u'system:time_start': 950227200000}}
>>>
```

图 2-80 验证代码

如果在 Python 开发环境中输入上面代码验证没有问题，那么本地的环境就可以正常使用了。关于本地编辑器选择，推荐使用 Jupyter lab 或者是 Pycharm。

2）在线 colab 配置

本地配置主要是受网络原因等限制，经常出现无法配置成功的情况。下面介绍另外一种更为通用的方式，直接使用 Google 提供的在线 colab 作为开发环境来开发 Earth Engine。

A. 登录 Google Drive

Colaboratory 位置在 Google Drive 中，是它的一个关联应用，所以第一步我们先要登录到 Google Drive 中 https://drive.google.com/。

B. 添加关联程序

（1）打开 Google Drive 后（图 2-81），点击新建；

（2）然后在下拉列表表中点击更多；

图 2-81　Google Drive 界面

（3）如果安装过 Colaboratory，那么在关联程序中就会显示这个图标；如果没有安装过可以点击关联更多应用。然后在出现的界面中录入"colab"，就可以看到我们想要的程序，点击安装即可（图 2-82）。

图 2-82　搜索 Colaboratory 插件

C. 在 colab 中新建文件

D. 安装 Earth Engine 的 Python 版 API 接口

```
!pip install earth engine-api
```

E. 验证身份信息

```
!earth engine authenticate
```

F. 验证代码

```
1.      # 测试代码
2.      import ee
3.      from IPython.display import Image
4.      ee.Initialize()
5.      srtm = ee.Image("USGS/SRTMGL1_003")
6.      print(srtm)
```

运行结果见图 2-83。

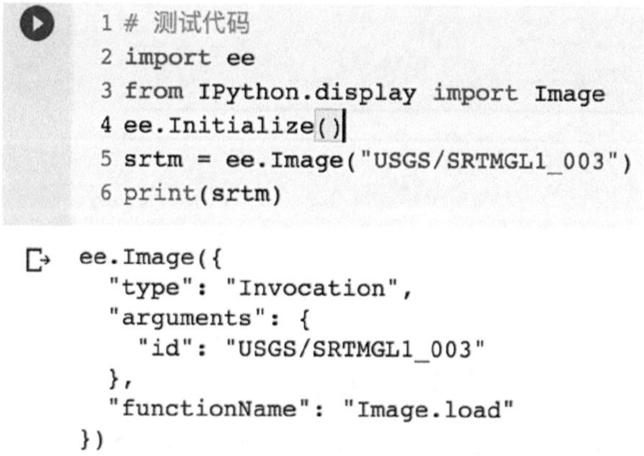

```
1 # 测试代码
2 import ee
3 from IPython.display import Image
4 ee.Initialize()
5 srtm = ee.Image("USGS/SRTMGL1_003")
6 print(srtm)
```

```
ee.Image({
  "type": "Invocation",
  "arguments": {
    "id": "USGS/SRTMGL1_003"
  },
  "functionName": "Image.load"
})
```

图 2-83　安装完成 Python 版的 Earth Engine 后的测试代码

在线代码地址：https://colab.research.google.com/drive/1UkB2Sth_Pnx09sFjZ9
Lcc1Wg5a22w-Z b

注意事项：

（1）由于每次打开 Colaboratory 文件，Google 的后台都会启动新的虚拟机器，所以上面安装 Earth Engine 的 API 步骤需要重新走一遍；

（2）保存后的文件存放地址在：我的云端硬盘>Colab Notebooks。

2. Python 的基础语法

Python 是现在最通用的语言之一，广泛应用于计算分析和深度学习中，这里给大家推荐几本书可以自己去研究学习（图 2-84）。

关于 Python 知识内容有几点想补充，这个也是在实际开发中常遇到的问题：

（1）Python 文件中使用"#"做单行注释，使用三个双引号方式做多行注释；

（2）Python 文件中代码块是通过缩进来区分的，这一点和在 JavaScript 中完全不一样，所以编码的时候一定要统一代码缩进，如可以是两个空格或者四个空格或者是统一的 tab；

图 2-84　推荐学习 Python 的基础书籍

（3）具体的代码规范可以参考 Google 提供的一份代码规范，地址是：https: // zh-google-styleguide.readthedocs.io/en/latest/google-python-styleguide/python_style_r ules/；

（4）代码文件最好都存储为 UTF-8 格式。

3. Earth Engine 的基础语法

虽然官方没有提供相关的 API 接口文档，但是他们提供了接口的源码，所以利用这些源码我自己提取了各个接口的注释说明形成了一个非官方的 API 文档，地址是：https://gee-python-api.readthedocs.io/en/latest/index.html。

在前面也强调了这一点，Python 版的 API 和 JavaScript 版的 API 区别不大，所以可以直接类比 JavaScript 版的 API 来学习 Python 版的 API。下面会通过具体的例子来类比两者之间的关系，讲解两者的不同。

1）对比 JavaScript 版和 Python 版的例子

这个例子是提取点 roi 在影像 LST 集合每一景影像中温度值。

A. JavaScript 版本

具体代码链接：https://code.earthengine.google.com/66c7671e972a59c78ca2e37 c0abc530b（代码 88）。

```
1.      // 温度单位转换为摄氏度
2.      function scaleImage(image) {
3.          var time_start = image.get("system:time_
start");
4.          image = image.multiply(0.02).subtract (273.15);
```

```
5.         image = image.set("system:time_start", time_
start);
6.         return image;
7.     }
8.  var roi = ee.Geometry.Point([6.134136, 49.612485]);
9.      var imgCol = ee.ImageCollection("MODIS/006/
MOD11A2")
10.               .filterBounds(roi)
11.               .filterDate ("2019-1-1", "2019-7-1")
12.               .select("LST_Day_1km")
13.               .map(scaleImage);
14.  var datas = imgCol.getRegion(roi, 1000);
15.  print(datas);
```

运行结果见图 2-85。

```
▼List (24 elements)                                    JSON
  ▶0: ["id","longitude","latitude","time","LST_Day_1km"]
  ▼1: List (5 elements)
     0: 2019_01_01
     1: 6.131001814115734
     2: 49.609461565500574
     3: 1546300800000
     4: null
  ▼2: List (5 elements)
     0: 2019_01_09
     1: 6.131001814115734
     2: 49.609461565500574
     3: 1546992000000
     4: 4.270000000000039
  ▶3: List (5 elements)
```

图 2-85   提取的 LST 温度结果

代码分析：

（1）第 2～7 行定义方法将 LST 波段的值的单位从开尔文转换为摄氏度。

（2）第 10～14 行分别对遥感集合影像数据进行过滤处理（空间 roi；时间 2019-1-1 到 2019-7-1，但是不包括最后的这一天即 2019-7-1 的数据）、筛选波段 LST_Day_1km、循环调用上面定义的 scaleImage 方法。

（3）第 15 行调用影像集合中的 getRegion 方法提取 roi 点对应的所有数据。

B. Python 版本

```python
1.    # -*- coding:utf-8 -*-
2.    import ee
3.    import pandas as pd
4.    #注册 Earth Engine
5.    ee.Initialize()
6.
7.    # 温度单位转换为摄氏度
8.    def scaleImage(image):
9.        time_start = image.get("system:time_start")
10.       image = image.multiply(0.02).subtract(273.15)
11.       image = image.set("system:time_start", time_start)
12.       return image
13.   roi = ee.Geometry.Point([6.134136, 49.612485])
14.   imgCol = ee.ImageCollection("MODIS/006/MOD11A2") \
15.           .filterBounds(roi) \
16.           .filterDate("2019-1-1", "2019-7-1") \
17.           .select("LST_Day_1km") \
18.           .map(scaleImage)
19.   datas = imgCol.getRegion(roi, 1000).getInfo()
20.   df_lst = pd.DataFrame(datas[1:])
21.   df_lst.columns = datas[0]
22.   print(df_lst)
```

运行结果见图 2-86。

```
         id  longitude  latitude           time  LST_Day_1km
0  2019_01_01   6.131002  49.609462  1546300800000          NaN
1  2019_01_09   6.131002  49.609462  1546992000000         4.27
2  2019_01_17   6.131002  49.609462  1547683200000         0.61
3  2019_01_25   6.131002  49.609462  1548374400000          NaN
4  2019_02_02   6.131002  49.609462  1549065600000         1.77
5  2019_02_10   6.131002  49.609462  1549756800000         9.53
```

图 2-86　Python 版提取的结果

对比上面两个版本的代码发现，两者调用的方法几乎一致。在 Earth Engine 层次代码近似相同，这也说明 JavaScript 版本的 API 和 Python 版本的 API 有相通之处。

两者的不同之处主要有下面四个部分的内容。

（1）Python 版的代码中每一个新的代码文件都需要使用 ee.Initialize（）连接服务器做注册，然后才能使用 Earth Engine 提供的 Python 版 API。

（2）两者语法规则不一样。使用 Python 不需要用 var 定义变量；结束语句不用分号；定义方法没有大括号"{}"；连续调用方法，换行需要在上一行结尾加入反斜杠"\"；Python 代码中的缩进一定要注意，它是通过缩进来确定代码块的。

（3）在 JavaScript 版语法讲解中一直在说最好不要使用 getInfo（）方法，但是在 Python 版的 API 中，如果本地想要使用返回数据只能通过调用 getInfo（）把结果转换为本地可以使用的数据。

（4）在 Python 中通常使用 pandas 或 numpy 第三方库来处理返回的结果。

下面罗列在 Python 版 API 中使用常用数据的一些方法：

```
1.      # -*- coding:utf-8 -*-
2.      # 注册 Earth Engine
3.      import ee
4.      ee.Initialize()
5.
6.      # Earth Engine 字符串
7.      name = ee.String("LSW")
8.      print(name)
9.      print(name.getInfo())
10.     # Earth Engine 的数值类型
11.     num = ee.Number(100)
12.     print(num.getInfo())
13.     # Earth Engine 字典构造方法
14.     people = {
15.         "name": "LSW",
16.         "age": 20,
17.         "area": "BJ",
18.         "desc": "boy er ... something"
19.     }
20.     pDict = ee.Dictionary(people)
21.     print(pDict.getInfo())
22.     # Earth Engine 的列表
23.     # 普通 list 转换为 gee 的 list
24.     a = ee.List([1,2,3,4])
25.     print(a.getInfo())
26.     # 生成全是 1 的列表
27.     b = ee.List.repeat(1, 5)
```

```
28.    print(b.getInfo())
29.    # 生成 1 到 10 的列表
30.    c = ee.List.sequence(1, 10)
31.    print(c.getInfo())
32.    # Earth Engine 中的 Array 数组
33.    arr1D = ee.Array([0, 1, 2])
34.    print(arr1D.getInfo())
35.    arr2D = ee.Array([[1,2], [3, 4]])
36.    print(arr2D.getInfo())
37.    # Earth Engine 中的日期类
38.    _date = ee.Date("2019-7-1")
39.    print(_date.getInfo())
40.    # 格式化输出
41.    print(_date.format("yyyyMMdd").getInfo())
42.    # 矢量数据
43.    point=ee.Geometry.Point([115.29804687499995,
40.166027799144885])
44.    print(point)
45.    # buffer
46.    point_buffer = point.buffer(1000)
47.    print(point_buffer)
48.    # 影像
49.    img=ee.Image("LANDSAT/LC08/C01/T1_SR/LC08_124032_
20160409")
50.    print(img)
```

2）影像数据或者矢量数据加载展示

在 Python 版的 API 中有一个模块叫作 ee.mapclient 用来做加载显示，但是很不幸的是目前这个模块已经不能正常使用，所以需要用别的方式来加载显示数据。这里需要注意的一点就是在本地加载显示数据需要在 ipython 中操作，常用的编辑器是 jupyter notebook 或者 jupyter lab。

A. 静态图片展示

这种方式是使用 ipython 自带的 image 来展示数据，展示的数据则是用 Earth Engine 提供的生成缩略图的方法 getThumbURL（），它适合只做静态图展示的需求，具体代码如下：

```
1.      # 静态展示地图
2.      from IPython.display import Image
3.      import ee
4.      ee.Initialize()
5.
6.      srtm = ee.Image("USGS/SRTMGL1_003")
7.      thumb_url = srtm.getThumbURL({
8.          'crs': 'EPSG:4326',
9.          "min": 0,
10.         "max": 5000
11.     })
12.     print(thumb_url)
13.     Image(url=thumb_url)
```

运行结果见图 2-87。

https://earthengine.googleapis.com/v1alpha/projects/earthengin

图 2-87　静态展示影像结果

B. ipygee 交互展示

这种方式利用的是第三方开源库 ipygee（Github 地址：https://github.com/fitoprincipe/ipygee），安装完成后本地就可以在 jupyter 中使用这个库。使用例子如下：

```
1.      import ee
2.      from ipygee import Map
3.      #注册
4.      ee.Initialize()
5.      # 展示地图
6.      myMap = Map()
7.      myMap.show()
8.      # 栅格数据
9.      img = ee.Image("CGIAR/SRTM90_V4")
```

```
10.    # 矢量数据
11.    roi=ee.FeatureCollection("users/wangweihappy0/
training03/bj_shp")
12.    # 缩放到指定级别
13.    myMap.centerObject(roi, 7)
14.    # 裁剪数据
15.    img = img.clip(roi)
16.    # 加载栅格数据到地图上
17.    vis1 = {"min": 0, "max": 3000}
18.    myMap.addLayer(img, vis1, name="SRTM")
19.    # 加载矢量数据到地图上
20.    vis2 = {"outline_color": "red", "outline": 2,
"fill_color": "blue"}
21.    myMap.addLayer(roi, vis2, name="roi")
```

运行结果见图 2-88。

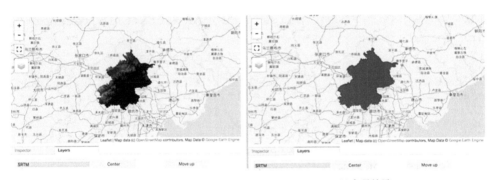

(a) ipygee展示的影像结果　　　　　　　　　(b) 矢量结果

图 2-88　ipygee 交互展示影像结果

代码分析：

（1）第 2 行导入 ipygee 中 Map 模块。

（2）第 6 行初始化 Map 类，第 7 行展示 Map。

（3）第 17~18 行加载显示影像数据，显示配置 vis1 参数和 JavaScript 版中的 Map.addLayer（）中 params 显示参数类似。

（4）第 20~21 行加载显示矢量数据，显示配置 vis2 参数主要有 outline_color（外边框颜色）、outline（外边框的宽度）及 fill_color（填充颜色）。

C. folium 交互展示

这种方式利用了第三方库 folium，是 ipygee 之外另外官方推荐使用的显示方式，具体例子代码如下：

```
1.      import ee
2.      import folium
3.      print("folium version {0}".format(folium.__version
__))
3.      ee.Initialize()
4.
5.      # 添加绘制方法到 folium
6.      def add_ee_layer(self, ee_object, vis_
params, name):
7.          try:
8.              if isinstance(ee_object, ee.image. Image):
9.                  map_id_dict = ee.Image(ee_object).
getMapId(vis_params)
10.                 folium.raster_layers.TileLayer(
11.                     tiles = map_id_dict['tile_fetcher'].
url_format,
12.                     attr = 'Earth Engine',
13.                     name = name,
14.                     overlay = True,
15.                     control = True
16.                 ).add_to(self)
17.             elif isinstance(ee_object, ee.
imagecollection.ImageCollection):
18.                 ee_object_new = ee_object.mosaic()
19.                 map_id_dict = ee.Image(ee_object_new).
getMapId(vis_params)
20.                 folium.raster_layers.TileLayer(
21.                     tiles = map_id_dict['tile_fetcher'].
url_format,
22.                     attr = 'Earth Engine',
23.                     name = name,
24.                     overlay = True,
25.                     control = True
26.                 ).add_to(self)
```

```
27.            elif isinstance(ee_object, ee.geometry.
Geometry):
28.                folium.GeoJson(
29.                    data = ee_object.getInfo(),
30.                    name = name,
31.                    overlay = True,
32.                    control = True
33.                ).add_to(self)
34.            elif isinstance(ee_object, ee.
featurecollection.FeatureCollection):
35.                ee_object_new = ee.Image().paint
(ee_object, 0, 2)
36.                map_id_dict = ee.Image(ee_object_new).
getMapId(vis_params)
37.                folium.raster_layers.TileLayer(
38.                    tiles = map_id_dict['tile_fetcher'].
url_format,
39.                    attr = 'Earth Engine',
40.                    name = name,
41.                    overlay = True,
42.                    control = True
43.                ).add_to(self)
44.        except:
45.            print("Could not display {}".format(name))
46.    folium.Map.add_ee_layer = add_ee_layer
47.
48.    # 使用 Folium 展示地图
49.    def Mapdisplay(center, layers, Tiles=
"OpensTreetMap",zoom_start=10):
50.        mapViz = folium.Map(location=center,tiles=
Tiles, zoom_start=zoom_start)
51.        for data in layers:
52.            mapViz.add_ee_layer(data.get
("layer"), data.get("vis"), data.get("name"))
53.        mapViz.add_child(folium.LayerControl())
54.        return mapViz
55.
56.    roi = ee.FeatureCollection("users/wangweihappy0/
training03/bj_shp")
57.    center = roi.geometry().centroid().getInfo()
```

```
['coordinates']
58.    center.reverse()
59.    print("center is: {}".format(center))
60.
61.    l8Img = ee.ImageCollection("LANDSAT/LC08/C01/
T1_SR")\
62.              .filterBounds(roi)\
63.              .filterDate('2018-06-01', '2018-09-01')\
64.              .filter(ee.Filter.lt('CLOUD_COVER', 20))\
65.              .median()\
66.              .multiply(0.0001)\
67.              .clip(roi)
68.    vis = {
69.      'bands': ["B4", "B3", "B2"],
70.      'min': 0,
71.      'max': 0.3
72.    }
73.    layers = [
74.        {
75.            "layer": roi,
76.            "vis": {"color":"ff0000", "strokeWidth":5},
77.            "name": "roi"
78.        },
79.        {
80.            "layer": l8Img,
81.            "vis": vis,
82.            "name": "Landsat8"
83.        }
84.    ]
85.    Mapdisplay(center,layers,zoom_start=7)
```

运行结果见图 2-89。

代码分析：

（1）第 2 行导入第三方库 folium。

（2）第 3 行验证账户信息。

（3）第 4 行输出使用的库的版本号。

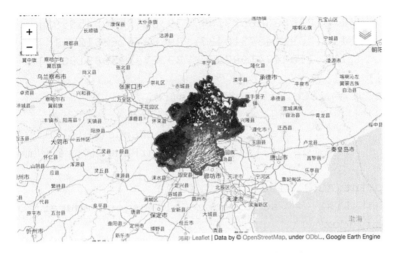

图 2-89　folium 展示的影像以及矢量边界结果

（4）第 5 行定义 Earth Engine 对应地图的 URL。

（5）第 8～32 行定义使用 folium 加载影像或者矢量数据的公共方法，参数分别为 center（中心位置，格式是纬度、经度）；dicc 是加载图层的参数；Tiles（地图数据来源，默认的是 OSM 数据）；zoom_start（初始化地图缩放级别）。

（6）第 34 行加载使用的矢量数据 roi。

（7）第 34～37 行取得 roi 的中心坐标，并且反转其坐标。

（8）第 39～45 行处理获得影像数据。

（9）第 46～55 行加载显示影像数据和矢量数据。

3）过滤操作 filter

关于 filter 操作，通用的 filter 操作 JavaScript 版和 Python 版是通用的，区别在于 JavaScript 版中"与"和"或"操作分别是 ee.Filter.and（）和 ee.Filter.or（），而在 Python 版中这两个操作分别是 ee.Filter.And（）和 ee.Filter.Or（）。举个简单例子，如按照日期筛选指定日期数据。

```
1.    # -*- coding:utf-8 -*-
2.    # 注册 Earth Engine
3.    import ee
4.    ee.Initialize()
5.    # 加载影像集合
6.    l8Col = ee.ImageCollection("LANDSAT/LC08/C01/T1_SR")
7.    # 按照日期筛选，如筛选 2016 年、2017 年、2018 年每年 4 月数据
8.    roi = ee.Geometry.Polygon([
```

```
9.          [116.22560386529187, 39.80538605459892],
10.         [116.20912437310437, 39.88762635127014],
11.         [116.11024741997937, 39.87919598319058]
12.    ])
13.    sCol = l8Col.filterBounds(roi) \
14.             .filter(ee.Filter.And(
15.               ee.Filter.calendarRange(2016,2018,"year"),
16.               ee.Filter.calendarRange(4, 4, "month")
17.             ))
18.    print(sCol.size().getInfo())
19.    dataList  =  sCol.reduceColumns(ee.Reducer.toList(),
["system:index"])\
20.                .get("list")
21.    dataList = ee.List(dataList)
22.    print(dataList.getInfo())
```

运行结果见图 2-90。

```
17
['LC08_123032_20160402', 'LC08_123032_20160418', 'LC08_123032_20170405', 'LC08_123032_20170421',
'LC08_123032_20180408', 'LC08_123032_20180424', 'LC08_123033_20160402', 'LC08_123033_20160418',
'LC08_123033_20170405', 'LC08_123033_20170421', 'LC08_123033_20180408', 'LC08_123033_20180424',
'LC08_124032_20160409', 'LC08_124032_20160425', 'LC08_124032_20170412', 'LC08_124032_20170428',
'LC08_124032_20180415']
```

图 2-90　获取所有的影像集合的 ID 列表

代码分析：

（1）第 14～17 行使用 And 操作将年的过滤和月份过滤联合到一起操作。

（2）第 19～20 行取得影像集合中每一个元素的 system：index，并且以列表形式返回。

4）绘制图表 plot

在 JavaScript 版的 API 中可以直接调用 ui.Chart 来做各种图表绘制，但是在 Python 版的 API 中没有相关图表绘制方法，目前只能利用 Python 的第三方库如 matplotlib 等来绘制各种图表，下面以 matplotlib 为例展示如何绘制不同类型的图表。

A. 绘制折线图

具体代码：

```
1.    # -*- coding:utf-8 -*-
2.    """
```

```
3.      绘制折线图
4.      """
5.      import ee
6.      import pandas as pd
7.      import matplotlib.pyplot as plt
8.      #注册 Earth Engine
9.      ee.Initialize()
10.
11.     # 温度单位转换为摄氏度
12.     def scaleImage(image):
13.         time_start = image.get("system:time_start")
14.         image = image.multiply(0.02).subtract(273.15)
15.         image = image.set("system:time_start", time_start)
16.         return image
17.     roi = ee.Geometry.Point([6.134136, 49.612485])
18.     imgCol = ee.ImageCollection("MODIS/006/MOD11A2") \
19.                 .filterBounds(roi) \
20.                 .filterDate("2019-1-1", "2019-7-1") \
21.                 .select("LST_Day_1km") \
22.                 .map(scaleImage)
23.     datas = imgCol.getRegion(roi, 1000).getInfo()
24.     df_lst = pd.DataFrame(datas[1:])
25.     df_lst.columns = datas[0]
26.     print(df_lst)
27.     new_df_lst = df_lst.dropna()
28.     print(new_df_lst)
29.     x = new_df_lst["id"]
30.     y = new_df_lst["LST_Day_1km"]
31.     plt.plot(x, y, "r", label="LST")
32.     plt.title("LST")
33.     plt.xlabel("date")
34.     plt.ylabel("tem")
35.     plt.xticks(rotation=90)
36.     plt.legend()
37.     plt.show()
```

运行结果见图 2-91。

代码分析：

（1）第 24 行将取得的数据转换为 pandas 中的 DataFrame 格式数据。

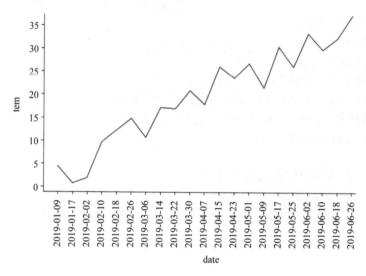

图 2-91　LST 的折线图

（2）第 25 行将数据中的原来的属性名称赋值为 DataFrame 的列。

（3）第 27 行由于使用 getRegion（）会获得空值 None，所以使用 dropna（）方法去除存在空值的数据。

（4）第 29～37 行使用 matplotlib 库绘制折线图。

B. 绘制直方图

具体代码：

```
1.      # -*- coding:utf-8 -*-
2.      """
3.      绘制直方图
4.      """
5.      # 注册 Earth Engine 同时导入必要包
6.      import ee
7.      import matplotlib.pyplot as plt
8.      from pprint import pprint
9.      ee.Initialize()
10.     # 统计指定区域 NDVI 数据
11.     roi = ee.Geometry.Polygon([[114.78718261718745,37.
07682857623016],
12.          [114.95747070312495, 37.059296153355202],
13.          [114.96296386718745, 37.23006430781082],
```

```
14.          [114.81464843749995, 37.22131634795863]]])
15.     l8 = ee.ImageCollection("LANDSAT/LC08/C01/T1_SR") \
16.          .filterBounds(roi)\
17.          .filterDate("2016-1-1", "2017-1-1")\
18.          .sort("CLOUD_COVER")
19.     def NDVI(image):
20.         ndvi = image.normalizedDifference(["B5","B4"])
21.         return image.addBands(ndvi.rename("NDVI"))
22.     l8Img= l8.map(NDVI).first().clip(roi).select("NDVI")
23.     data = l8Img.reduceRegion(
24.         reducer=ee.Reducer.histogram(),
25.         geometry=roi,
26.         scale=30,
27.         maxPixels=1e13
28.     ).getInfo()
29.     pprint(data)
30.      # 使用 matplotlib 绘制直方图
31.     bucketMeans = data.get("NDVI").get("bucketMeans")
32.     histogram = data.get("NDVI").get("histogram")
33.     plt.figure(figsize=(8, 8))
34.     plt.bar(bucketMeans, histogram, color="red")
35.     plt.title("NDVI List")
36.     plt.xlabel("ndvi", fontsize=8)
37.         plt.ylabel("count", fontsize=8)
38.     plt.show()
```

运行结果见图 2-92。

代码分析：

（1）第 11～14 行定义 roi 区域。

（2）第 15～28 行筛选影像数据。

（3）第 19～21 行定义计算 NDVI 的方法。

（4）第 23 行对影像集合做 NDVI 计算，同时取得第一张影像做裁剪分析。

（5）第 28～32 行统计指定区域 roi 内的 NDVI 值的直方图分布。

（6）第 33～38 行使用 matplotlib 绘制直方图。

上面介绍的是两种最常见的图表，其他类型的图表绘制方式类似，都是先统计完成数据，然后再使用 Python 的绘图库进行数据绘制。

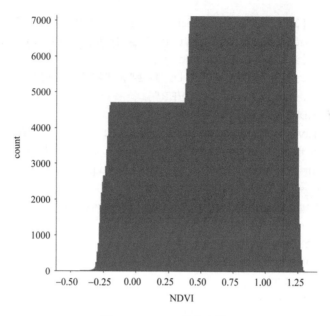

图 2-92　NDVI 的直方图

5）批操作 batch

不同于 JavaScript 版的 API 中的 Export，官方在 Python 版的 API 中定义了新的处理模块 ee.batch，这个模块的功能简单来讲就是批量生成导出任务或者查询任务列表信息，支持的导出方法见图 2-93。

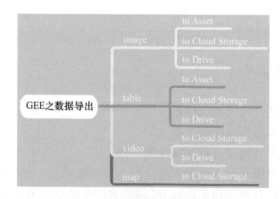

图 2-93　导出的 API 接口

通常，处理流程分为两步骤，第一步先生成导出任务 task，第二步执行 task.start（）启动导出任务，生成的导出任务通过在线编辑器中的 task 列表就可以查询。下面通过具体代码说一下，这些代码都是在 Jupyter lab 中执行。

A. 导入模块，初始化基本信息

```
1.      #注册 Earth Engine
2.      import ee
3.      # 导入 Earth Engine 做导出需要的方法
4.      from ee.batch import Export, Task
5.
6.      ee.Initialize()
7.      # 初始化测试影像以及测试区域 region
8.      l8Img = ee.Image("LANDSAT/LC08/C01/T1_SR/LC08_124032_
20160409")
9.      region = ee.Geometry.Polygon([
10.         [114.81660728326062,39.64695486839831],
11.         [115.06379966607312,39.65118442374212],
12.         [115.06379966607312,39.790614549136556],
13.         [114.81111411919812,39.78639353627816]
14.     ])
15.     regionImg = l8Img.clip(region)
```

B. 导出影像到 Asset

下面的 assetId 需要替换成自己的路径，这个是我个人的 Google Asset 路径，region 要使用经纬度列表。

```
1.      # 影像导出 asset
2.      task = Export.image.toAsset(
3.          image=regionImg,
4.          description='regionImg',
5.          assetId="users/wangweihappy0/regionImg",
6.          region=region.getInfo()["coordinates"],
7.          scale=30,
8.          maxPixels=1e13
9.      )
10.     task.start()
```

C. 导出影像到 Google Drive

```
1.      # 影像导出到 drive
2.      task = Export.image.toDrive(
3.          image=regionImg.select("B1"),
4.          description="regionImg",
```

```
5.          fileNamePrefix="regionImg",
6.          region=region.getInfo()["coordinates"],
7.          scale=30,
8.          maxPixels=1e13
9.      )
10.    task.start()
```

D. 导出矢量数据到 Asset

```
1.     # 矢量数据导出到 asset
2.     task = Export.table.toAsset(
3.          collection=ee.FeatureCollection([ee.Feature
(region, {"desc": "polygon"})]),
4.          description='regionFCol',
5.          assetId="users/wangweihappy0/regionFCol"
6.      )
7.     task.start()
```

E. 导出矢量数据到 Google Drive

```
1.     # 矢量数据导出到 drive
2.     task = Export.table.toDrive(
3.          collection=ee.FeatureCollection([ee.Feature
(region, {"desc": "polygon"})]),
4.          description='regionFCol',
5.          fileNamePrefix="regionFCol"
6.      )
7.     task.start()
```

F. 查看任务列表信息
这个方法会返回编辑器列表中显示的所有任务列表信息，不建议直接使用，通常是根据任务 ID 或者状态筛选查看特定的任务。

```
1.     # 任务列表 以及查看相关信息
2.     taskList = Task.list()
3.     for _task in taskList:
4.         _status = _task.status()
5.         print(_status)
```

```
6.          print("id: {0}".format(_status.get("id")))
```

6）影像数据和 numpy 数据互转

首先说明一点，不推荐直接将 Earth Engine 的 Image 转换为 numpy 的 Array 对象，推荐做法是直接使用 Google Earth Engine 原生的 Image 的 API 做各种操作草处理。下面介绍两种方法实现这个功能。

第一种方法：使用 Google Earth Engine 生成相关 Image 对象然后下载到本地，再用 numpy 做相关处理，这种方法适合处理大面积影像。具体的操作步骤如下：

（1）使用 Google Earth Engine 生成需要影像；

（2）利用影像导出功能（image.toDrive）将影像导出到 Google Drive；

（3）下载影像到本地，然后用 GDAL 等 GIS 库读取影像就可以获取相关 numpy 的 Array 对象。

第二种方法：使用 Google Earth Engine 中的 reducer 的 toList（）方法，然后结合循环计算生成相关 numpy 对象，这种方式只能处理小面积的影像，范围稍微大一些就会出现各种问题。具体操作步骤如下：

（1）使用 Google Earth Engine 生成需要影像；

（2）添加经纬度波段（ee.Image.pixelLonLat（）），添加经纬度是因为将数据读取为 Array 后就会丢失其位置信息，这里是记录影像的位置信息同时将生成的列表还原为二维数组；

（3）使用 ee.Reducer.toList（）将想要处理的影像波段数据生成列表；

（4）利用循环将生成的列表还原为数组对象。

接下来以第二种方法为例，展示一下具体操作步骤。这个例子使用的数据是 Sentinel-2 数据，绘制一个非常小范围的区域，所有的操作都是在 Jupyter lab 中做的。

第一步：导入使用的第三方库，初始化 Earth Engine。

```
1.      # 注册 Earth Engine 同时导入必要包
2.      import ee
3.      import numpy as np
4.      import matplotlib.pyplot as plt
5.      ee.Initialize()
```

第二步：定义在地图上加载显示影像数据和矢量数据的方法。

```
1.      import folium
2.      print("folium version {0}".format(folium.__
```

```
version__))
3.      # 添加绘制方法到 folium
4.      def add_ee_layer(self, ee_object, vis_
params, name):
5.          try:
6.              if isinstance(ee_object, ee.image.Image):
7.                  map_id_dict = ee.Image(ee_
object).getMapId(vis_params)
8.                  folium.raster_layers.TileLayer(
9.                      tiles = map_id_dict['tile_fetcher'].
url_format,
10.                     attr = 'Earth Engine',
11.                     name = name,
12.                     overlay = True,
13.                     control = True
14.                 ).add_to(self)
15.             elif isinstance(ee_object, ee.
imagecollection.ImageCollection):
16.                 ee_object_new = ee_object.mosaic()
17.                 map_id_dict = ee.Image(ee_object_new).
getMapId(vis_params)
18.                 folium.raster_layers.TileLayer(
19.                     tiles = map_id_dict['tile_fetcher'].
url_format,
20.                     attr = 'Earth Engine',
21.                     name = name,
22.                     overlay = True,
23.                     control = True
24.                 ).add_to(self)
25.             elif isinstance(ee_object, ee.geometry.
Geometry):
26.                 folium.GeoJson(
27.                     data = ee_object.getInfo(),
28.                     name = name,
29.                     overlay = True,
30.                     control = True
31.                 ).add_to(self)
32.             elif isinstance(ee_object, ee.featurecol
lection.FeatureCollection):
```

```
33.              ee_object_new = ee.Image().paint(ee_
object, 0, 2)
34.              map_id_dict = ee.Image(ee_object_new).
getMapId(vis_params)
35.              folium.raster_layers.TileLayer(
36.                  tiles = map_id_dict['tile_fetcher'].
url_format,
37.                  attr = 'Earth Engine',
38.                  name = name,
39.                  overlay = True,
40.                  control = True
41.              ).add_to(self)
42.          except:
43.              print("Could not display {}".format(name))
44.      folium.Map.add_ee_layer = add_ee_layer
45.
46.      # 使用 Folium 展示地图
47.      def Mapdisplay(center, layers, Tiles=
"OpensTreetMap",zoom_start=10):
48.          mapViz = folium.Map(location=center,tiles=
Tiles, zoom_start=zoom_start)
49.          for data in layers:
50.              mapViz.add_ee_layer(data.get("layer"), data.
get("vis"), data.get("name"))
51.          mapViz.add_child(folium.LayerControl())
52.      return mapViz
```

第三步：定义研究区域 roi。

```
1.      roi = ee.Geometry.Polygon([[[116.20922546386714,39.5006058
9993424],
2.              [116.26621704101558, 39.50378479484485],
3.              [116.26415710449214, 39.5482740548762],
4.              [116.20441894531245, 39.54456770525088]]])
```

第四步：加载处理 Sentinel-2 数据。

```
1.      # 哨兵-2 去云
2.      def rmCloud(image):
```

```
3.          qa = image.select("QA60")
4.          mask = qa.bitwiseAnd(1 << 10).eq(0) \
5.                   .And(qa.bitwiseAnd(1 << 11).eq(0))
6.          return image.updateMask (mask)
7.     # 计算 NDVI
8.     def NDVI(image):
9.          ndvi = image.normalizedDifference (["B8","B4"])
10.          return image.addBands(ndvi.rename ("NDVI"))
11.    # 缩放像素值
12.    def scaleImage(image):
13.          time_start = image.get("system:time_start")
14.          image = image.multiply(0.0001)
15.          return image.set("system:time_
start", time_start)
16.    # 生成影像
17.    s2Img = ee.ImageCollection("COPERNICUS/S2") \
18.               .filterBounds(roi) \
19.               .filterDate("2018-1-1","2019-1-1") \
20.               .filter(ee.Filter.lte("CLOUDY_PIXEL_
PERCENTAGE", 10)) \
21.               .map(rmCloud) \
22.               .map(scaleImage) \
23.               .map(NDVI) \
24.               .select("NDVI") \
25.               .median() \
26.               .clip(roi)
27.    vis = {
28.      "min":-0.2,
29.      "max":0.8,
30.    "palette": ["FFFFFF", "CE7E45", "DF923D", "F1B555",
"FCD163",
31.               "99B718", "74A901", "66A000", "529400",
"3E8601", "207401",
32.               "056201", "004C00", "023B01", "012E01",
"011D01", "011301"]
33.    }
34.    center = roi.centroid().getInfo() ['coordinates']
```

```
35.     center.reverse()
36.     print("center is: {}".format(center))
37.     layers = [
38.         {
39.             "layer": roi,
40.             "vis": {"color":"ff0000", "strokeWidth":2},
41.             "name": "roi"
42.         },
43.         {
44.             "layer": s2Img,
45.             "vis": vis,
46.             "name": "NDVI"
47.         }
48.     ]
49.     Mapdisplay(center,layers,zoom_start=13)
```

运行结果见图 2-94。

图 2-94　计算的哨兵–2 的 NDVI 影像

代码分析：

（1）第 2～6 行定义 Sentinel-2 去云方法，这个写法和 JavaScript 版本几乎一样，区别是"与"不同，JavaScript 中的是小写的 and，这里是大写的 And。

（2）第 9～11 行定义计算 NDVI 方法。

（3）第14～17行对影像波段进行缩放计算。影像进行乘运算时会丢失大部分的基本属性，为了保留日期的属性 system：time_start，这里先用一个变量存储这个属性值，然后缩放后又将这个属性重新赋值回去。

（4）第20～29行处理影像数据。

（5）第31～49行加载显示 roi，以及对应的影像数据。

第五步：将影像数据转换为本地的 numpy 数组 Array 格式并且绘制显示。

```
1.    # 获取影像数据的经纬度，这里需要注意的是这里要加入一个新的波段，
否则生成 list 之后没法还原成想要的影像
2.    def getImgData(image):
3.        image = image.addBands(ee.Image.pixelLonLat())
4.        data = image.reduceRegion(
5.          reducer=ee.Reducer.toList(),
6.          geometry=roi,
7.          scale=10,
8.          maxPixels=1e13
9.          )
10.       ndvi=np.array(ee.Array(data.get("NDVI")).getIn fo())
11.       lat  =  np.array(ee.Array(data.get("latitude")).
getInfo())
12.       lon  =  np.array(ee.Array(data.get("longitude")).
getInfo())
13.       return lat, lon, ndvi
14.    # 将读取的信息转换为 Array
15.    def toArray(lats,lons,data):
16.       uniqueLats = np.unique(lats)
17.       uniqueLons = np.unique(Lons)
18.       ncols = len(uniqueLons)
19.       nrows = len(uniqueLats)
20.       arr = np.zeros([nrows, ncols], np.float32)
21.       counter =0
22.       for y in range(0, nrows):
23.         for x in range(0, ncols):
24.             if lats[counter] == uniqueLats[y] \
25.                 and lons[counter] == uniqueLons[x] \
26.                 and counter < len(lats)-1:
27.                 counter+=1
```

```
28.                    # 左下角开始
29.                    arr[nrows-1-y,x] = data[counter]
30.        return arr
31.    # 绘制影像
32.    lat, lon, data = getImgData(s2Img)
33.    image = toArray(lat, lon, data)
34.    print(image.shape)
35.    plt.figure(figsize=(10, 10))
36.    plt.imshow(image)
```

运行结果见图 2-95。

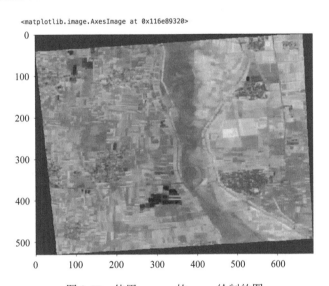

图 2-95　使用 numpy 的 array 绘制的图

代码分析：

（1）第 2～13 行提取影像对应的波段数据，这些波段数据包括纬度、经度和 NDVI 值。

（2）第 16～31 行将提取的影像波段数据转换为 numpy 的 Array 数据。具体操作流程见第 17～21 行，提取所有的经纬度数据生成一个零值二维数组，数组行 nrows 是所有纬度的个数（重复不计算），列 ncols 是所有经度的个数（重复不计算）。第 22～29 行就是循环遍历这个行列数，然后将列表中的值赋值给上面的零值二维数组。

（3）第 30～35 行用 matplotlib 绘制提取的 numpy 数组。

第 3 章　Earth Engine 编程指南

导读　本章的内容偏重于 Earth Engine 的实际操作开发，在内容上会提供很多实际可运行的例子。首先讲解了 Earth Engine 程序开发中常见的一些算法内容，其次列举了常见的错误并且提供相关解决方案，最后从实际开发的角度出发，讲解了两个实际开发的例子，详细介绍如何使用 Earth Engine 做地区动态变化监测及地物分类。通过第 3 章内容的学习，读者可以将 Earth Engine 结合自身工作将其运用到实际开发中。

3.1　Earth Engine 常用算法

在第 2 章对 Earth Engine 基本概念和方法介绍的基础上，本章重点是介绍常用的遥感影像处理中的一些算法，如光学遥感影像去云操作、时间序列数据合成操作、形态学变化操作、统计分析操作、缨帽变换（tasseled cap transform）、影像集合数据导出等。

3.1.1　影像去云操作

在 Earth Engine 中常见的影像如 MODIS、Landsat、Sentinel-2 等，使用这些数据时需要做去云操作。在 Earth Engine 中要实现去云操作比较简单，主要方法有两种：一种是使用 QA 质量波段去云；另外一种方式是使用算法去云。下面以常用的影像数据 Landsat 和 Sentinel-2 来讲解一下如何做去云。

1. Landsat 数据

在 Earth Engine 中 Landsat 系列产品主要有两种：TOA 产品（大气层顶反射率或表观反射率产品）和 SR 产品（地表反射率产品）。

1）**表观反射率 TOA 产品**

TOA 产品去云可以直接调用 Earth Engine 中定义的去云算法来做，具体做法是先监测云然后再根据监测云的结果去云。方法是 ee.Algorithms.Landsat.simple CloudScore（），定义如图 3-1 所示。

图 3-1　Landsat TOA 影像去云方法

需要注意的问题：

（1）这个方法只是针对 Landsat 系列中的 TOA 产品，其他的产品无法调用这个方法；

（2）方法中传入的是 TOA 的原始波段数据，去云前不能进行其他计算破坏波段原始值；

（3）这个方法会增加一个波段，波段名称叫作"cloud"（具体值是 0～100，0 代表无云，100 代表 100%是云），要实现去云操作需要根据这个 cloud 波段值来操作。

Landsat 的 TOA 数据去云处理代码，具体代码链接：https://code.earthengine. google.com/feb1d236038ef0f50ecd710ce5e9556a（代码 89）。

```
1.    var roi = /* color: #0b4a8b */ee.Geometry.Polygon(
2.        [[[115.22447911987308, 38.97207826950874],
3.        [117.64147130737308, 39.07450027191289],
4.        [117.55358068237308, 40.67633196985795],
5.        [114.91686193237308, 40.576272152256934]]]);
6.    Map.centerObject(roi, 7);
7.    function rmCloud(image) {
8.        var mask = image.select("cloud").lte(30);
9.        return image.updateMask (mask)
10.    }
11.    varrawImage=ee.Image("LANDSAT/LC08/C01/T1_TOA/LC08_
123032_20180118");
12.    var visParams = {
13.        bands: ['B4', 'B3', 'B2'],
14.        min: 0,
```

```
15.      max: 0.3
16.    };
17.    print("rawImage", rawImage);
18.    Map.addLayer(rawImage, visParams, "rawImage");
19.    var cleanImage = ee.Algorithms.Landsat.simpleCloudS
core(rawImage);
20.    print("cleanImage", cleanImage);
21.    cleanImage = rmCloud(cleanImage);
22.    Map.addLayer(cleanImage, visParams, "cleanImage");
```

代码分析：

（1）第 1～6 行定义研究区 roi，并且将窗口显示地图移动到 roi 中心，缩放级别是 7 级。

（2）第 7～10 行定义去云方法，原理就是利用云量检测生成的云量波段"cloud"，所有小于 30 的值都保留，其余的值被掩膜删除掉。

（3）第 11～18 行显示原始未去云的 RGB 影像，同时输出原始影像 rawImage 的信息。

（4）第 19～20 行调用云监测方法，生成新的云量波段，同时输出添加 cloud 波段后的 cleanImage 的信息。

（5）第 21 行调用去云方法 rmCloud，按照定义的范围实现去云操作。

（6）第 22 行地图显示去云后的影像。

运行结果见图 3-2、图 3-3。

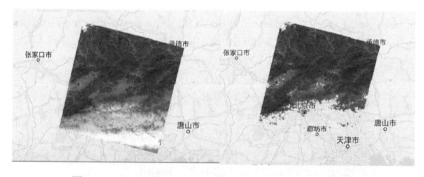

图 3-2 Landsat TOA 未去云的原始影像和去云后的影像

```
▸11: "BQA", unsigned int16, EPSG:32650, 7761…
▸12: "cloud", int ∈ [0, 100], EPSG:32650, 77…
▸properties: Object (118 properties)
```

图 3-3 经过云检测后生成的新波段 cloud

2）地表反射率 SR 产品

SR 产品去云主要是用 QA 波段来做相关操作，这种去云方法直接使用的是通过和 QA 质量波段做按位操作实现对像素值的筛选，掩膜掉云、云阴影、雪等像素，最终达到去云的效果。

Landsat 的 SR 数据去云代码，具体代码链接：https://code.earthengine.google.com/5841963e413265c72741525f1b6607bd（代码 90）。

```
1.    var roi = /* color: #0b4a8b */ee.Geometry.Polygon(
2.        [[[115.22447911987308, 38.97207826950874],
3.         [117.64147130737308, 39.07450027191289],
4.         [117.55358068237308, 40.67633196985795],
5.         [114.91686193237308, 40.576272152256934]]]);
6.    Map.centerObject(roi, 7);
7.
8.    function rmCloud(image) {
9.      //云阴影和云
10.      var cloudShadowBitMask = (1 << 3);
11.      var cloudsBitMask = (1 << 5);
12.      var qa = image.select("pixel_qa");
13.      var mask = qa.bitwiseAnd(cloudShadowBitMask).eq(0)
14.              .and(qa.bitwiseAnd(cloudsBitMask).eq(0));
15.      return image.updateMask (mask);
16.    }
17.    var             rawImage             =
ee.Image("LANDSAT/LC08/C01/T1_SR/LC08_123032_20180118");
18.    var visParams = {
19.      bands: ['B4', 'B3', 'B2'],
20.      min: 0,
21.      max: 3000
22.    };
23.    print("rawImage", rawImage);
24.    Map.addLayer(rawImage, visParams, "rawImage");
25.    var cleanImage = rmCloud(rawImage);
26.    print("cleanImage", cleanImage);
27.    Map.addLayer(cleanImage, visParams, "cleanImage");
```

代码分析：

（1）第 1～6 行定义研究区 roi，并且将窗口显示地图移动到 roi 中心，缩放级别是 7 级。

（2）第 8～16 行定义去云方法，原理是利用 Landsat 自带的质量波段 pixel_qa，通过按位运算去除云或者云阴影，表 3-1 展示的就是 Landsat 8 的 pixel_qa 波段的详细信息。

表 3-1　Landsat 8 pixel_qa 波段信息

Landsat 8 Bitmask for pixel_qa		
Bit 0	Fill	
Bit 1	Clear	
Bit 2	Water	
Bit 3	Cloud Shadow	
Bit 4	Snow	
Bit 5	Cloud	
Bit 6,7	Cloud Confidence	0：None； 1：Low； 2：Medium； 3：High
Bit 8,9	Cirrus Confidence	0：None； 1：Low； 2：Medium； 3：High
Bit 10	Terrain Occlusion	

（3）第 18～24 行显示原始未去云的 RGB 影像，同时输出原始影像 rawImage 的信息。

（4）第 25 行调用去云方法 rmCloud 实现去云操作。

（5）第 26～27 行地图显示去云后的影像。

运行结果见图 3-4。

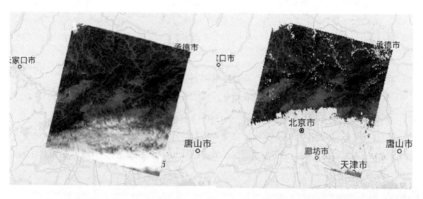

图 3-4　Landsat SR 的未去云的原始影像和去云后的影像

2. Sentinel-2 数据

Sentinel-2 数据目前在 Earth Engine 平台有两种产品：一种是普通的没有做过大气校正的数据；另一种是做了大气校正的数据（这个数据暂时不是很全，缺失的数据非常多）。目前这两种数据去云的操作方法都是通过 QA 波段来完成相关操作。

Sentinel-2 去云代码，具体代码链接：https://code.earthengine.google.com/6c3d05daed20dd5dc6e60e911771ff0c（代码 91）。

```
1.    var roi = /* color: #0b4a8b */ee.Geometry.Polygon(
2.        [[[115.22447911987308, 38.97207826950874],
3.         [117.64147130737308, 39.07450027191289],
4.         [117.55358068237308, 40.67633196985795],
5.         [114.91686193237308, 40.576272152256934]]]);
6.    Map.centerObject(roi, 7);
7.    function rmCloud(image) {
8.       var qa = image.select('QA60');
9.       var cloudBitMask = 1 << 10;
10.      var cirrusBitMask = 1 << 11;
11.      var mask = qa.bitwiseAnd(cloudBitMask).eq(0)
12.             .and(qa.bitwiseAnd(cirrusBitMask).eq(0));
13.      return image.updateMask (mask);
14.    }
15.    varrawImage=ee.Image("COPERNICUS/S2/20180118T031039_
20180118T031037_T50SMJ");
16.    var visParams = {
17.       bands: ['B4', 'B3', 'B2'],
18.       min: 0,
19.       max: 3000
20.    };
21.    print("rawImage", rawImage);
22.    Map.addLayer(rawImage, visParams, "rawImage");
23.    var cleanImage = rmCloud(rawImage);
24.    print("cleanImage", cleanImage);
25.    Map.addLayer(cleanImage, visParams, "cleanImage");
```

代码分析：

（1）第 1~6 行定义研究区 roi，并且将窗口显示地图移动到 roi 中心，缩放级别 7 级。

（2）第 7～14 行定义去云方法，原理是利用 Sentinel-2 自带的质量波段 QA60，通过按位运算去除云或者云阴影，表 3-2 展示的就是 Sentinel-2 的 QA60 波段详细信息。

表 3-2　Sentinel-2 QA60 波段信息

Sentinel-2 QA60 波段的 Bitmask		
Bit 10	Opaque clouds	0：No opaque clouds； 1：Opaque clouds present
Bit 11	Cirrus clouds	0：No cirrus clouds； 1：Cirrus clouds present

（3）第 15～22 行显示原始未去云的 RGB 影像，同时输出原始影像 rawImage 的信息。

（4）第 23～24 行调用去云方法 rmCloud 实现去云操作。

（5）第 25 行地图显示去云后的影像。

运行结果见图 3-5。

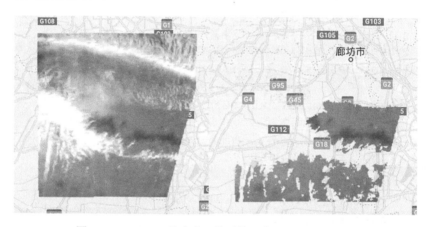

图 3-5　Sentinel-2 的未去云的原始影像和去云后的影像

上述只是讲解了 Landsat 系列产品和 Sentinel-2 产品的去云方法，其实其他遥感产品去云方法与之类似，都是使用 QA 质量波段去云。

3.1.2　时间序列数据合成操作

时间序列数据合成指的是合成年度数据或者月度数据，这种需求通常是要计算某个地区的时间序列变化时常用的方式。通常的做法是使用循环来做，还有一种方式是使用 Join（联合）方式来做，这两种方式各有优劣。

1. 循环方式

循环方式是最为常用的方式，这种方式简单有效，符合人们的思考逻辑。下面以合成年度数据为例，用生成多年的影像数据集合来研究此区域的年度变化情况。

1）示例 1——年度变化

具体代码链接：https://code.earthengine.google.com/4be04f02b8326cb5804a82bb7b3bb08c（代码 92）。

```
1.    var  l8  =  ee.ImageCollection("LANDSAT/LC08/C01/T1_
TOA");
2.    var  roi  =  ee.Geometry.Point([116.40735205726082,
39.88350152818114]);
3.    Map.centerObject(roi, 8);
4.
5.    var start_year = 2013;
6.    var end_year = 2018;
7.    var yearList = ee.List.sequence(start_year, end_year);
8.    var yearImgList = yearList.map(function(year) {
9.      year = ee.Number(year);
10.     var  tempCol  =  l8.filter(ee.Filter.calendarRange
(year, year, "year"))
11.              .filterBounds(roi)
12.              .map(ee.Algorithms.Landsat.
simpleCloudScore)
13.              .map(function(image) {
14.                return  image.updateMask(image.select
("cloud").lte(10));
15.              });
16.     var img = tempCol.median();
17.     img = img.set("year", year);
18.     img=img.set("system:index",ee.String(year.toInt()));
19.     return img;
20.    });
21.   varyearImgCol=ee.ImageCollection.fromImages(year
ImgList);
22.    print("year image collection", yearImgCol);
```

运行结果见图 3-6。

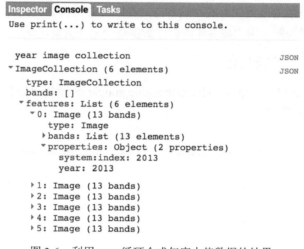

图 3-6　利用 map 循环合成年度中值数据的结果

代码分析：

（1）第 1 行导入使用的数据集 Landsat8 TOA 数据。

（2）第 2～3 行添加 roi 点。

（3）第 4～7 行初始化确定的年度列表。

（4）第 8～22 行遍历这个年度数据列表，生成年度合成数据，同时输出上述结果。

分析上述代码，按照需求首先是做了一个多年的列表 year List（2013～2018年，包括 2013 年和 2018 年），然后循环遍历这个年的时间列表，再利用中值方法（median）将一年的影像集合计算为单张影像，同时赋值相关属性，如年（year）等添加到影像中，生成返回一个影像列表，最后调用影像集合的初始化方法生成影像集合（ImageCollection）。

2）示例 2——月度数据合成

使用循环方式生成数据方便快捷，逻辑也简单明了，但是它也存在一些隐藏的问题。由于是先生成时间序列列表，所以默认这个时间序列中每一个时间段都是有值的，但实际情况可能是这个时间段经过前面筛选后可能是没有数据的，最终的结果就是时间序列影像中存在了波段数为 0 的影像。下面通过一个具体例子来解释一下这个问题，如合成月度数据。

具体代码链接：https://code.earthengine.google.com/cf237797cf5f19060ba4413b6f82cc01（代码 93）。

```
1.     var 18 = ee.ImageCollection("LANDSAT/LC08/C01/T1_
TOA");
2.     var roi = ee.Geometry.Point([116.40735205726082,
39.88350152818114]);
3.    Map.centerObject(roi, 8);
4.
5.    var yearList = ee.List.sequence(2013, 2013);
6.    var monthList = ee.List.sequence(1, 12);
7.    var imgList = yearList.map(function(year) {
8.      year = ee.Number(year);
9.      var monthImgList = monthList.map(function(month) {
10.       month = ee.Number(month);
11.       var tempCol = 18.filter(ee.Filter.calendarRange
(year, year, "year"))
12.                     .filter(ee.Filter.calendarRange
(month, month, "month"))
13.                     .filterBounds(roi)
14.                     .map(ee.Algorithms.Landsat.
simpleCloudScore)
15.                     .map(function(image) {
16.                       return
image.updateMask(image.select("cloud").lte(10));
17.                     });
18.       var img = tempCol.median();
19.       img = img.set("year", year);
20.       img = img.set("month", month);
21.       var date = ee.Date.fromYMD(year, month, 1);
22.       img = img.set("system:index", date.format ("yyyyMM"));
23.       img = img.set("system:time_start", date.millis());
24.       return img;
25.     });
26.     return monthImgList;
27.   });
28.   imgList = imgList.flatten();
29.   print("month image list", imgList);
30.   var imgCol = ee.ImageCollection.fromImages(imgList);
31.   print("month image collection", imgCol);
```

运行结果见图 3-7。

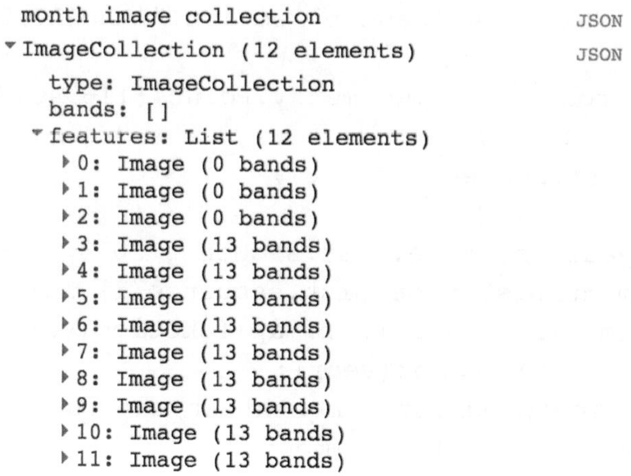

```
       month image collection                    JSON
     ▼ImageCollection (12 elements)               JSON
        type: ImageCollection
        bands: []
      ▼features: List (12 elements)
        ▶0: Image (0 bands)
        ▶1: Image (0 bands)
        ▶2: Image (0 bands)
        ▶3: Image (13 bands)
        ▶4: Image (13 bands)
        ▶5: Image (13 bands)
        ▶6: Image (13 bands)
        ▶7: Image (13 bands)
        ▶8: Image (13 bands)
        ▶9: Image (13 bands)
        ▶10: Image (13 bands)
        ▶11: Image (13 bands)
```

图 3-7　Landsat 8 月度合成的结果

代码分析：

（1）第 1 行导入使用的数据集 Landsat 8 TOA 数据。

（2）第 2～3 行添加 roi 点。

（3）第 4～6 行初始化确定的年度时间列表和月度时间列表。

（4）第 7～27 行遍历这个年数据列表和月数据列表，生成合成数据。

（5）第 28～29 行由于数据是双循环得到的数据，所以需要做一个 flatten（），这个方法的含义是平展列表，简单来讲如一个列表是[[1,2],[3],[4]]这种格式，经过 flatten（）后就会变为[1,2,3,4]这种格式。

（6）第 30～31 行把影像列表生成影像集合数据。

从输出的结果可以看到，最终影像列表中包含波段数量为 0 的影像，如果在实际开发中直接循环使用这个影像集合就会出现影像不存在的错误。要解决这个问题可以用过滤 Filter 方法或者是后面讲到的 Join 来做，直接使用 Filter 解决方案如下。

3）示例 3——Filter 进行时间序列合成

具体代码链接：https://code.earthengine.google.com/cf70daeb2f03e063b651ee389d1c2008（代码 94）。

```
1.    var  l8  =  ee.ImageCollection("LANDSAT/LC08/C01/T1_
TOA");
2.    var  roi  =  ee.Geometry.Point([116.40735205726082,
39.88350152818114]);
3.    Map.centerObject(roi, 8);
```

```
4.
5.      var yearList = ee.List.sequence(2013, 2013);
6.      var monthList = ee.List.sequence(1, 12);
7.      var imgList = yearList.map(function(year) {
8.        year = ee.Number(year);
9.        var monthImgList = monthList.map(function(month) {
10.         month = ee.Number(month);
11.         var tempCol = l8.filter(ee.Filter.calendarRange
(year, year, "year"))
12.                       .filter(ee.Filter.calendarRange
(month, month, "month"))
13.                       .filterBounds(roi)
14.                       .map(ee.Algorithms.Landsat.
simpleCloudScore)
15.                       .map(function(image) {
16.                        return
image.updateMask(image.select("cloud").lte(10));
17.                       });
18.         var img = tempCol.median();
19.         img = img.set("count", tempCol.size());
20.         img = img.set("year", year);
21.         img = img.set("month", month);
22.         var date = ee.Date.fromYMD(year, month, 1);
23.         img   =   img.set("system:index",   date.format
("yyyyMM"));
24.         img = img.set("system:time_start", date.millis());
25.         return img;
26.       });
27.       return monthImgList;
28.     });
29.     imgList = imgList.flatten();
30.     print("month image list", imgList);
31.     var imgCol = ee.ImageCollection.fromImages(imgList)
32.                   .filter(ee.Filter.gt("count", 0));
33.     print("month image collection", imgCol);
```

运行结果见图 3-8。

代码分析：可以看到输出结果已经不存在波段数量为 0 的影像了，对比之前的代码，这里只是增加了几行代码就实现了筛选的需求，具体修改内容如下：

```
month image collection                          JSON
▼ImageCollection (9 elements)                    JSON
   type: ImageCollection
   bands: []
 ▼features: List (9 elements)
   ▶0: Image (13 bands)
   ▶1: Image (13 bands)
   ▶2: Image (13 bands)
   ▶3: Image (13 bands)
   ▶4: Image (13 bands)
   ▶5: Image (13 bands)
   ▶6: Image (13 bands)
   ▶7: Image (13 bands)
   ▶8: Image (13 bands)
```

图 3-8 使用 filter 合成的月度数据结果

（1）第 19 行增加记录当前使用的影像集合数量字段 "count"：

img = img.set（"count"，tempCol.size（））

size（）方法计算的影像集合中影像的数量。

（2）第 32 行通过上述记录的 count 字段将所有为 0（也就是筛选的影像集合中没有任何影像）的过滤掉：

filter（ee.Filter.gt（"count"，0））

这里只是介绍了常用的一种过滤方法，也是比较容易理解的一种方式，大家在开发中要灵活应用过滤、循环才能快速实现自己的需求。

2. Join 方式

Join 操作前面也专门讲过具体原理，这里就不再赘述，下面看使用 Join 的具体代码链接：https://code.earthengine.google.com/a3b1ba75364a079d7359437c0a52b134（代码 95）。

```
1.    var  l8  =  ee.ImageCollection("LANDSAT/LC08/C01/T1_
TOA");
2.    var  roi  =  ee.Geometry.Point([116.40735205726082,
39.88350152818114]);
3.    Map.centerObject(roi, 8);
4.
5.    var rawCol = l8.filterDate("2013-1-1", "2014-1-1")
6.              .filterBounds(roi)
7.              .map(ee.Algorithms.Landsat.
simpleCloudScore)
```

```
8.                    .map(function(image) {
9.                        return
image.updateMask(image.select("cloud").lte(10));
10.                    })
11.                    .map(function(image) {
12.                        var date = ee.Date(image.get("system:
time_start"));
13.                        image = image.set("date", date.format
("yyyyMM"));
14.                        image = image.set("year", ee.Number(date.
get("year")).toInt());
15.                        image = image.set("month", ee.Number
(date.get("month")).toInt());
16.                        return image;
17.                    });
18.
19.     var firCol = rawCol.distinct(["date"]);
20.     var secCol = rawCol;
21.     var filter = ee.Filter.equals({
22.       leftField:"date",
23.       rightField:"date"
24.     });
25.     var join = ee.Join.saveAll("matches");
26.     var joinCol = join.apply(firCol, secCol, filter);
27.
28.     var monthImgCol = joinCol.map(function(image) {
29.       var imgList = ee.List(image.get("matches"));
30.       var img = ee.ImageCollection.fromImages(imgList)
31.                 .median();
32.       img = img.set("year", image.get("year"));
33.       img = img.set("month", image.get("month"));
34.       return img;
35.     });
36.     print("month imageCollection", ee.ImageCollection
(monthImgCol));
```

运行结果见图 3-9。

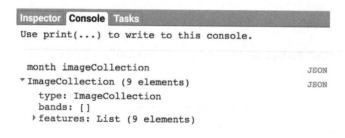

图 3-9　使用 join 生成月度合成数据

代码分析：

（1）第 1 行导入需要的影像数据集合 Landsat 8TOA。

（2）第 2～3 行添加 roi 点。

（3）第 4～17 行从原始数据集合中筛选指定区域 roi，指定时间段（2013-01-01 到 2014-01-01 的数据，需要注意的是这里不包含 2014 年 1 月 1 日的数据，即只是 2013 年全年的数据）数据。然后对数据集合做相关预处理，如去云、添加日期属性等操作。

（4）第 19～26 行定义 Join 规则，然后对筛选后的影像做处理。

（5）第 28～36 行对生成的 Join 数据提取所有 matches 数据计算中值，然后生成新的集合列表，最后生成新的影像集合。

需要说明一下为什么 Join 不会产生空波段的影像？主要原因是 Join 直接操作原始数据集合（上述代码中的 rawCol），按照影像中的属性将影像分类归并重新生成新的集合列表（上述代码中的 matches 生成的 imgList），这样只会出现原始集合中存在的月份数据，而不存在的数据的月份不会出现。

3.1.3　形态学变化操作

形态学变化是图像处理中重要的操作，先说一下常用的两种操作：开操作和闭操作。

（1）开操作：先腐蚀后膨胀的操作称之为开操作。它具有消除细小物体，在纤细处分离物体和平滑较大物体边界的作用。

（2）闭操作：先膨胀后腐蚀的操作称之为闭操作。它具有填充物体内细小空洞，连接邻近物体和平滑边界的作用。

在 Earth Engine 中要实现开闭操作也是非常简单，首先腐蚀操作方法 focal_min（）、膨胀操作方法 focal_max（），然后将这两种操作组合后就可以实现开闭操作。

1）具体代码

代码链接：https://code.earthengine.google.com/0fb2f77ef6ad0c00d3f189f17341 b7b3（代码96）。

```
1.      //形态学操作
2.      var image = ee.Image("LANDSAT/LC08/C01/T1_TOA/LC08_
044034_20140318")
3.                  .select("B5")
4.                  .gt(0.2);
5.      Map.setCenter(-122.1899, 37.5010, 13);
6.      Map.addLayer(image, {}, "nir");
7.      var kernel = ee.Kernel.circle({radius: 1});
8.      var opened = image.focal_min({kernel:kernel, itera-
tions: 2})
9.                      .focal_max({kernel:kernel, iterations:
2});
10.     Map.addLayer(opened, {}, "opened");
```

2）运行结果

运行结果如图 3-10 所示。

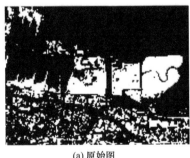 

(a) 原始图　　　　　　　　　　　(b) 运算结果图

图 3-10　开闭操作运行结果

3）代码分析

从显示对比结果可以看到利用开运算已经实现了的要求，但是细心的读者运行代码后可能会发现新的问题，当缩放地图的时候开闭运算结果也会发生改变。原因是 Earth Engine 是按照缩放级别动态计算开闭操作的，所以在编辑器中显示的结果和最终导出的结果不太一样，想要看具体的结果只能先将形态学变化后的结果按照指定的分辨率导出到 Google Drive 或者 Google Assets 中才可以。

3.1.4　统计分析操作

Earth Engine 统计分析非常庞大复杂,这里只是简单介绍两个在实际做项目中会常使用到的功能。

1. 统计某地的影像覆盖度

这个功能简单来讲就是统计一个区域内每个像素点的有效影像的数量,如统计一下指定区域 Landsat 影像在一年内总覆盖量。

1)具体代码

代码链接: https://code.earthengine.google.com/c6d7e8bdf4b177a7bc77fda4fc3c95bf(代码 97)。

```
1.    var  18  =  ee.ImageCollection("LANDSAT/LC08/C01/T1_
TOA");
2.      //roi 选取的是中国陆地区域
3.      var roi =
4.        ee.Geometry.Polygon(
5.          [[[114.82532080726082, 40.26330213724754],
6.            [114.82532080726082, 38.548720375208354],
7.            [117.81360205726082, 38.548720375208354],
8.            [117.81360205726082,  40.26330213724754]]],
null, false);
9.     Map.centerObject(roi, 6);
10.    Map.addLayer(roi, {color:"red"}, "roi");
11.
12.    var imageCount = 18.filterDate('2014-1-1','2016-1-1')
13.                  .filterBounds(roi)
14.                  .select("B1")
15.                  .reduce(ee.Reducer.count())
16.                  .clip(roi);
17.    var visParams = {
18.      min:0,
19.      max: 80,
20.      palette: [
21.        "#28C9EC","#41CFDA","#5FD6C2",
```

```
22.       "#84DFA3","#B4EC78","#D3F457",
23.       "#F2FC33"
24.     ]
25.   };
26.   Map.addLayer(imageCount, visParams, "imageCount");
```

2）运行结果

具体见图 3-11。

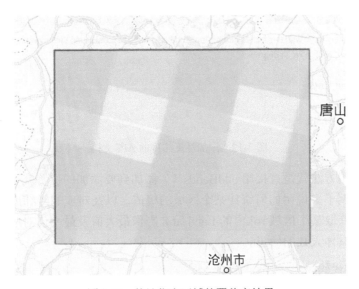

图 3-11　统计指定区域的覆盖度结果

3）代码分析

（1）第 1 行加载需要的影像数据集合 Landsat 8 TOA。

（2）第 2~10 行加载研究区域 roi。

（3）第 12~16 行这里筛选了一个单独波段"B1"用来做演示。

$$.reduce（ee.Reducer.count（））$$

这个函数方法的含义是通过 Reducer 中的 count（）方法计算每一个像素有效的像素数是多少。

（4）第 17~26 行显示统计结果。

上述例子只是展示了一个简单的如何计算某个区域的影像覆盖量的情况，当程序中加入去云操作后，如果需要统计每个像素有效值的覆盖度，结合 ee.Reducer.sum（）和 ee.Reducer.count（）来统计即可。

2. 统计某个区域内最大值或者最小值的经纬度

在研究中，求取某个区域的极值后经常需要知道极值点的位置（经纬度）。单独计算极值可以直接使用 ee.Reducer.max（）或者 ee.Reducer.min（）来做，但是如果需要计算极值点的经纬度，那么就需要结合另外的一个方法来操作：ee.Image.pixelLonLat（），这个方法的功能是生成一个双波段的影像（分别为经度和纬度）。

具体的 API 可看图 3-12。

---

ee.Image.pixelLonLat()   ✕

Creates an image with two bands named 'longitude' and 'latitude', containing the longitude and latitude at each pixel, in degrees.

No arguments.

Returns: Image

图 3-12　添加经度纬度的 API 文档

它的使用方法就是直接用 addBands（）添加到要添加的位置就可以了。下面以一个具体例子来说明如何统计某个区域的极值，以及对应的经纬度和位置，具体需求是要获取某个区域 roi 内的 Landsat 8 影像最大值及最小值对应的经纬度和最小值对应具体天数的信息。

1）具体代码

代码链接：https://code.earthengine.google.com/7c87e592ff46aa75bdb028392 baf8803（代码 98）。

```
1.    var l8 = ee.ImageCollection("LANDSAT/LC08/C01/T1_
TOA"),
2.      roi = ee.Geometry.Point([-101.17656249999999,
35.804180120545844]);
3.    var scol = l8.filterDate("2018-1-1", "2018-4-1")
4.            .filterBounds(roi)
5.            .map(function(image){
6.            var time_start = image.get("system:time_
start");
7.            var date = ee.Date(time_start);
8.            var doy = ee.Number.parse(date.format
("D")).toInt();
```

```
9.                    var doyImg = ee.Image.constant ( doy).
toByte().rename("doy");
10.                   image = image.addBands(doyImg);
11.                   return image;
12.               })
13.              .select(["B1", "doy"]);
14.     print("scol", scol);
15.     Map.addLayer(scol, {}, "scol");
16.     // ee.Reducer.min()
17.     var nscol = scol.map(function(image) {
18.       image = image.addBands(ee.Image.pixelLonLat());
19.       return image;
20.     });
21.     print("nscol", nscol);
22.     var img_min1 = nscol.reduce(
23.       ee.Reducer.min(4)
24.         .setOutputs(["B1_min", "doy", "lon", "lat"])
25.     );
26.     Map.addLayer(img_min1, {}, "img_min1");
27.     Map.centerObject(roi, 9);
28.     Map.addLayer(roi, {color:"red"}, "roi");
```

2）运行结果

具体见图 3-13。

3）代码分析

（1）第 1~2 行定义了要使用的数据和 roi。

（2）第 3~14 行对影像数据做相关预处理，计算每张影像对应的日期数据，同时将日期生成了一个单独波段"doy"添加到对应的影像上面。对处理后的影像集合只获取"B1"和"doy"这两个波段，最后在地图上只加载影像集合数据。

（3）第 17~21 行对影像集合做 map 循环，添加经纬度波段到每一景影像中。

（4）第 22~26 行使用 ee.Reducer.min（）计算波段"B1"的最小值，这里需要注意的一点是在 min 这个方法中加入参数 4，这个参数的含义对应的是要对几个波段做操作。例如，这个例子中波段分别为 B1 波段、doy 波段、经度波段和纬度波段四个波段，所以参数为 4。

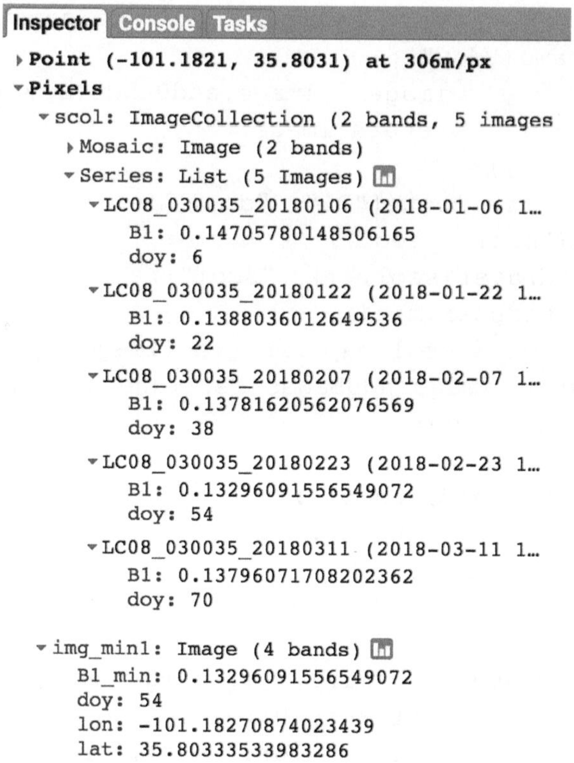

```
Inspector  Console  Tasks
▶ Point (-101.1821, 35.8031) at 306m/px
▼ Pixels
  ▼ scol: ImageCollection (2 bands, 5 images
    ▶ Mosaic: Image (2 bands)
    ▼ Series: List (5 Images) 🔳
      ▼ LC08_030035_20180106 (2018-01-06 1…
          B1: 0.14705780148506165
          doy: 6
      ▼ LC08_030035_20180122 (2018-01-22 1…
          B1: 0.1388036012649536
          doy: 22
      ▼ LC08_030035_20180207 (2018-02-07 1…
          B1: 0.13781620562076569
          doy: 38
      ▼ LC08_030035_20180223 (2018-02-23 1…
          B1: 0.13296091556549072
          doy: 54
      ▼ LC08_030035_20180311 (2018-03-11 1…
          B1: 0.13796071708202362
          doy: 70
  ▼ img_min1: Image (4 bands) 🔳
      B1_min: 0.13296091556549072
      doy: 54
      lon: -101.18270874023439
      lat: 35.80333533983286
```

图 3-13 统计最小值以及对应的经纬度和日期结果

①加入参数的含义是只对第一个波段也就是 B1 波段计算最小值，其余的波段取最小值对应的像素值，最小值和其他三个波段值是一一对应的关系。②不加入参数的含义是对所有的波段，这个例子就是 4 个波段都取最小值，它们彼此之间不是一一对应的关系。

（5）第 27~28 行添加 roi 到地图中，并且以 roi 作为中心显示，缩放级别是 7。

3.1.5 缨帽变换

缨帽变换（又称 KT 变换），是一种特殊的主成分分析，和主成分分析不同的是其转换系数是固定的，因此它独立于单个图像，不同图像产生的土壤亮度和绿度可以互相比较。

1）具体代码

代码链接：https://code.earthengine.google.com/b8a328b3e7d16ed2c737c8ccd114cec4（代码 99）。

```
1.      // 定义变换系数
2.      var coefficients = ee.Array([
3.      [0.3037, 0.2793, 0.4743, 0.5585, 0.5082, 0.1863],
4.      [-0.2848, -0.2435, -0.5436, 0.7243, 0.0840, -0.1800],
5.      [0.1509, 0.1973, 0.3279, 0.3406, -0.7112, -0.4572],
6.      [-0.8242, 0.0849, 0.4392, -0.0580, 0.2012, -0.2768],
7.      [-0.3280, 0.0549, 0.1075, 0.1855, -0.4357, 0.8085],
8.      [0.1084, -0.9022, 0.4120, 0.0573, -0.0251, 0.0238]
9.      ]);
10.     //影像转换为array
11.     var image = ee.Image("LANDSAT/LT05/C01/T1_TOA/LT05_
044034_20081011")
12.                     .select(['B1','B2','B3','B4','B5','B7']);
13.     var arrayImage1D = image.toArray();
14.     var arrayImage2D = arrayImage1D.toArray(1);
15.     //相乘变换
16.     var componentsImage = ee.Image(coefficients)
17.                     .matrixMultiply(arrayImage2D)
18.                     .arrayProject([0])
19.                     .arrayFlatten([[
20.                     'brightness', 'greenness', '
wetness',
21.                     'fourth', 'fifth', 'sixth'
22.                     ]]);
23.     var vizParams = {
24.     "bands": ['brightness', 'greenness', 'wetness'],
25.       "min": -0.1,
26.       "max": [0.5, 0.1, 0.1]
27.     };
28.     Map.centerObject(image, 7);
29.     Map.addLayer(componentsImage,vizParams,"components
Image");
```

2）运行结果

具体见图 3-14。

图 3-14　缨帽变换结果图

3）代码分析

（1）第 2～9 行定义做缨帽变换的详细参数。

（2）第 11～14 行筛选影像对应的波段，然后将波段数据转换为二维数组矩阵。

（3）第 16～22 行根据缨帽变换的对应规则将系数矩阵和影像矩阵做矩阵运算，然后根据行做平展变换，最后将得到的 6 个波段分别命名。

（4）第 23～29 行展示运算结果。

3.1.6　影像集合数据导出

前面的章节介绍了影像数据可以通过 Export 导出到 Google Drive、Google Assets 或者 Google Cloud Storage 中，但是在 Earth Engine 中目前只支持导出单张影像，如果要导出影像集合，只能使用循环遍历来做，但问题是在循环 map 中不能直接使用 Export 导出方法，语法上是错误的，所以只能通过"曲线救国"方式来进行相关操作。

通过查询 API 可以找到在集合中有一个异步操作方法——evaluate，这个方法比较特殊的是在它的回调方法中，Earth Engine 对象会被转化为普通的 JavaScript

对象，这样就可以使用普通循环分别导出想要的影像数据。下面就给出一个具体例子来实现批量导出影像集合数据。

1）具体代码

代码链接：https://code.earthengine.google.com/2603384e06c7e0fdc27b3343f450d475（代码100）。

```
1.    var l8 = ee.ImageCollection("LANDSAT/LC08/C01/T1_
TOA");
2.    var roi = ee.Geometry.Polygon(
3.       [[[116.33401967309078, 39.8738616709093],
4.        [116.46882950954137, 39.87808443916675],
5.        [116.46882978521751, 39.94772261856061],
6.        [116.33952185055819, 39.943504136461144]]]);
7.    Map.centerObject(roi, 12);
8.    Map.addLayer(roi, {color: "red"}, "roi");
9.    function exportImage(image, region, fileName) {
10.      Export.image.toDrive({
11.        image: image,
12.        description: "Drive-"+fileName,
13.        fileNamePrefix: fileName,
14.        folder: "training01",
15.        scale: 30,
16.        region: region,
17.        maxPixels: 1e13,
18.        crs: "EPSG:4326"
19.      });
20.    }
21.    var selectCol = l8.filterBounds(roi)
22.                      .filterDate("2017-8-1", "2017-12-1");
23.    print("selectCol", selectCol);
24.   var indexList = exportImgCol.reduceColumns(ee.Reducer.
toList(), ["system:index"]).get("list");
25.    print("indexList", indexList);
26.    indexList.evaluate(function(indexs) {
27.      for (var i=0; i<indexs.length; i++) {
```

```
28.            varimage=exportImgCol.filter(ee.Filter.eq
("system:index", indexs[i]))
29.                          .first();
30.            exportImage(image, roi, "l8-"+indexs[i]);
31.      }
32.    });
```

2）运行结果

具体见图 3-15。

图 3-15　批量导出影像集合任务列表

3）代码分析

（1）第 1~8 行导入使用的 Landsat 8 影像数据集合，同时定义研究区域 roi。

（2）第 9~20 行将单张影像导出到 Google Drive 封装为一个单独的方法 exportImage（），方便后续调用。

（3）第 21~23 行筛选过滤影像数据集合。

（4）第 24~25 行调用影像集合的 reduceColumns（）方法，结合使用 ee.Reducer.toList（），就可以根据指定影像的属性生成一个列表，这个列表内容就是属性的信息。

（5）第 26~32 行在回调方法中，indexs 这个参数已经变为了普通的 JavaScript 对象，那么就可以利用普通的 for 循环来获取每一景影像，同时调用 exportImage（）方法将对应的影像一一导出到 Google Drive 中。

这里需要说明一点就是，上述代码只是生成了导出的任务列表，但是导出任务并没有开始执行，所以需要手动依次点击任务列表中的蓝色"RUN"按钮启动导出任务。

3.2　Earth Engine 常见错误总结

在 Earth Engine 中编写运行代码，各种错误异常在所难免，解决错误也是在学习过程中最为重要的能力之一。这里简单罗列一些常见的错误，更多的错误解决方法需要自己在使用 Earth Engine 中不断积累和总结。

常见的错误包括以下几种。

1）没有使用 var 定义变量

具体代码：

```
1.    a = 1;
2.    print(a);
```

运行结果见图 3-16。

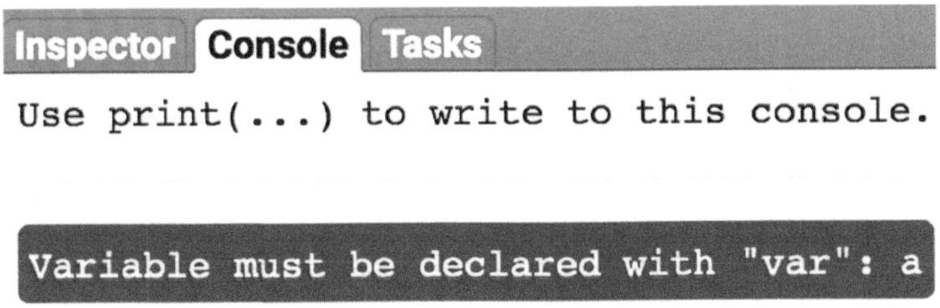

图 3-16　缺少 var 关键字错误

代码分析：这是常见的语法错误，定义变量要使用关键字"var"，缺少关键字就会报错（图 3-16）。

2）没有定义变量就直接使用

具体代码：

```
1.    var b = 1;
2.    print(a);
```

运行结果见图 3-17。

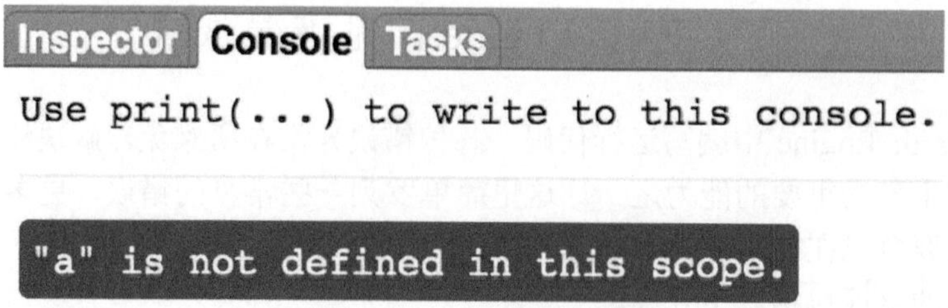

Use print(...) to write to this console.

"a" is not defined in this scope.

图 3-17　变量未定义的错误

代码分析：在运行程序的时候需要先定义变量，然后才能使用，不能使用未定义的变量，如上述例子中的"a"就属于未定义直接使用的情况。

3）中英文标点符号混合使用

需要注意的是编程中使用的全部是英文符号，不能使用中文符号
具体代码：

```
1.      var a = ee.Date("2018-01-01");
2.      print(a);
3.      var b = ee.List(['a', 'b'])
```

运行结果见图 3-18。

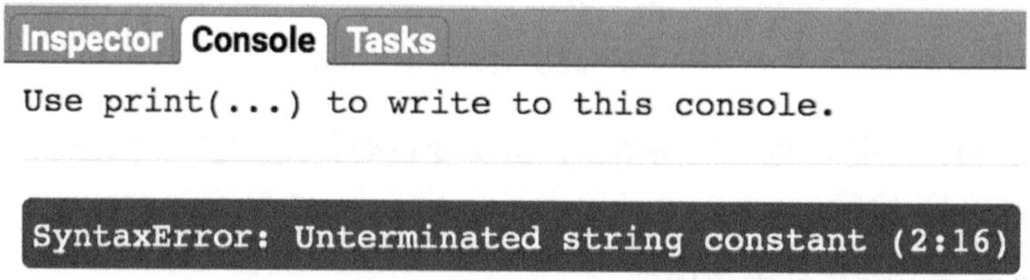

Use print(...) to write to this console.

SyntaxError: Unterminated string constant (2:16)

图 3-18　使用中文符号的错误

代码分析：中英文标点符号混合使用是做开发的人员最常犯的错误，如上述例子中第一句双引号和第三句的单引号就是中英文符号混用造成的错误。

4）使用不存在的波段

具体代码：

```
1.      var image = ee.Image("USGS/SRTMGL1_003");
2.      //默认波段中只有：elevation，这里输出b1必然报错
3.      print(image);
```

```
4.     print(image.select("b1"));
```

运行结果见图 3-19。

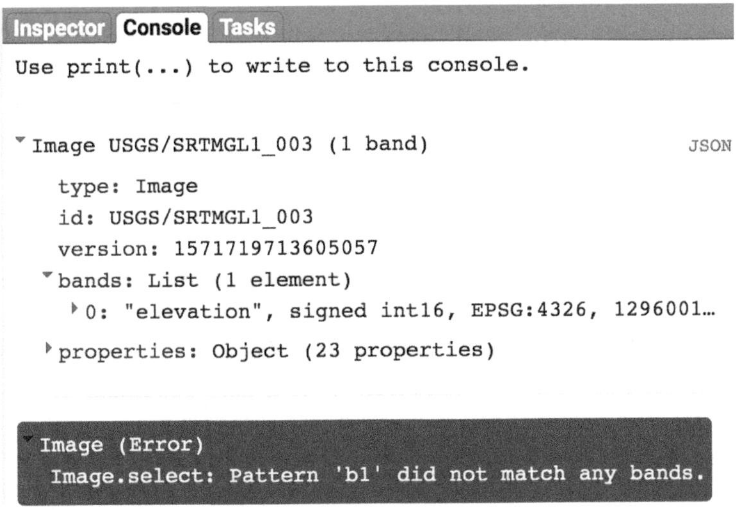

图 3-19　找不到指定的 b1 波段

代码分析：使用影像之前首先要搞清楚影像具体有多少波段，如上述例子中 image 就只有一个波段 "elevation"，所以进行波段操作的时候只能调用这个波段名称，用类似 "b1" 这种不存在的波段就会直接报错。

5）JavaScript 对象和 Earth Engine 混用

具体来讲就是 JavaScript 版的 Earth Engine 使用的语言是 JavaScript 二次开发而来的，所以很多语法是通用的，但是两者又是完全不一样的。不能用 JavaScript 的对象调用 Earth Engine 对应的方法，同时也不能用 Earth Engine 对象调用 JavaScript 对象的方法。

具体代码：

```
1.     var b = ee.List([1,2,3]);
2.     print("b length is: ", b.length);
3.     //JavaScript 属性
4.     var a = [1, 2, 3];
5.     print("a length is: " + a.length);
6.     //Earth Engine 方法
7.     var c = ee.List([1,2,3]);
8.     print("c length is: ", c.length());
```

运行结果见图 3-20。

Inspector **Console** Tasks
Use print(...) to write to this console.

b length is: JSON
<Function>

a length is: 3   JSON

c length is: JSON
3

图 3-20　JavaScript 对象和 Earth Engine 对象对应不同的属性或者方法

代码分析：上述例子中期望获取的是 a、b、c 这三个列表的长度，但实际上由于 b 是 Earth Engine 对象，它没有属性 length，只有对应的方法 length（），因此直接调用 b.length 是错误的，而 a 是 JavaScript 对象，因此可以调用 length 属性。

6）条件判断

在 JavaScript 等编程语言中做条件判断通常使用的是 If 语句，但是在 Earth Engine 中不能直接使用 If 语句来对 Earth Engine 对象做判断，需要使用其自定义的条件判断方法。API 文档如图 3-21。

ee.Algorithms.If(*condition, trueCase, falseCase*)   ✕

Selects one of its inputs based on a condition, similar to an if-then-else construct.

Arguments:

- *condition (Object, default: null):*
　The condition that determines which result is returned. If this is not a boolean, it is interpreted as a boolean by the following rules:
　　- Numbers that are equal to 0 or a NaN are false.
　　- Empty strings, lists and dictionaries are false.
　　- Null is false.
　　- Everything else is true.
- *trueCase (Object, default: null):*
　The result to return if the condition is true.
- *falseCase (Object, default: null):*
　The result to return if the condition is false.

图 3-21　Earth Engine 中的条件判断 API 文档

这个方法有三个参数：第一个是判断条件，其中 0、NaN、空字符串、空列表、空字典、Null、false 等都是假，其余为真；第二个参数是判断条件为真的时候的返回值；第三个参数是判断条件为假的时候的返回值。下面以具体的例子来看判断条件在 Earth Engine 中如何使用。

具体代码：

```
1.      var nums = ee.List([1,0,2,3,0]);
2.      var result = nums.map(function(num) {
3.         if (num === 0) {
4.             num = 1;
5.         }
6.         return num;
7.      });
8.      print("result ", result);
```

运行结果见图 3-22。

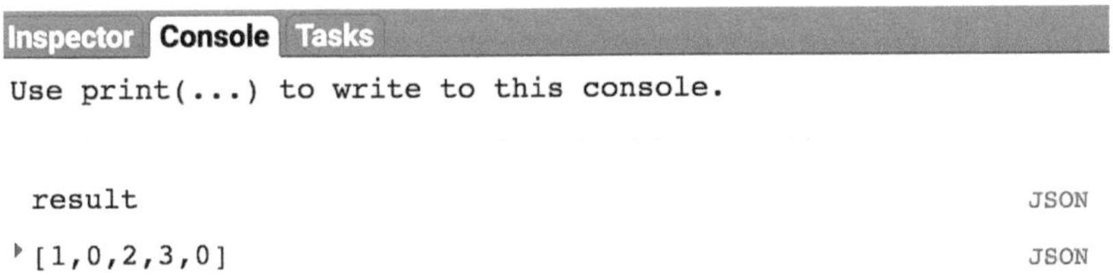

```
Inspector  Console  Tasks
Use print(...) to write to this console.


result                                                          JSON
▶ [1,0,2,3,0]                                                   JSON
```

图 3-22　Earth Engine 中错误使用判断条件的结果

代码分析：在这个例子中期望的是如果值为 0，那么就变为 1，但是从运行结果中可以看到最终并没有达到的期望要求。分析原因是 Earth Engine 的所有变量都是一个对象，即它不是普通数字或者字符串等，如上述循环中的每一个值 num，它实际是 ee.Number 对象，因此不能用普通的 If 来判断是否为 0。

修正后的代码是使用 Earth Engine 自带的 If 来做条件判断，其次使用 neq 方法来判断 num 是否和 0 相等（图 3-23）。

```
1.      var nums = ee.List([1,0,2,3,0]);
2.      var result = nums.map(function(num) {
3.         num = ee.Algorithms.If(ee.Number(num).neq(0), num,
1);
4.         return num;
5.      });
6.      print("result ", result);
```

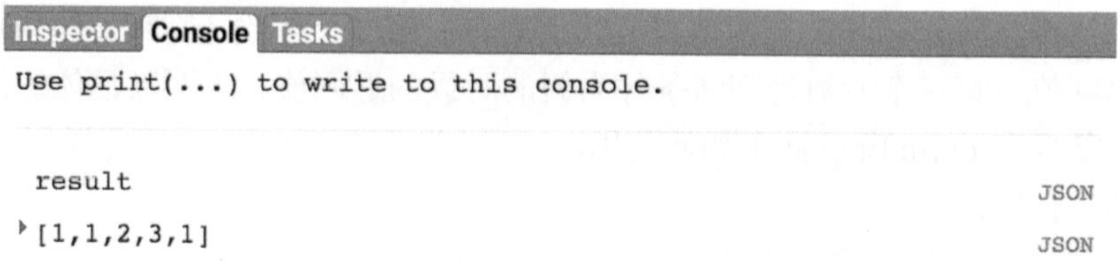

图 3-23　Earth Engine 中正确使用判断条件的结果

7）循环返回值

在 Earth Engine 中几乎所有的方法都有返回值，它与 JavaScript 不同，不直接修改原始数据，而是将计算的新的结果直接返回，因此在用如循环等操作的时候一定要加返回值。

具体代码：

```
1.    var geometry = ee.Geometry.Point([-104.78007812499999,
37.07682857623016]);
2.    varl8Col=ee.ImageCollection("LANDSAT/LC08/C01/T1_
RT_TOA")
3.              .filterDate("2018-1-1", "2018-2-1")
4.              .filterBounds(geometry);
5.    //必须返回特定的值
6.    var newCol = l8Col.map(function(image){
7.      var time_start = image.get("system:time_start");
8.      var year = ee.Date(time_start).get("year");
9.      image = image.set("year", year);
10.    });
11.    print("landsat8 imageCollection: ",newCol);
```

运行结果见图 3-24。

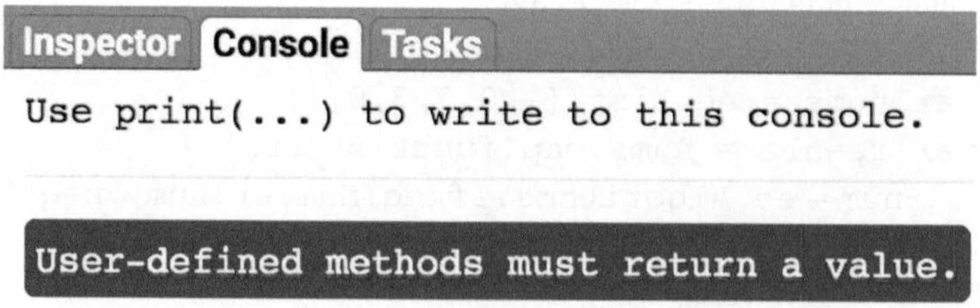

图 3-24　map 没有定义返回值的错误

代码分析：错误提示已经非常明确，定义的方法必须有返回值，也就是做 map

循环后必须有返回值。修正后的代码，在第十行中加入了一个 return 返回值。

```
1.    var geometry = ee.Geometry.Point([-104.78007812499999,
37.07682857623016]);
2.    var18Col=ee.ImageCollection("LANDSAT/LC08/C01/T1_
RT_TOA")
3.              .filterDate("2018-1-1", "2018-2-1")
4.              .filterBounds(geometry);
5.    //必须返回特定的值
6.    var newCol = 18Col.map(function(image){
7.      var time_start = image.get("system:time_start");
8.      var year = ee.Date(time_start).get("year");
9.      image = image.set("year", year);
10.      return image;
11.    });
12.    print("landsat8 imageCollection: ",newCol);
```

8）内存溢出

在使用 Earth Engine 处理复杂逻辑或者大范围数据的时候，用户直接运行程序通常会得到一个错误"User memory limit exceeded."。出现这种问题的根本原因是写的代码运行需要的内存空间或者运算能力超出账号本身拥有的计算能力。

这里需要明确一点，常说 Earth Engine 具有无限计算能力是指 Earth Engine 本身调用的是 Google 所有的计算能力和存储能力，从这一点上讲它算是具有"无限"工作能力的。但是每一个单独的账户拥有的计算能力和内存都是 Earth Engine 分配好的有限能力。因此使用 Earth Engine 其实就是要在这有限的计算能力基础上完成"无限"计算的可能。

解决内存溢出没有通用的方法，只能根据具体实例具体解决问题的方式来做。不过解决要点是统一的：分块计算；分时间段计算；大步骤拆解为小步骤来操作；不要使用 getInfo（）方法。

9）文件保存失败

这个错误并不常见，但是在有些特定的情况下也会出现，具体错误如图 3-25 所示。

出现这个错误的原因是 Earth Engine 编辑器关于文件大小有限制，最大只能是 512kb。出现这种情况需要来拆分代码，将每个文件大小降至 512kb 之下就可以了。

图 3-25   文件内容过多保存失败

10）导出数据时候报错

导出数据的时候可能会报出各种错误，主要有两种：一种是 Internal Error，这种错误通常是自己写的代码有问题；另一种是 payload size 大小限制，这种是目前常见的错误之一。具体错误如图 3-26 所示。

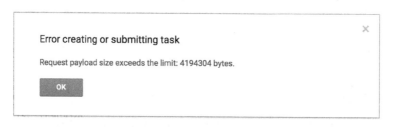

图 3-26   发送的接口数据太大

出现这个错误是因为在设置导出的时候需要设置 region（导出范围）这个参数，通常好多人都是直接将区域 roi 直接赋值给这个 region，Earth Engine 在向后台发送 API 请求的时候会将这个 roi 完整传入到后台。如果 roi 非常复杂那么这个 API 的接口所携带的数据就会非常大，直接超出网络通信的限制，所以就会报出网络通信数据量太大的错误。解决方案是修改 region 参数就可以，修改方法是将 region：roi 变为 region：roi.geometry（）.bounds（）。

3.3   Earth Engine 实例教程

前面的章节已经将 Earth Engine 基本的概念、语法、使用等做了详细的讲解，本节将会从实际开发的角度讲解几个例子，展示如何使用 Earth Engine 做简单的项目开发。

3.3.1   动态变化监测

动态变化监测顾名思义就是利用长时间序列的影像来监测某个地方在这段时

间内的变化情况，主要操作分为下面两种方式。

1. 原始遥感影像时空变化

通过遥感影像变化直接展示所关心区域的变化情况，如监测北京大兴机场工程进度、监测中国 30 年来植树造林工程变化等。这些可以直接通过遥感影像查询显示变化获取。

2. 长时间序列指数变化

通过计算长时间序列指数变化分析预测作物长势等，这种操作是研究领域更加专业的操作。

无论哪种操作方式，在之前要实现类似的需求，需要自己下载处理非常多的遥感影像数据，同时还需要生成如视频或者 GIF 动画操作。这种操作方式周期长、花费高且最终效果也无法保证，但是如果在 Earth Engine 上面，可以直接使用系统中已有的近 40 年的 Landsat 系列数据来做相关监测，通常可以在非常短的时间就可以实现相关的效果。

1）遥感影像监测黄河入海口 30 年变化

这里以第一种方式来做一个监测黄河入海口 30 年变化的实例，通过影像具体变化直观展示黄河入海口的变化情况。具体操作流程主要分为以下四步。

（1）确定研究区域；
（2）筛选特定的遥感影像数据；
（3）对遥感影像数据做相关预处理；
（4）生成动态变化的 GIF 动画。
具体思路如图 3-27 所示。

图 3-27 代表了此类项目考虑和分析流程，即先通过 roi 和日期找出需要的影像集合数据或者矢量集合数据，然后确定集合数据处理方法或者内容，最后根据需求计算指数或者按照指定逻辑生成不同产品。

2）相关 API 详解

从图 3-27 分析可以知道，要实现功能需求，最重要的是如何利用 Earth Engine 提供的方法生成 GIF 动画。这两个方法之前也提到过，这里对其做一个详细展开。

A. ui.Thumbnail（image，params，onClick，style）

这个方法是用来制作缩略图包括 GIF 动画，参数的具体含义如表 3-3 所示。

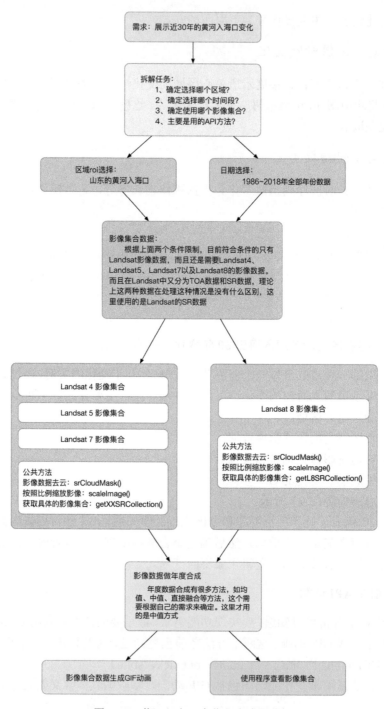

图 3-27　黄河入海口变化程序流程分析

表 3-3　缩略图生成参数

参数名称	含义	参数值
image	影像或者影像集合	用来生成缩略图的单张影像或者 GIF 动画的影像集合
params	影像显示参数	单张影像常用参数： Min. 影像显示的最小值； max. 影像显示的最大值； bands. 影像显示波段列表； palette. 单波段影像显示颜色列表； region. 显示缩略图区域，默认是影像区域大小，通常传入的是 geometry； dimensions. 缩略图大小； opacity. 影像显示透明度； 等等 GIF 动画常用参数： min. 影像显示的最小值； max. 影像显示的最大值； bands. 影像显示波段列表； palette. 单波段影像显示颜色列表； region. 显示缩略图区域，默认是影像区域大小，通常传入的是 geometry； dimensions. 缩略图大小； framesPerSecond. 每秒播放多少帧； crs. 指定投影信息； 等等
onClick	点击回调事件	可选项，通常不会涉及
style	样式	可选项，缩略图界面 UI 的样式

B. getVideoThumbURL（params，callback）

这个方法会直接生成一个 URL 链接地址，打开这个链接地址可以看到生成的 GIF 动画，具体参数列表如表 3-4 所示。

表 3-4　GIF 动画生成 URL 链接的参数

参数名称	含义	参数值
params	影像显示参数	GIF 动画常用参数： min. 影像显示的最小值； max. 影像显示的最大值； bands. 影像显示波段列表； palette. 单波段影像显示颜色列表； region. 显示缩略图区域，默认是影像区域大小，通常传入的是 geometry； dimensions. 缩略图大小； framesPerSecond. 每秒播放多少帧； crs. 指定投影信息； 等等
callback	回调事件	可选项，通常不会涉及

3）具体实现代码

代码链接：https://code.earthengine.google.com/51fbcea132cd65c7b4068696b40 d6215（代码 101）。

```
1.    var roi = ee.Geometry.Polygon(
2.        [[[118.76701352910152, 37.95798438938449],
3.          [118.76701352910152, 37.58456192342209],
4.          [119.38224790410152, 37.58456192342209],
5.          [119.38224790410152, 37.95798438938449]]], nu
ll, false);
6.
7.    /**
8.     * 黄河入海口变化
9.     * */
10.   var l8_sr = ee.ImageCollection("LANDSAT/LC08/C01
/T1_SR");
11.   var l7_sr = ee.ImageCollection("LANDSAT/LE07/C01
/T1_SR");
12.   var l5_sr = ee.ImageCollection("LANDSAT/LT05/C01
/T1_SR");
13.   var l4_sr = ee.ImageCollection("LANDSAT/LT04/C01
/T1_SR");
14.
15.   var l457BandNames = ["B1","B2","B3"];
16.   var l8BandNames = ["B2","B3","B4"];
17.   var bandNames = ['blue','green','red'];
18.   var rawLayer = null;
19.
20.   function addPanel (sCol) {
21.     var id_list = sCol.reduceColumns(ee.Reducer.
toList(), ['system:index'])
22.                         .get('list');
23.     id_list.evaluate(function(ids) {
24.       // print("id_list ", ids);
25.       var total = ids.length;
26.     var showTitle = ui.Label("", {fontWeight: 'bold'}
);
27.       var curIndex = 0;
28.       var bPlus = ui.Button("+", function() {
29.         curIndex += 1;
30.         if (curIndex >= total) {
31.           curIndex = 0;
```

```
32.              }
33.              showTitle.setValue(ids[curIndex]);
34.              showSelectRawImage(sCol, ids[curIndex]);
35.          });
36.        var bReduce = ui.Button("-", function() {
37.            curIndex -= 1;
38.            if (curIndex < 0) {
39.              curIndex = total - 1;
40.            }
41.            showTitle.setValue(ids[curIndex]);
42.            showSelectRawImage(sCol, ids[curIndex]);
43.          });
44.          showTitle.setValue(ids[curIndex]);
45.          showSelectRawImage(sCol, ids[curIndex]);
46.          var main = ui.Panel({
47.            widgets: [
48.            ui.Label('click "+" or "-" to move time window
', {fontWeight: 'bold'}),
49.              bPlus, bReduce,
50.            ui.Label("select date: ", {fontWeight: 'bold'}
),
51.              showTitle
52.            ],
53.            style: {width: '200px', padding: '8px'}
54.          });
55.          ui.root.insert(0, main);
56.        });
57.    }
58.
59.    function showSelectRawImage(sCol, key) {
60.      print("show raw image id is: " + key);
61.      if (rawLayer !== null) {
62.        Map.remove(rawLayer);
63.        rawLayer = null;
64.      }
65.      var visParam = {
66.        min: 0,
67.        max: 0.3,
```

```
68.          bands: ["red", "green", "blue"]
69.      };
70.      var image = ee.Image(sCol.filter(ee.Filter.eq
("system:index", key)).first());
71.      rawLayer = Map.addLayer(image, visParam, key);
72.    }
73.
74.    function getYearCol(sDate, eDate, lxCol) {
75.      var yearList = ee.List.sequence(ee.Date(sDate).
get("year"), ee.Number(ee.Date(eDate).get("year")).subtrac
t(1));
76.    var yearImgList = yearList.map(function(year) {
77.        year = ee.Number(year);
78.        var _sdate = ee.Date.fromYMD(year, 1, 1);
79.      var _edate = ee.Date.fromYMD(year.add(1), 1, 1);

80.       var tempCol = lxCol.filterDate(_sdate, _edate);

81.        var img = tempCol.median().clip(roi);
82.        img = img.set("year", year);
83.      img = img.set("system:index", ee.String(year.toInt
()));
84.      return img;
85.    });
86.    var yearImgCol = ee.ImageCollection.fromImages(year
ImgList);
87.    return yearImgCol;
88.    }
89.
90.  //landsant457
91.  var Landsat457 = {
92.    scaleImage: function(image) {
93.    var time_start = image.get("system:time_start");
94.      image = image.multiply(0.0001);
95.    image = image.set("system:time_start", time_start)
;
96.      return image;
97.    },
```

```
98.
99.     //SR data remove cloud
100.    srCloudMask: function(image) {
101.      var qa = image.select('pixel_qa');
102.      var cloudShadowBitMask = 1 << 3;
103.      var cloudsBitMask = 1 << 5;
104.    var mask = qa.bitwiseAnd(cloudsBitMask).eq(0)
105.              .and(qa.bitwiseAnd(cloudShadowBitMask
).eq(0));
106.      return image.updateMask (mask)
107.    },
108.
109.  getL4SRCollection : function(startDate, endDate, roi
) {
110.      var dataset = l4_sr.filterDate(startDate, endDate)
111.                 .filterBounds(roi)
112.                 .map(Landsat457.srCloudMask)
113.                 .map(Landsat457.scaleImage)
114.             .select(l457BandNames, bandNames);
115.    return dataset;
116.    },
117.    getL5SRCollection: function(startDate,endDate,
roi){
118.      var dataset = l5_sr.filterDate(startDate,
endDate)
119.                 .filterBounds(roi)
120.                 .map(Landsat457.srCloudMask)
121.                 .map(Landsat457.scaleImage)
122.             .select(l457BandNames, bandNames);
123.    return dataset;
124.    },
125. getL7SRCollection : function(startDate, endDate, roi){
126.   var dataset = l7_sr.filterDate(startDate, endDate)
127.                 .filterBounds(roi)
128.                 .map(Landsat457.srCloudMask)
129.                 .map(Landsat457.scaleImage)
130.             .select(l457BandNames, bandNames);
131.    return dataset;
```

```
132.      },
133.
134.   };
135.
136.   //landsant8
137.   var Landsat8 = {
138.     scaleImage: function(image) {
139.       var time_start = image.get("system:time_
start");
140.       image = image.multiply(0.0001);
141.       image = image.set("system:time_start", time_
start);
142.       return image;
143.     },
144.
145.     //SR data remove cloud
146.     srCloudMask: function(image) {
147.       var cloudShadowBitMask = 1 << 3;
148.       var cloudsBitMask = 1 << 5;
149.       var qa = image.select('pixel_qa');
150.       var mask = qa.bitwiseAnd(cloudShadowBitMask).
eq(0)
151.                     .and(qa.bitwiseAnd(cloudsBitMask).
eq(0));
152.       return image.updateMask (mask);
153.     },
154.
155.   getL8SRCollection : function(startDate, endDate, roi
, rmSnow) {
156.     var dataset = l8_sr.filterDate(startDate, endDate)
157.                     .filterBounds(roi)
158.                     .map(Landsat8.srCloudMask)
159.                     .map(Landsat8.scaleImage)
160.                   .select(l8BandNames, bandNames);
161.     return dataset;
162.   }
163. };
164.
```

```
165.   function main() {
166.     Map.centerObject(roi, 8);
167.     var sDate = "1986-1-1";
168.     var eDate = "2019-1-1";
169.  var l4Col = Landsat457.getL4SRCollection(sDate, eDate, roi);
170.  var l5Col = Landsat457.getL5SRCollection(sDate, eDate, roi);
171.  var l7Col = Landsat457.getL7SRCollection(sDate, eDate, roi);
172.  var l8Col = Landsat8.getL8SRCollection(sDate, eDate, roi);
173.     var lxCol = l8Col.merge(l7Col)
174.                       .merge(l5Col)
175.                       .merge(l4Col);
176.     print(lxCol.size());
177.     var imgCol = getYearCol(sDate, eDate, lxCol);
178.     print("imgCol", imgCol);
179.     addPanel(imgCol);
180.
181.     // 使用缩略图来制作展示
182.     var params = {
183.       crs: 'EPSG:3857',
184.       framesPerSecond: 2,
185.       region: roi,
186.       min: 0.0,
187.       max: 0.3,
188.       bands: ["red", "green", "blue"],
189.       dimensions: 512,
190.     };
191.     print(ui.Thumbnail(imgCol, params));
192.     // 使用缩略图来制作展示
193.     print(imgCol.getVideoThumbURL(params));
194.   }
195.   main();
```

A. 代码分析

（1）第 1～6 行定义要研究的区域 roi，这个 roi 是使用地图界面上绘制矩形的工具绘制的。这里需要说明一点的是 roi 区域不能选择太大，主要原因一方面是

Earth Engine 对生成 GIF 动画大小有限制；另一方面就是如果 roi 太大，这样直接显示年度合成数据会造成内存计算溢出的问题。

（2）第 10～13 行定义要使用的影像数据集（Landsat4、5、7、8），这里使用的是 Landsat 的 SR 数据集合。

（3）第 14～17 行定义了不同数据集合的 RGB 波段和实际对应波段的数组列表。

（4）第 18～72 行是一个公共方法，可以用来展示影像集合数据，通过点击"+"或者"～"可以循环查看整个影像集合数据。其中 addPanel（）这个是主方法，传入指定影像数据集合就可以。showSelectRawImage（）这是用来显示影像集合的每一景影像的 RGB 波段数据。

（5）第 74～88 行合成年度影像数据，这个方法内部计算的是每年的中值数据（还可以是其他计算方法，依据自己的需求来计算）然后生成一个新的年度合成影像集合数据。

（6）第 91～134 行定义了 Landsat4、5、7 影像的一些公共处理方法，如去云、缩放波段值、获取指定时间段 roi 的影像集合。

（7）第 137～163 行定义了 Landsat8 影像的一些公共处理方法，如去云、缩放波段值、获取指定时间段 roi 的影像集合。

（8）第 167～176 行获取 1986～2018 年全部 Landsat 影像数据。

（9）第 177～178 行调用前面定义方法生成年度数据。

（10）第 179 行添加影像集合到地图上。

（11）第 181～193 行配置缩略图参数，使用 ui.Thumbnail（）和 getVideoThumbURL（）两种方式生成 GIF 动画。这里要查看的是影像具体内容，所以生成的是 RGB 三色图，GIF 图像大小定义为最大宽或者高为 512 个像素，每一秒展示两张影像。

（12）第 195 行调用自定义的 main（）方法，这也是整个程序的执行入口。

B. 运行结果

下载 GIF 动画到本地可以自己添加一些属性，如日期年等（图 3-28、图 3-29）。

图 3-28　动态监测初始化界面

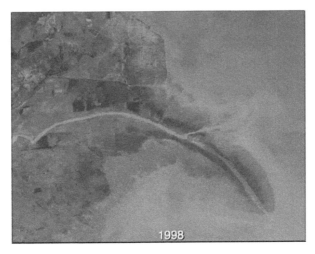

图 3-29　在本地对 GIF 动画添加属性后的结果

通过这个简单例子可以看到 Earth Engine 在做一些类似项目上是非常方便快捷的，而且最重要的是开发成本几乎为零。

3.3.2　遥感地物分类

地物分类是遥感影像分析的基本处理内容，Earth Engine 做遥感影像地物分类和在本地使用 ENVI 或者 ArcGIS 做地物分类流程基本一致。在 Earth Engine 中地物分类主要分为：非监督分类、监督分类和面向对象分类。

Earth Engine 中目前做地物分类的主要 API 包括 ee.Clusterer、ee.Classifier、ee.ConfusionMatrix。其中 ee.Clusterer 是做非监督分类，主要的方法包括 K-mean 等方法；ee.Classifier 是做监督分类使用，主要的方法包括 svm、cart、decisionTree 等常见方法；ee.ConfusionMatrix 则是混淆矩阵，可以提取精度、Kappa 系数等，用来对分类结果做精度评价使用。

需要着重强调的一点是，如果大家对做分类比较熟悉，那么就会发现在 Earth Engine 中分类方法要比 ENVI 中要少的非常多。具体的原因是在国外版权保护非常严厉，Earth Engine 是一个在线免费使用的工具，它只能提供免费的算法，所以官方没办法提供给用户那些收费的算法或者有知识产权保护的算法。

1. 非监督分类方法

非监督分类是以不同影像地物在特征空间中类别特征的差别为依据的一种无先验类别标准的图像分类，是以集群为理论基础，通过计算机对图像进行集聚统计分析的方法，根据待分类样本特征参数的统计特征，建立决策规则来进行分类。

非监督分类只能把样本区分为若干类别，而不能给出类别的描述；其类别的属性是通过分类结束后目视判读或实地调查确定的。具体的含义大家应该都理解，下面具体说一下如何在 Earth Engine 中使用非监督分类方法来做分类。

1）非监督分类流程图

图 3-30 展示了在 Earth Engine 中主要的分类流程，下面就依次说一下具体的流程步骤。

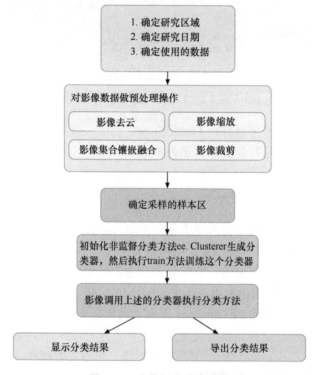

图 3-30　非监督分类流程图

A. 第一步：筛选

通过指定条件筛选确定要使用的影像数据。筛选数据主要用到的是 filterBounds（）和 filterDate（）方法，根据需求分析要使用的是 Landsat8 做过大气校正的 SR 数据。参考代码如下：

```
1.    var l8Col = ee.ImageCollection("LANDSAT/LC08/C01/T1_
SR")
2.            .filterBounds(roi)
3.            .filterDate("2018-4-1", "2018-10-1")
```

```
4.                    .filter(ee.Filter.lte("CLOUD_COVER",
50))
5.     print("l8Col", l8Col);
```

其中：roi 是指定的区域，过滤的日期是 2018 年的 5～9 月的全部影像数据（filterDate 不包含结尾日期的数据，也就是不包含 2018-10-1 日的数据），同时这里还指定了要按照云量做筛选。

B. 第二步：数据预处理

对影像做各种处理操作，这一步首先是要将影像做各种预处理，然后就是添加各种指数（这个操作可以根据具体实际情况来操作，如果想要某些指数参加后续分类就添加这个指数波段，否则就不做相关操作）。参考代码，如影像去云操作如下：

```
1.     //Landsat8 SR 数据去云
2.     function rmCloud(image) {
3.       var cloudShadowBitMask = (1 << 3);
4.       var cloudsBitMask = (1 << 5);
5.       var qa = image.select("pixel_qa");
6.       var mask = qa.bitwiseAnd(cloudShadowBitMask).eq(0)
7.           .and(qa.bitwiseAnd(cloudsBitMask).eq(0));
8.       return image.updateMask ( mask)
9.     }
```

C. 第三步：确定采样区域生成训练数据

这个操作是由于非监督分类原理决定，非监督分类的本质是做聚类操作，所以需要有一个初始化的训练数据。确定采样区域就是直接绘制一个小的区域，然后调用 Image 中的 sample 方法生成训练数据。参考代码如下：

```
1.     var sampleRoi = /* color: #98ff00 */ee.Geometry.
Polygon(
2.             [[[114.62959747314449, 33.357067677774594],
3.             [114.63097076416011, 33.32896028884253],
4.             [114.68315582275386, 33.33125510961763],
5.             [114.68178253173824, 33.359361757948754]]]);
6.     //生成训练使用的样本数据
7.     var training = l8Image.sample({
8.       region: roi,
```

```
9.        scale: 30,
10.      numPixels:5000
11.    });
```

D. 第四步：训练分类器

初始化并且用上面的训练数据训练分类器，下面的参考代码分类器采用 *K*-mean 方法，所以需要指定分几类（实际开发中通常是几十类到上百类）。

```
1.     //初始化非监督分类器
2.     var count = 10;
3.     var clusterer = ee.Clusterer.wekaKMeans(count)
4.                     .train(training);
```

E. 第五步：分类

有了分类器及影像数据直接调用 Image 中的 cluster（）方法就可以做相关分类操作。

F. 第六步：结果显示

最终的结果是展示还是直接导出可根据自己的实际情况而定。

2）非监督分类代码

在线运行代码链接：https://code.earthengine.google.com/df35058a7620f442b177ec7a65eb8d79（代码 102）。

```
1.     //非监督分类
2.     var roi = /* color: #d63000 */ee.Geometry.
Polygon(
3.         [[[114.02191591378232, 33.78358088957628],
4.          [114.03290224190732, 32.8148447550 32674],
5.          [115.04913759346982, 32.85638443066918],
6.          [115.01617860909482, 33.8018413803568]]]);

7.     Map.centerObject(roi, 7);
8.     Map.setOptions("SATELLITE");
9.     Map.addLayer
(roi, {color: "00ff00"}, "roi", false);
10.
```

```
11.    //Landsat8 SR 数据去云
12.    function rmCloud(image) {
13.      var cloudShadowBitMask = (1 << 3);
14.      var cloudsBitMask = (1 << 5);
15.      var qa = image.select("pixel_qa");
16.      var mask = qa.bitwiseAnd(cloudShadowBitMask).
eq(0)
17.                         .and(qa.bitwiseAnd(clouds
BitMask).eq(0));
18.      return image.updateMask(mask);
19.    }
20.
21.    //缩放
22.    function scaleImage(image) {
23.      var time_start = image.get("system:time_start");
24.      image = image.multiply(0.0001);
25.      image = image.set("system:time_start", time_
start);
26.      return image;
27.    }
28.
29.    //添加 NDVI
30.    function NDVI(image) {
31.      return image.addBands(image.normalizedDifference
(["B5", "B4"]).rename("NDVI"));
32.    }
33.
34.    var l8Col = ee.ImageCollection("LANDSAT/LC08/
C01/T1_SR")
35.                   .filterBounds(roi)
36.                   .filterDate("2018-4-1", "2018-10-1"
)
37.                   .filter(ee.Filter.lte("CLOUD_COVER"
, 50))
38.                   .map(rmCloud)
39.                   .map(scaleImage)
40.                   .map(NDVI);
```

```
41.    print("l8Col", l8Col);
42.
43.    var l8Image = l8Col.select
(["B1", "B2", "B3", "B4", "B5", "B6", "B7", "NDVI"])
44.                            .median()
45.                            .clip(roi);
46.    var visParam = {
47.      min: 0,
48.      max: 0.3,
49.      bands: ["B4", "B3", "B2"]
50.    };
51.    Map.addLayer(l8Image, visParam, "l8Image");
52.
53. var sampleRoi = /* color: #98ff00 */ee.Geometry.Polygon(
54.        [[[114.62959747314449, 33.357067677774594],
55.          [114.63097076416011, 33.32896028884253],
56.          [114.68315582275386, 33.33125510961763],
57.          [114.68178253173824, 33.359361757948754]]]);
58.    Map.addLayer(sampleRoi, {color: "red"}, "sampleRoi",
false);
59.
60.    //生成训练使用的样本数据
61.    var training = l8Image.sample({
62.      region: roi,
63.      scale: 30,
64.      numPixels:5000
65.    });
66.
67.    print("training", training.limit(1));
68.
69.    //初始化非监督分类器
70.    var count = 10;
71.    var clusterer = ee.Clusterer.wekaKMeans(count)
72.                         .train(training);
73.
74.    //调用影像或者矢量集合中的cluster方法进行非监督分类
75.    var result = l8Image.cluster(clusterer);
```

```
76.    print("result", result);
77.
78.    Map.addLayer(result.
randomVisualizer(), {}, "result");
```

运行结果见图 3-31。

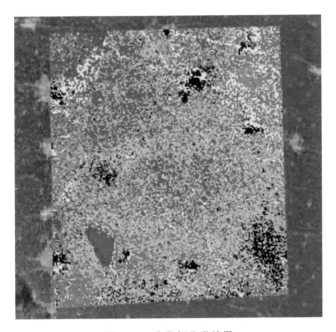

图 3-31　非监督分类结果

代码分析：

（1）第 12～19 行为影像去云方法。

（2）第 22～27 行根据数据说明文件，影像波段数据需要乘以缩放比例才能变为真实的值。

（3）第 30～32 行计算 NDVI 方法。

（4）第 34～42 行对影像集合中的每一景影像做各种预处理。

（5）第 43～45 行影像集合做镶嵌裁剪。

（6）第 46～65 行生成训练样本数据。

（7）第 70～75 行使用非监督分类器做影像分类。

（8）第 78 行这里使用 randomVisualizer（）方法随机生成影像结果的显示样式。

上面的例子使用的是 randomVisualizer（）方法生成分类结果影像的不同颜色，除了使用系统自带的这种方式之外，还可以自己生成相应的图例颜色，这样在后续做其他操作的时候就会非常方便，具体代码例子如下。

3）添加图例后的非监督分类

在线运行代码链接：https://code.earthengine.google.com/b201d170e0a76ca2579 787a09323cf7f（代码 103）。

完整代码如下：

```
1.     //非监督分类
2.     var roi = /* color: #d63000 */ee.Geometry.Polygon(
3.          [[[114.02191591378232, 33.78358088957628],
4.            [114.03290224190732, 32.814844755032674],
5.            [115.04913759346982, 32.85638443066918],
6.            [115.01617860909482, 33.8018413803568]]]);
7.     Map.centerObject(roi, 7);
8.     Map.setOptions("SATELLITE");
9.     Map.addLayer(roi, {color: "00ff00"}, "roi", false);
10.
11.    //Landsat8 SR 数据去云
12.    function rmCloud(image) {
13.      var cloudShadowBitMask = (1 << 3);
14.      var cloudsBitMask = (1 << 5);
15.      var qa = image.select("pixel_qa");
16.      var mask = qa.bitwiseAnd(cloudShadowBitMask).eq(0)
17.                    .and(qa.bitwiseAnd(cloudsBitMask).
eq(0));
18.      return image.updateMask (mask);
19.    }
20.
21.    //缩放
22.    function scaleImage(image) {
23.      var time_start = image.get("system:time_start");
24.      image = image.multiply(0.0001);
25.      image = image.set("system:time_start", time_start);
26.      return image;
27.    }
28.
29. //添加 NDVI
```

```
30.    function NDVI(image) {
31.      return image. addBands (image. normalizedDifference
(["B5", "B4"]).rename("NDVI"));
32.    }
33.
34.    var18Col=ee.ImageCollection("LANDSAT/LC08/C01/
T1_SR")
35.              .filterBounds(roi)
36.              .filterDate("2018-4-1", "2018-10-1")
37.              .filter(ee.Filter.lte("CLOUD_COVER",
50))
38.              .map(rmCloud)
39.              .map(scaleImage)
40.              .map(NDVI);
41.    print("l8Col", l8Col);
42.
43.    var l8Image = l8Col.select(["B1", "B2", "B3", "B4",
"B5", "B6", "B7", "NDVI"])
44.                .median()
45.                .clip(roi);
46.    var visParam = {
47.      min: 0,
48.      max: 0.3,
49.      bands: ["B4", "B3", "B2"]
50.    };
51.    Map.addLayer(l8Image, visParam, "l8Image");
52.
53.    var    sampleRoi    =    /*    color:    #98ff00
*/ee.Geometry.Polygon(
54.          [[[114.62959747314449, 33.357067677774594],
55.           [114.63097076416011, 33.32896028884253],
56.          [114.68315582275386, 33.33125510961763],
57.          [114.68178253173824, 33.359361757948754]]]);
58.    Map.addLayer(sampleRoi, {color: "red"}, "sampleRoi",
false);
59.
60.    //生成训练使用的样本数据
61.    var training = l8Image.sample({
```

```
62.        region: roi,
63.        scale: 30,
64.        numPixels:5000
65.    });
66.
67.    print("training", training.limit(1));
68.
69.    //初始化非监督分类器
70.    var count = 10;
71.    var clusterer = ee.Clusterer.wekaKMeans(count)
72.               .train(training);
73.
74.    //调用影像或者矢量集合中的cluster方法进行非监督分类
75.    var result = l8Image.cluster(clusterer);
76.    print("result", result);
77.
78.    //添加图例方式封装成为了一个方法
79.    //palette：颜色列表
80.    //names：图例说明列表
81.    function addLegend(palette, names) {
82.      //图例的底层 Panel
83.      var legend = ui.Panel({
84.        style: {
85.          position: 'bottom-right',
86.          padding: '5px 10px'
87.        }
88.      });
89.      //图例标题
90.      var title = ui.Label({
91.        value: '类别',
92.        style: {
93.          fontWeight: 'bold',
94.          color: "red",
95.          fontSize: '16px'
96.        }
97.      });
```

```
98.        legend.add(title);
99.
100.      //添加每一列图例颜色以及说明
101.      var addLegendLabel = function(color, name) {
102.          var showColor = ui.Label({
103.            style: {
104.              backgroundColor: '#' + color,
105.              padding: '8px',
106.              margin: '0 0 4px 0'
107.            }
108.          });
109.
110.          var desc = ui.Label({
111.            value: name,
112.            style: {margin: '0 0 4px 8px'}
113.          });
114.          //颜色和说明是水平放置
115.          return ui.Panel({
116.            widgets: [showColor, desc],
117.            layout: ui.Panel.Layout.Flow('horizontal')
118.          });
119.      };
120.
121.      //添加所有的图例列表
122.      for (var i = 0; i < palette.length; i++) {
123.        var label = addLegendLabel(palette[i], names[i]);
124.        legend.add(label);
125.      }
126.
127.      ui.root.insert(0, legend);
128.    }
129.
130.    //颜色列表和说明列表
131.    var palette = ["ff0000","00ff00","0000ff",
132.            "ff00ff","ffff00","00ffff",
133.            "ffffff","000000","FF8C00",
134.            "ADFF2F"];
```

```
135.    var names = ["分类 A","分类 B","分类 C","分类 D",
136.                "分类 E","分类 F","分类 G","分类 H",
137.                "分类 I","分类 J"];
138.    //添加图例
139.    addLegend(palette, names);
140.    var visParam = {
141.      min: 0,
142.      max: count-1,
143.      palette: palette
144.    };
145.    Map.addLayer(result, visParam, "result");
```

运行结果见图 3-32。

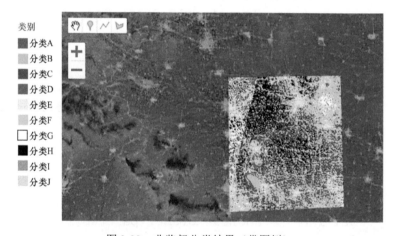

图 3-32　非监督分类结果（带图例）

代码分析：

（1）前面的代码都一样就不赘述。

（2）第 89～128 行添加 UI 界面用来显示图例。

（3）第 131～137 行定义图例的颜色和图例的名称。

（4）第 139 行将上面定义的图例颜色和图例名称加载到 UI 界面上。

（5）第 140～144 行用上面定义的图例颜色加载显示分类结果。

2. 监督分类方法

监督分类是用被确认类别的训练区样本像元去识别其他未知类别像元的过程。在这种分类中，分析者在图像上对每一种类别选取一定数量的训练区，计算机计算每种训练样区的统计或其他信息，每个像元和训练样本作比较，按照不同规则将其划分到和其最相似的样本类。

1）监督分类流程

简单来讲监督分类主要分为以下几个步骤：①确定使用的影像数据；②对影像数据做相关预处理，如去云等；③导入分类的样本数据，并且将其分为训练数据和验证数据；④构造分类器进行分类；⑤计算训练精度和验证精度；⑥导出结果到 Google Drive 或者 Google Assets（包括影像结果、精度结果等）（图 3-33）。

A. 确定使用的影像数据和对影像数据做预处理

对数据进行预处理。

B. 导入样本数据

关于样本数据获取目前主要有以下几种方式，下面会依次分析每一种方式的优点和缺点。

a. 实地采集

优点：数据采集比较准确。

缺点：只能获取当前的样本，需要专门的采集工具，而且人工费用高、耗时长。

b. 直接在 Earth Engine 中标注

优点：只要电脑能上网打开 Earth Engine 就可以标记，而且属性可以直接在 Earth Engine 中添加。

缺点：只能获取当前的样本，如果目标区域没有高分辨率影像则效果就非常不好。

这种方式需要的注意点：样本最好采用点或者很小范围的 polygon，否则会出现因为样本点过多造成分类程序无法运行的问题；分类使用的样本属性值最好是从 0 开始。

c. 使用 Google Earth Pro 标注

优点：只要有电脑和 Google Earth Pro 就可以标注，成本比较低，可以查看历史的数据（缩放到指定的区域，然后点击时钟状的图标就可以打开时间轴查看历史的影像数据了）（图 3-34）。

缺点：如果目标区域没有高分辨率影像则效果就非常不好，还有就是标记的样本需要重新编辑添加属性。

d. 利用已有的分类结果随机采样

这种方式简单来讲就是，手边已经有相关地区的研究分类结果（如 Earth Engine 已有的 MODIS 的全球分类数据结果或者现在公开的清华大学的土地分类

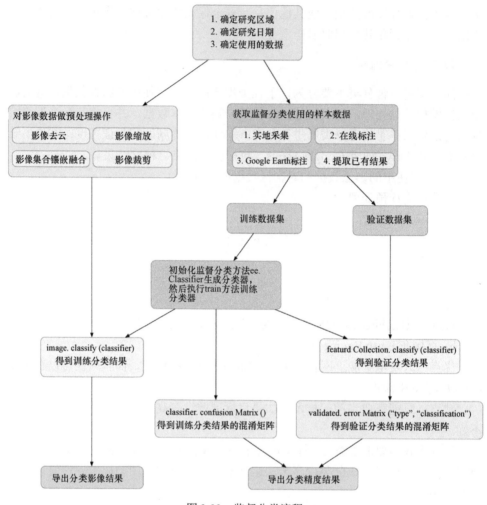

图 3-33　监督分类流程

图 3-34　Google Earth Pro 界面

结果），又不想特别费时费力地去重新标注所有的数据，那么可以直接从已有的分类结果中提取相关的样本数据，然后把这些样本数据导出到本地做相关剔除和修改，最后上传回来做相关的分类分析。下面以 MODIS 的分类结果为例演示一下具体代码，代码链接：https://code.earthengine.google.com/87789ca41109750ec 94b04 ff068e1209（代码 104）。

```
1.     var roi = ee.Geometry.Polygon(
2.          [[[112.13093647417236, 40.70559130324071],
3.          [112.13093647417236, 37.91816299544239],
4.          [117.09675678667236, 37.91816299544239],
5.          [117.09675678667236, 40.70559130324071]]],
null, false);
6.     Map.centerObject(roi, 7);
7.     Map.addLayer(roi, {}, "roi");
8.     var landCover = ee.ImageCollection("MODIS/006/
MCD12Q1")
9.                  .filterDate("2017-1-1", "2018-1-1")
10.                 .select("LC_Type1")
11.                 .first()
12.                 .clip(roi);
13.    var visParam = {
14.       min: 1,
15.       max: 17,
16.       palette: [
17.         '05450a', '086a10', '54a708', '78d203', '009900',
'c6b044', 'dcd159',
18.         'dade48', 'fbff13', 'b6ff05', '27ff87', 'c24f44',
'a5a5a5', 'ff6d4c',
19.         '69fff8', 'f9ffa4', '1c0dff'
20.       ],
21.    };
22.    Map.addLayer(landCover, visParam, "landCover");
23.
24.    var randomPoint = ee.FeatureCollection.randomPoints({
25.       region: roi,
26.       points: 300
27.    });
28.    Map.addLayer(randomPoint,{color:"red"},      "random
point");
29.
```

```
30.    var sample = randomPoint.map(function(feature) {
31.      var dict = landCover.reduceRegion({
32.        reducer: ee.Reducer.mean(),
33.        geometry: feature.geometry(),
34.        scale: 500,
35.        tileScale: 16
36.      });
37.      var LC_Type1 = dict.get("LC_Type1");
38.      feature = feature.set("class", LC_Type1);
39.      return feature;
40.    });
41.    print("sample", sample);
42.
43.    Export.table.toDrive({
44.      collection: sample,
45.      description: "Drive-randomSample",
46.      fileNamePrefix: "randomSample",
47.      fileFormat: "GeoJSON"
48.    });
```

运行结果见图 3-35。

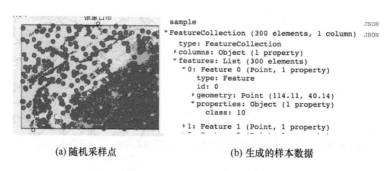

(a) 随机采样点   (b) 生成的样本数据

图 3-35　随机采样运行结果

代码分析：

（1）第 8～12 行获取 MODIS 指定的分类波段数据。

（2）第 13～22 行将上述筛选结果在地图上加载显示。

（3）第 24～27 行将在指定的 roi 范围内随机采样，如这里获取的是 300 个点。

（4）第 30～41 行是程序的核心，循环遍历上面的随机样本点，然后将 MODIS 分类结果上具体的属性赋值给 feature 的属性 class 上。

（5）第 43～48 行将取得的这个随机样本点导出到 Google Drive 中，这样就可以在本地修改调整，然后重新上传到 Earth Engine 中使用。

C. 样本数据分为训练数据和验证数据

由于做监督分类要进行最终分类结果验证，这样才能确定分类最终结果的好坏。所以除需要训练数据集，还需要验证数据集。这两个数据集的生成方式比较灵活，可以直接将数据标记为验证数据和训练数据（这种分类结果固定，但是人为因素影响太大，完全有可能会造成验证精度非常高或者非常低），另外的一种方式是使用 FeatureCollection 中的 randomColumns（）随机生成（如 3：7 比例的）验证数据集和训练数据集。下面的例子就是利用随机方法生成训练数据集和验证数据集。

```
1.    //切分生成训练数据和验证数据
2.    sampleData = sampleData.randomColumn('random');
3.    var sample_training = sampleData.filter(ee.Filter.lte
("random", 0.7));
4.    var sample_validate = sampleData.filter(ee.Filter.gt
("random", 0.7));
5.    print("sample_training", sample_training);
6.    print("sample_validate", sample_validate);
```

生成监督分类使用的训练样本和验证样本：

```
1.    //生成监督分类训练使用的样本数据
2.    var training = l8Image.sampleRegions({
3.      collection: sample_training,
4.      properties: ["type"],
5.      scale: 30
6.    });
7.    //生成监督分类验证使用的样本数据
8.    var validation = l8Image.sampleRegions({
9.      collection: sample_validate,
10.     properties: ["type"],
11.     scale: 30
12.   });
```

D. 构造分类器进行分类

```
1.    //初始化分类器
```

```
2.      var classifier = ee.Classifier.cart().train({
3.        features: training,
4.        classProperty: "type",
5.        inputProperties: bands
6.      });
7.      //影像数据调用 classify 利用训练数据训练得到分类结果
8.      var classified = 18Image.classify(classifier);
9.      //验证数据集合调用 classify 进行验证分析得到分类验证结果
10.     var validated = validation.classify(classifier);
```

E. 精度分析

```
1.      //训练结果的混淆矩阵
2.      var trainAccuracy = classifier.confusionMatrix();
3.      //验证结果的混淆矩阵
4.      var testAccuracy = validated.errorMatrix("type",
"classification");
```

F. 导出分类结果

在实际开发工作中，如果只是测试小范围的分类验证，那么可以不用将分类结果导出到 Google Drive 或 Google Assets 中，而是直接将其在地图上展示分析。但如果是实际开发中，还是建议首先将分类结果导出到 Google Assets 或者 Google Drive 中，然后再将结果重新引入新的工程中展示分析，这样可以有效地避免 Earth Engine 运行过程中的内存溢出问题、运算时间超时问题等。

导出分类结果还需要注意的一个问题就是 Earth Engine 中所有的分类结果值都是从 0 开始的，然而 Earth Engine 存在一个问题如果直接导出整数类型格式的影像，那么 0 就会变为无效值。所以这里需要做一下处理，将分类结果中的值修改一下，调用的方法就是 remap，如 image.remap（[0,1,2,3,4,5,6]，[1,2,3,4,5,6,7]），这样影像中的分类结果就是 1~7 而不是 0~6。还有就是关于验证精度最好都是使用 CSV 格式导出到 Google Drive，直接调用 print 非常容易造成运算超时和内存不足的问题。

示例代码如下：

```
1.      //导出训练精度结果 CSV
2.      Export.table.toDrive({
3.        collection: ee.FeatureCollection([
4.          ee.Feature(null, {
```

```
5.        matrix: trainAccuracy.array(),
6.        kappa: trainAccuracy.kappa(),
7.        accuracy: trainAccuracy.accuracy()
8.      }
9.    )]),
10.    description: "l8TrainConf",
11.    folder:"training01",
12.    fileFormat: "CSV"
13.  });
14.  //导出影像
15.  var resultImg = classified.clip(roi).toByte();
16.  resultImg=resultImg.remap([0,1,2,3,4], [1,2,3,4,5]);
17.  Export.image.toDrive({
18.    image:resultImg,
19.    description:'Drive-l8Classifiedmap',
20.    fileNamePrefix: "l8Classifiedmap",
21.    folder:"training01",
22.    region: roi,
23.    scale:30,
24.    crs: "EPSG:4326",
25.    maxPixels:1e13
26.  });
```

2）监督分类代码

在线代码链接：https://code.earthengine.google.com/72fcf9641dcd9e859b0177
ed314be828（代码 105）。

具体代码：

```
1.    //监督分类
2.    var roi = /* color: #d63000 */ee.Geometry.Polygon(
3.          [[[103.90797119140626, 19.300461796064834],
4.            [104.6770141601562, 18.791603753190085],
5.            [105.3526733398437, 18.52096883329724],
6.            [105.7811401367187, 18.541802200057951],
7.            [105.7976196289062, 19.300461796064834],
8.            [105.0011108398437, 20.122686131769573],
9.            [104.6001098632812, 19.719859112799057],
```

```
10.            [104.0453002929687, 19.761221836922864]]]);
11.      Map.centerObject(roi, 8);
12.      Map.addLayer(roi, {color: "red"}, "roi");
13.
14.      /**
15.      forest 0
16.      urban 1
17.      paddyrice 2
18.      water 3
19.      crop 4
20.      */
21.      var sampleData=ee.FeatureCollection("users/wangwei
happy0/training01/l8ClassifySample");
22.      Map.addLayer(sampleData, {}, "sampleData");
23.
24.      //Landsat8 SR 数据去云
25.      function rmCloud(image) {
26.        var cloudShadowBitMask = (1 << 3);
27.        var cloudsBitMask = (1 << 5);
28.        var qa = image.select("pixel_qa");
29.        var mask = qa.bitwiseAnd(cloudShadowBitMask).eq(0)
30.
                .and(qa.bitwiseAnd(cloudsBitMask).eq(0));
31.        return image.updateMask (mask);
32.      }
33.
34.      //缩放
35.      function scaleImage(image) {
36.        var time_start = image.get("system:time_start");
37.        image = image.multiply(0.0001);
38.        image = image.set("system:time_start", time_start);
39.        return image;
40.      }
41.
42.      //NDVI
43.      function NDVI(image) {
44.        return image.addBands(
45.          image.normalizedDifference(["B5", "B4"])
```

```
46.             .rename("NDVI"));
47.      }
48.
49.      //NDWI
50.      function NDWI(image) {
51.        return image.addBands(
52.          image.normalizedDifference(["B3", "B5"])
53.             .rename("NDWI"));
54.      }
55.
56.      //NDBI
57.      function NDBI(image) {
58.        return image.addBands(
59.          image.normalizedDifference(["B6", "B5"])
60.             .rename("NDBI"));
61.      }
62.
63.      var l8Col = ee. ImageCollection ("LANDSAT / LC08 / C01/
T1_SR")
64.                   .filterBounds(roi)
65.                   .filterDate("2016-1-1", "2017-1-1")
66.                   .map(rmCloud)
67.                   .map(scaleImage)
68.                   .map(NDVI)
69.                   .map(NDWI)
70.                   .map(NDBI);
71.
72.      //DEM
73.      var srtm = ee.Image("USGS/SRTMGL1_003");
74.      var dem = ee.Algorithms.Terrain(srtm);
75.      var elevation = dem.select("elevation");
76.      var slope = dem.select("slope");
77.
78.      var bands = [
79.        "B1", "B2", "B3", "B4", "B5", "B6", "B7",
80.        "NDBI", "NDWI", "NDVI","SLOPE", "ELEVATION"
81.      ];
82.      var l8Image = l8Col.median()
83.                   .addBands(elevation.rename
("ELEVATION"))
```

```
84.                      .addBands(slope.rename("SLOPE"))
85.                      .clip(roi)
86.                      .select(bands);
87.
88.     var rgbVisParam = {
89.       min: 0,
90.       max: 0.3,
91.       bands: ["B4", "B3", "B2"]
92.     };
93.     Map.addLayer(l8Image, rgbVisParam, "l8Image");
94.
95.     //切分生成训练数据和验证数据
96.     sampleData = sampleData.randomColumn('random');
97.     var sample_training=sampleData.filter(ee.Filter.lte
("random", 0.7));
98.     var sample_validate=sampleData.filter(ee.Filter.gt
("random", 0.7));
99.
100.    print("sample_training", sample_training);
101.    print("sample_validate", sample_validate);
102.
103.    //生成监督分类训练使用的样本数据
104.    var training = l8Image.sampleRegions({
105.      collection: sample_training,
106.      properties: ["type"],
107.      scale: 30
108.    });
109.    //生成监督分类验证使用的样本数据
110.    var validation = l8Image.sampleRegions({
111.      collection: sample_validate,
112.      properties: ["type"],
113.      scale: 30
114.    });
115.
116.    //初始化分类器
117.    var classifier = ee.Classifier.cart().train({
118.      features: training,
119.      classProperty: "type",
120.      inputProperties: bands
```

```
121.    });
122.
123.    //影像数据调用 classify 利用训练数据训练得到分类结果
124.    var classified = l8Image.classify(classifier);
125.    //训练结果的混淆矩阵
126.    var trainAccuracy = classifier.confusionMatrix();
127.
128.    //导出训练精度结果 CSV
129.    Export.table.toDrive({
130.      collection: ee.FeatureCollection([
131.        ee.Feature(null, {
132.          matrix: trainAccuracy.array(),
133.          kappa: trainAccuracy.kappa(),
134.          accuracy: trainAccuracy.accuracy()
135.        }
136.      )]),
137.      description: "l8TrainConf",
138.      folder:"training01",
139.      fileFormat: "CSV"
140.    });
141.
142.    //导出影像
143.    var resultImg = classified.clip(roi).toByte();
144.    resultImg=resultImg.remap([0,1,2,3,4], [1,2,3,4,5]);
145.    Export.image.toAsset({
146.      image: resultImg,
147.      description: 'Asset-l8Classifiedmap',
148.      assetId: "training01/l8Classifiedmap",
149.      region: roi,
150.      scale:30,
151.      crs: "EPSG:4326",
152.      maxPixels: 1e13
153.    });
154.
155.    Export.image.toDrive({
156.      image:resultImg,
157.      description:'Drive-l8Classifiedmap',
158.      fileNamePrefix: "l8Classifiedmap",
```

```
159.    folder:"training01",
160.    region: roi,
161.    scale:30,
162.    crs: "EPSG:4326",
163.    maxPixels:1e13
164.  });
165.
166.
167.  //验证数据集合调用classify进行验证分析得到分类验证结果
168.  var validated = validation.classify(classifier);
169.  //验证结果的混淆矩阵
170.  var  testAccuracy  =  validated.errorMatrix("type",
"classification");
171.
172.  //导出验证精度结果CSV
173.  Export.table.toDrive({
174.    collection: ee.FeatureCollection([
175.      ee.Feature(null, {
176.        matrix: testAccuracy.array(),
177.        kappa: testAccuracy.kappa(),
178.        accuracy: testAccuracy.accuracy()
179.      }
180.    )]),
181.    description: "l8TestConf",
182.    folder:"training01",
183.    fileFormat: "CSV"
184.  });
```

运行结果见图 3-36。

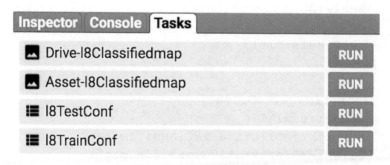

图 3-36　监督分类生成的分类结果以及精度信息

代码分析：

（1）第 21～22 行导入外部的样本数据，里面包含五类数据。

（2）第 24～70 行对影像集合数据进行预处理，包括去云、缩放、计算各种指数如 NDVI、NDWI 等。

（3）第 73～76 行添加 DEM 数据。

（4）第 78～86 行将影像集合数据合成为单张影像。

（5）第 96～114 行生成分类使用的验证数据和训练数据。

（6）第 117～126 行初始化分类器，并对影像进行分类操作。

（7）第 129～164 行将分类结果、分类精度导出到 Google Drive 或者 Google Assets。

（8）第 168～184 行将验证精度结果导出到 Google Drive 中。

3）带面积统计的监督分类

上面代码只是将分类结果及精度分析文件导出到 Google Drive 及 Google Assets 中，其中还有重要的一步没有做就是计算统计面积，这个在 Earth Engine 中做非常简单，只要结合使用 ee.Image.pixelArea（）方法。这个方法会返回一个影像，影像的每一个像素就是当前缩放级别下像素具体的面积大小，单位是平方米。

代码链接：https://code.earthengine.google.com/95eb931a993ef4c1a1c42c13e039b94d（代码 106）。

具体代码：

```
1.    var roi = /* color: #d63000 */ee.Geometry.Polygon(
2.        [[[103.90797119140626, 19.300461796064834],
3.        [104.6770141601562, 18.791603753190085],
4.        [105.3526733398437, 18.52096883329724],
5.        [105.7811401367187, 18.541802200057951],
6.        [105.7976196289062, 19.300461796064834],
7.        [105.0011108398437, 20.122686131769573],
8.        [104.6001098632812, 19.719859112799057],
9.        [104.0453002929687, 19.761221836922864]]]);
10.   Map.centerObject(roi, 8);
11.   Map.addLayer(roi, {color: "red"}, "roi");
12.
13.   var  classified  =  ee.Image("users/wangweihappy0/
training01/l8Classifiedmap");
14.   var result = classified.clip(roi).toByte();
15.   var visParam = {
16.     min: 1,
```

```
17.      max: 5
18.    };
19.    Map.addLayer(result, visParam, "image");
20.
21.    var dict = ee.Image.pixelArea()
22.              .addBands(result)
23.              .reduceRegion({
24.                reducer:ee.Reducer.sum().group({
25.                  groupField:1,
26.                  groupName:'type',
27.                }),
28.                geometry:roi,
29.                scale:30,
30.                maxPixels:1e13
31.              });
32.    print("dict", dict);
33.    var groups = ee.List(dict.get("groups"));
34.    var typeNames = ee.List(["森林", "人造地表","水稻","水
体","耕地"]);
35.    var featureList = groups.map(function(group){
36.      group = ee.Dictionary(group);
37.      var area = ee.Number(group.get("sum"));
38.      area = area.divide(1000000);
39.      var type = ee.Number(group.get("type"));
40.      var f = ee.Feature(null, {
41.        "type": type,
42.        "area": area,
43.        "name": typeNames.get(type.subtract(1))
44.      });
45.      return f;
46.    });
47.    var areaFCol = ee.FeatureCollection(featureList);
48.    var totalArea=ee.Number(areaFCol.aggregate_sum
("area"));
49.    areaFCol = areaFCol.map(function(f){
50.      var _area = ee.Number(f.get("area"));
51.      f   =   f.set("percent",   _area.divide(totalArea).
multiply(100));
52.      f = f.set("totalArea", totalArea);
```

```
53.      return f;
54.    });
55.    print("caculate area", areaFCol);
```

运行结果见图 3-37。

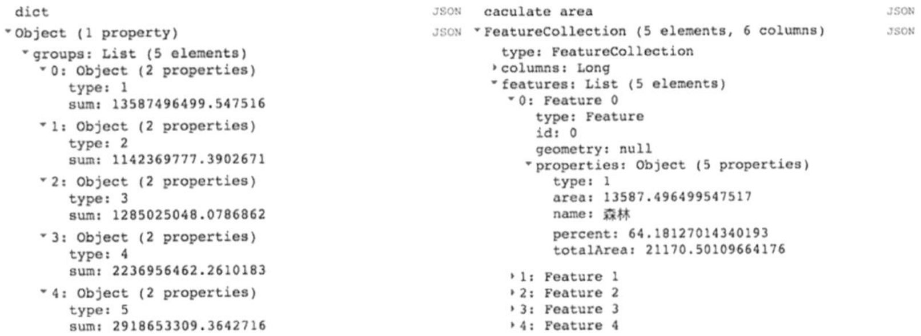

图 3-37　左图是计算的各种类型面积，右图是对这个统计结果做的详细统计

代码分析：

（1）第 15～18 行加载的 roi 区域的分类结果数据，数据的值从 1 到 5 分别代表"森林"、"人造地表"、"水稻"、"水体"和"耕地"。

（2）第 21～32 行结合 group 和 ee.Image.pixelArea（）两个方法，计算导入的分类影像中每个值也就是 1～5 具体面积总和。

（3）第 33～46 行构造新的 FeatureCollection 数据，将分类的每一种类型地物属性都记录下来，方便后续做更进一步的统计分析。

（4）第 48 行计算这些地物总面积。

（5）第 49～54 行计算每一种地物的占总面积比例，同时将这个属性写入每一个 feature 中。

3. 面向对象分类方法

要做面向对象分类首先就需要做图像分割，在 Earth Engine 中现在也内置了几种图像分割算法，具体的方法可以参考 ee.Algorithms.Image.Segmentation 类，关于这些图像分割算法的具体使用，官方也提供了一个非常好的在线材料，具体地址是：https://docs.google.com/presentation/d/1p_W06MwdhRFZjkb7imYkuTchatY5nx b5aTRgh6qm2uU/edit#slide=id.p。

这里简单介绍如何做面向对象分类。这个例子使用美国农业部门做的分辨率为 1m 的影像数据（National Agriculture Imagery Program，NAIP），利用已有的分类结果（USDA NASS cropland data layers）提取样本点，然后对 NAIP 数据分类。

1）具体代码

在线代码链接：https://code.earthengine.google.com/fb946692b5ed34830d429
77a4fd31e94（代码107）。

```
1.    var imageCollection = ee.ImageCollection('USDA/NAIP/
DOQQ');
2.    var roi = /* color: #0b4a8b */ee.Geometry.Polygon(
3.        [[[-121.89511299133301, 38.98496606984683],
4.          [-121.89511299133301, 38.909335196675435],
5.          [-121.69358253479004, 38.909335196675435],
6.          [-121.69358253479004, 38.98496606984683]]],
null, false);
7.    Map.centerObject(roi, 11);
8.
9.    var bands = ['R', 'G', 'B', 'N'];
10.   var img = imageCollection.filterDate('2016-01-01',
'2017-01-01')
11.                     .filterBounds(roi)
12.                     .mosaic()
13.                     .clip(roi)
14.                     .divide(255)
15.                     .select(bands);
16.   Map.addLayer(img, {gamma: 0.8}, 'RGBN', false);
17.
18.   //生成图像分割随机种子
19.   var seeds = ee.Algorithms.Image.Segmentation.seedGrid
(36);
20.   //调用图像分割算法
21.   var snic = ee.Algorithms.Image.Segmentation.SNIC({
22.     image: img,
23.     size: 32,
24.     compactness: 5,
25.     connectivity: 8,
26.     neighborhoodSize:256,
27.     seeds: seeds
28.   }).select(
29.     ['R_mean','G_mean','B_mean','N_mean','clusters'],
30.     ['R', 'G', 'B', 'N', 'clusters']
```

```
31.    );
32.
33.    var clusters = snic.select('clusters');
34.    Map.addLayer(clusters.randomVisualizer(),          {},
'clusters');
35.
36.    // 计算方差
37.    var stdDev = img.addBands(clusters)
38.                .reduceConnectedComponents({
39.                  reducer: ee.Reducer.stdDev(),
40.                  labelBand: "clusters",
41.                  maxSize: 256
42.                });
43.    // 计算面积
44.    var area = ee.Image.pixelArea()
45.                .addBands(clusters)
46.                .reduceConnectedComponents({
47.                  reducer: ee.Reducer.sum(),
48.                  labelBand: 'clusters',
49.                  maxSize: 256
50.                });
51.    // 周长
52.    var minMax = clusters.reduceNeighborhood({
53.      reducer: ee.Reducer.minMax(),
54.      kernel: ee.Kernel.square(1)
55.    });
56.    var perimeterPixels = minMax.select(0)
57.                      .neq(minMax.select(1))
58.                      .rename('perimeter');
59.    var perimeter = perimeterPixels.addBands(clusters)
60.
                          .reduceConnectedComponents({
61.                            reducer:
ee.Reducer.sum(),
62.                            labelBand: 'clusters',
63.                            maxSize: 256
64.                          });
65.    // 宽高
66.    var sizes = ee.Image.pixelLonLat()
```

```
67.                              .addBands(clusters)
68.                              .reduceConnectedComponents({
69.                                reducer: ee.Reducer.minMax(),
70.                                labelBand: 'clusters',
71.                                maxSize: 256
72.                              });
73.    var width = sizes.select('longitude_max')
74.
                   .subtract(sizes.select('longitude_min'))
75.                   .rename('width');
76.    var height = sizes.select('latitude_max')
77.
                   .subtract(sizes.select('latitude_min'))
78.                   .rename('height');
79.
80.    var objImg = ee.Image.cat([
81.      snic.select(bands),
82.      stdDev,
83.      area,
84.      perimeter,
85.      width,
86.      height
87.    ]).float();
88.
89.    var cdl2016 = ee.Image('USDA/NASS/CDL/2016');
90.    Map.addLayer(cdl2016.select('cropland'),          {},
"cdl2016", false);
91.    var training=objImg.addBands(cdl2016.select
('cropland'))
92.                         .updateMask(seeds)
93.                         .sample(roi, 5);
94.    var classifier = ee.Classifier.randomForest(10)
95.                         .train(training,
'cropland');
96.    Map.addLayer(objImg.classify(classifier),    {min:0,
max:254}, 'Classified objects');
```

2）运行结果

具体见图 3-38。

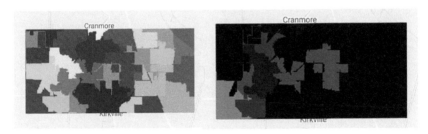

图 3-38　左图是使用分割算法后的结果，右图是使用随机森林分类最终结果

3）代码分析

（1）第 1～16 行根据指定的日期、区域筛选 NAIP 影像数据集合，并且将其做拼接、裁剪等预处理操作。

（2）第 19～34 行对上述得到的影像用 Earth Engine 定义的分割算法做分割。

（3）第 36～78 行利用分割算法的结果计算元素的各个物理属性，如方差、面积、周长、宽高等。

（4）第 80～87 行将之前需要的所有波段合并到一景影像中，后续对这景影像做分类。

（5）第 89～93 行利用已有的分类结果采样生成样本数据。

（6）第 94～96 行对指定的影像数据加样本数据采用随机森林方法进行分类。

第三篇　应　用　篇

第4章 Earth Engine 在土地覆盖/利用变化研究中的应用

导读　本章在理论和编程指南的基础上对目前遥感云计算最主要的应用领域——土地覆盖/利用变化信息提取的最新研究进展进行了梳理，系统归纳了全球和国家尺度上土地覆盖产品的现状，详细介绍了 Earth Engine 在农田、森林、草地、城市、水体等专题土地覆盖信息提取的研究进展，并介绍了土地覆盖/利用产品验证等问题。本章旨在归纳总结 Earth Engine 在土地覆盖与土地利用遥感信息提取领域的应用前沿，为相关研究提供参考。

4.1　全球和国家土地覆盖/利用数据产品进展

遥感影像是区域和全球尺度土地覆盖/利用信息提取的重要数据源。2010 年以前，由于中高分辨率遥感影像数据较难获取，研究成果主要以较低空间分辨率的全球和区域土地覆盖分类图为主，如马里兰大学的 IGBP DIScover 和 UMD 土地覆盖数据集，欧洲的 GLC2000、GlobCover、ESA-CCI 土地覆盖数据集，波士顿大学的 MCD12Q1 土地覆盖数据集等（表 4-1）。

遥感平台的不断更新和遥感数据的免费开放已促使我们进入一个前所未有的遥感大数据时代。特别是 2008 年美国国家地质调查局（USGS）免费开放了所有历史存档和实时获取的 Landsat 数据；此外，中国资源卫星、欧空局的 Sentinel-2 卫星的发射和数据共享进一步补充了中等空间分辨率数据的来源。与此同时，计算和存储能力的迅速提升，如 Earth Engine 遥感云计算平台的出现使得海量遥感数据的快速处理成为可能。这些遥感大数据和云计算平台的应用，直接促使了全球土地覆盖产品在空间分辨率上由千米级到 30m 级甚至更高分辨率的提升。

中国学者在全球和区域土地覆盖/利用制图上也做出了大量贡献，包括中科院地理科学与资源研究所联合多家单位完成的中国土地利用数据集（CLUD）（Liu et al.，2003；刘纪远等，2005，2014）、在生态环境十年评估项目支持下由原中科院遥感所领衔完成的中国多期土地覆盖数据集 ChinaCover（吴炳方等，2014）、中国国家基础地理信息中心生产的全球土地覆盖数据 GlobeLand30（Chen et al.，2015），以及清华大学发布的全球土地覆盖数据集 FROM-GLC（Gong et al.，2013）及其后续更新产品。

表 4-1 全球和中国全类型土地覆盖/利用数据产品

产品/数据名称	发布机构	作者	时间跨度(年)	范围	分辨率	所用数据和方法	参考文献	下载地址
UMD1km	University of Maryland (UMD)	Hansen 等	1992/1993	全球	1km	AVHRR 数据;监督分类决策树	(Hansen et al., 2000)	http://www.geog.umd.edu/landcover/global-cover.html
IGBP DISCover	United States Geological Survey (USGS)	Loveland 等	1992/1993	全球	1km	非监 AVHRR 数据;督分类,分类后处理	(Loveland et al., 2000)	http://edcwww.cr.usgs.gov/landdaac/glc/glcc-na.html
GLC 2000	European Commission's Joint Research Centre (JRC)	Bartholomé 和 Belward	2000	全球	1km	SPOT-4;非监督分类	(Bartholome and Belward, 2005)	http://www-gvm.jrc.it/glc2000/defaultGLC2000.htm
MCD12Q1	Boston University (BU)	Friedl 等	2001~2018	全球	500m	MODIS 反射率数据;监督分类,基于先验知识的后处理	(Friedl et al., 2010)	https://lpdaac.usgs.gov/products/mcd12q1v006/
GlobCover	European Space Agency (ESA)	Arino 等	2005/2006, 2009	全球	300m	MERIS 数据;非监督分类	(Arino et al., 2007)	http://due.esrin.esa.int/page_globcover.php
CCI-LC	European Space Agency (ESA)	ESA	1991~2015	全球	300m	Envisat MERIS (2003~2012), AVHRR (1992~1999), SPOT-VGT(1999~2013) and PROBA-V data for 2013, 2014 and 2015 基准数据加变化叠加	(Arino et al., 2008)	http://maps.elie.ucl.ac.be/CCI/viewer/
FROM-GLC	清华大学	Gong 等.	2010, 2015, 2017	全球	30m	Landsat TM/ETM+;监督分类的自动提取	(Gong et al., 2013)	http://data.ess.tsinghua.edu.cn/
Globe Land30	国家基础地理信息中心	Chen 等	2000, 2010	全球	30m	Landsat TM/ETM+和 HJ-1;基于像元、面向对象和知识融合的方法(pixel-object-knowledge-based method, POK)	(Chen et al., 2015)	http://www.globallandcover.com/GLC30Download/index.aspx

续表

产品/ 数据产品名称	发布机构	作者	时间跨度 （年）	范围	分辨率	所用数据源和方法	参考文献	下载地址
NLCD-China	中国科学院地理资源所等单位	刘纪远等	1990, 1995, 2000, 2005, 2010, 2015	中国	30m/ 100m/ 1km	Landsat TM/ETM+; CBERS; 人工解译	（刘纪远等，2014）	http: //www.resdc.cn/
China Cover	中国科学院遥感所等单位	吴炳方等	2000，2010	中国	30m	Landsat TM/ETM+数据和 HJ-1 卫星数据 面向对象自动分类	（吴炳方等，2014）	http: //www.ecosystem.csdb.cn/ecogj/index.jsp
中国 1∶10万土地覆被数据产品	中国科学院地理所等单位	杨雅萍等	2015	中国	30m	Landsat 数据	国家地球系统科学数据共享服务平台	
第一次全国地理国情普查公报	国家测绘地理信息局；国土资源部；国家统计局；国务院第一次全国地理国情普查领导小组		2015	中国		资源三号高分辨率测绘卫星影像为主要数据源；室内分析判读、野外实地调查		
SPECLib-based Land Cover	中科院遥感所等单位	刘良云等	2013	中国	30m	Landsat 8 OLI; 基于时空光谱曲线库的最大似然法分类	（Zhang et al.，2018）	
FROM-GLC10	清华大学等	宫鹏等	2017	全球	10m	Sentinel 2	（Liu et al.，2005）	http: //data.ess.tsinghua.edu.cn/

其中，CLUD 数据产品是中国最长时间序列的土地覆盖/利用产品，该产品是中科院团队以 Landsat、中巴资源卫星遥感数据作为主要信息源，通过人工解译完成的20 世纪 80 年代末、1995 年、2000 年、2005 年、2010 年和 2015 年六期全国土地利用变化 1∶10 矢量数据库及在此基础上形成的 1km 比例成分分类栅格数据库，这也是中国最长时间跨度的国家尺度土地利用变化数据库（Wang et al., 2002；Liu et al., 2005a, 2005b；刘纪远等，2005）。GlobeLand30 数据集主要基于 Landsat TM / ETM + 数据，HJ-1 卫星影像作为辅助数据源，产品有 2000 年和 2010 年两期（Chen et al., 2015）。该产品采用基于像元和面向对象分类与知识集成的方法（Pokhriyal and Jacques，2017），充分利用自动分类在效率及人工知识两个方面的优势来保证精度，相较之前的产品具有更高的精度和可靠性。该产品已经得到国内外用户广泛应用。在此基础上进一步发展细化了一些专题的土地利用图，如有学者以 GlobeLand30 产品为基础构建了人造地表覆盖二级类型分类系统及提取的技术方法，形成了高精度的城市建成区及内部不透水面和植被覆盖组分比例的数据产品（匡文慧等，2016）。FROM-GLC 产品（Gong et al., 2013）是清华大学在 2013 年完成的第一个全球 30m空间分辨率土地覆盖产品（http://data.ess.tsinghua.edu.cn），它采用全球土地调查项目（GLS）Landsat TM / ETM +影像和自动监督分类器完成。该数据集已更新多次，准确度也已极大地提高。最新的成果是基于 Sentinel-2 影像和前期基于 Landsat 的训练样本完成了全球 2017 年的土地覆盖数据更新（Gong et al., 2019）。China Cover 数据受全国生态环境十年变化（2000～2010 年）调查评估项目支持，基于 Landsat TM /ETM +和 HJ-1 卫星数据，利用广泛的地面调查数据与基于对象的分类方法，产品包括 2000 年和 2010 年两期的数据。

这些不断改进的国内外土地覆盖/利用数据集已得到广泛应用，为生态系统功能与结构评价、粮食安全与耕地保护、气候变化模拟与评价等研究提供了重要的数据支撑。Earth Engine 平台的出现为土地覆盖/利用数据的更新提供了更方便的数据和超算资源，在很大程度上提高了土地覆盖/利用信息提取的效率。本章将从不同专题出发，梳理和介绍目前为止 Earth Engine 用于农田、森林、水田等不同专题土地信息提取的最新研究进展。

4.2　Earth Engine 在不同专题土地信息提取中的应用

4.2.1　耕地信息提取

遥感已经成为农业土地利用信息最重要的获取手段，当前遥感技术的迅速发展为农业土地利用信息的快速获取提供了新的机遇。Earth Engine 遥感云计算平台为海量遥感数据的快速处理提供了更强大的计算能力，极大提高了运算效率，使得农业土地利用信息的及时获取成为可能。在这些新的数据和前沿技术的支持下，国内外农业土地利用信息提取研究取得了长足的进步，涌现出了一系列新的研究成果，如全球 30m 耕地分布产品、国家尺度作物分类产品、区域尺度熟制和撂荒的产品，以及全球尺度灌溉产品等。

在耕地信息提取方面，美国地质调查局 Prasad Thenkabail 团队完成了一系列耕地制图研究与实践，包括中国与澳大利亚（Teluguntla et al.，2018）、东南亚和东北亚（Oliphant et al.，2019）、非洲（Xiong et al.，2017）等区域尺度的耕地识别。在此基础上，最终形成了全球 30m 分辨率耕地产品（Global Food Security-Support Analysis Data at 30m，GFSAD30，https：//croplands.org/）。这一系列研究主要利用 Landsat 时间序列数据、随机森林算法（random forest）和 Earth Engine 云计算平台，以多时相多波段合成值为分类特征，借助农业生态区划（agro-ecological zones，AEZ）进行分区分类。在农业种植制度信息提取方面，Tong 等（2020）利用 Sentinel-2 数据描述了萨赫勒地区的休耕现象，将农田分为耕地和休耕地，生成了 2017 年休耕分布。Liu 等（2020）在 Earth Engine 平台支持下整合 Landsat 和 Sentinel-2 数据，通过时间合成、插值与平滑，形成了规则的时间序列数据集，在此基础上提取作物生长周期和关键物候期，进而得到了中国典型区高空间分辨率的作物熟制信息。

Earth Engine 用于耕地信息提取的典型案例：Thenkabail 团队对全球耕地分布信息提取的工作，主要利用 Landsat 7/8 大气层顶反射率数据（TOA），利用了多个波段和植被指数（如 blue、green、red、NIR、SWIR1、SWIR2、TIR1、NDVI），对不同研究区域采用多个时相的中值合成形成多个分类特征，在大量地面样本数据基础上对研究区域内多个农业生态区或气候区进行分区分类，最后得到研究区耕地分布图（图 4-1、图 4-2），具体技术流程可参考 Teluguntla 等（2018）和 Oliphant 等（2019）。

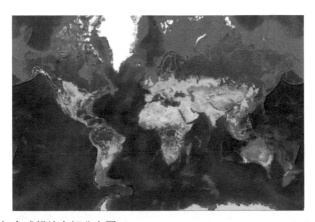

图 4-1　2015 年全球耕地空间分布图（Global Food Security-Support Analysis Data at 30m，
GFSAD30，https://croplands.org/）

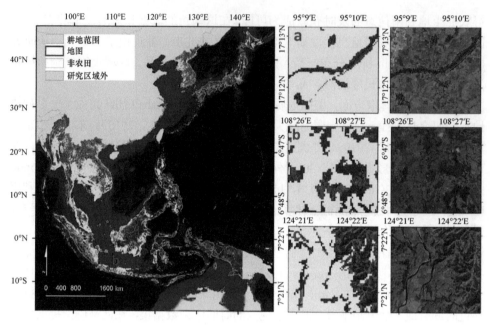

图 4-2　2015 年东南亚和东北亚耕地分布图

4.2.2　森林信息提取

森林面积和变化是全球变化研究的热点问题，历来为学者广泛关注，针对森林遥感监测的产品和工作有很多。在全球尺度上，最具代表性的工作来自于马里兰大学，Hansen 等（2013）采用所有可用的 Landsat 7 数据在 Earth Engine 平台上首次实现了全球森林动态监测，研究发现全球森林在 2000～2012 年损失了 230 万 km²，同时增加了 80 万 km²。在该工作的基础上，世界资源研究所的全球森林监测项目（global forest watch）实现了全球尺度的森林变化连续监测，并建成了森林监测平台，为用户免费提供最新的数据、技术和工具支持。除基于 Landsat 数据的森林变化监测，雷达数据在多云多雨的热带地区森林监测中发挥了重要作用，如 L 波段的 JAXA/PALSAR 数据近年来得到了广泛应用，日本宇航局 JAXA 采用 PALSAR 后向散射系数数据和阈值分割的方法生产了 2007～2010 年、2014～2018 年全球范围的森林分布图（Shimada et al.，2014）。美国俄克拉荷马大学及中国科学院地理科学与资源研究所的合作团队在 Earth Engine 平台上通过整合光学数据（MODIS 或 Landsat）和 PALSAR 数据，采用阈值分割的方法生成了全球多个典型地区的森林分布图（Dong et al.，2012；Qin et al.，2016，2017；Chen et al.，2017），结果表明通过整合 L 波段雷达数据和光学数据，显著提高了森林面积提取的精度。

区域尺度上，基于 Earth Engine 的森林变化监测也不断涌现，如 Johansen 等（2015）利用 Earth Engine 平台和归一化的时间序列 NDVI 及 Foliage Projective Cover（FPC）数据，结合平台上集成的分类与回归树 CART 和随机森林算法（Johansen et al.，2015）来预测木质植物的减少。结果表明基于归一化的 FPC 和 NDVI 时间序列的方法对于计算清除概率更为可靠，该方法不需要训练数据，可以通过选择合适的阈值进行调整，以针对大型木本植被砍伐事件提供自动警报。这些森林面积提取的产品已经得到广泛应用，为森林监测以及动态变化分析提供了重要数据，为政府决策提供了科学支撑（表 4-2）。

表 4-2　森林分布数据集

产品/数据名称	机构	时间跨度/年份	空间范围	空间分辨率/m
Hansen Forest	University of Maryland(UMD)	2000，2010	全球	30
Landsat Vegetation Continuous Fields（VCF）tree cover layers	Global Land Cover Facility（GLCF）	2000，2005，2010，2015	全球	30
PALSAR Forest	Japan Aerospace Exploration Agency（JAXA）	2007~2010，2015	全球	25/50
OU-FDL	University of Oklahoma	2010	全球	25/50
GlobeLand30	The China National Geomatics Center of China（NGCC）	2010	全球	30
FROM-GLC	Tsinghua University	2010，2017	全球	30
China Cover	The 10-year Environmental Monitoring Program	2000，2010	中国	30
NLCD-China	The Chinese Academy of Sciences	1990，1995，2000，2005，2010	中国	30

Earth Engine 用于森林提取的典型案例：Hansen 等（2013）首次实现了全球范围 30m 的森林变化监测，主要利用基于年度生长季内无云的 Landsat 7 数据，通过回归树模型来估算每个像素的最大树冠覆盖百分比，从而合成全球树冠覆盖数据（treecover），进而得到最终的森林变化数据产品（图 4-3）。

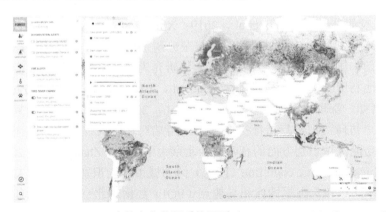

图 4-3　Global Forest Watch 森林变化监测系统界面（http：//www.globalforestwatch.org）

4.2.3 城市土地利用信息提取

早期全球城市土地利用信息主要基于中低分辨率的遥感数据（MODIS、DMSP-OLS、AVHRR）及统计数据生成，如 IMPSA、NTL-Urban、HYDE、GRUMP 等（Elvidge et al.，2007；Zhou et al.，2018）。Earth Engine 平台使得基于中分辨率遥感卫星数据进行全球和区域城市土地利用制图和动态变化监测成为可能。在区域尺度上，宫鹏等（2019）基于 Landsat 遥感影像完成了 40 年时间跨度的 1978年、1984～2017 逐年的中国建成区制图产品。该研究将中国区域划分为 298 个格网，每个格网面积为 200km×200km，将选取的 2391 个训练样本应用于 Landsat系列卫星影像，在 Earth Engine 云计算平台利用 "Exclusion-Inclusion" 分类方法实现了建成区快速自动制图，经时间一致性检验后最终得到 1978 年、1984～2017中国 40 年建成区长时间序列产品，填补了较高分辨率时空一致的建成区动态监测产品这一空白。在全球尺度上，中山大学团队（Liu et al.，2018）利用 GEE 地理云计算平台生成了一套 1990～2010 年全球高分辨率多时相城市用地产品（每 5年一期），并使用城市用地综合指数方法（normalized urban areas composite index，NUACI）进行分类样本参数的分区标定和校正，最终实现城市用地的自动化识别。高分辨率全球城市用地产品的时间序列缺陷正在逐渐弥补，为全球城市研究提供更加强有力的支持。

基于遥感云计算能够实现对全球城市土地覆盖的快速提取和变化监测（Li et al.，2020），而对于城市土地利用和对城市内部结构及功能的研究较少（Zhu et al.，2019）。由于城市内部结构的复杂性及异质性，基于遥感数据对城市土地利用信息（如商业区、住宅区、工业区等）进行提取仍较为困难，主要集中在利用深度学习算法对高分辨率遥感影像进行训练方面 （Huang et al.，2018；Zhang et al.，2018）。随着手机信令数据（Ratti et al.，2016）、交通轨迹数据（Yu et al.，2019）、社交媒体数据（Qiao et al.，2019；Xing et al.，2018）等社会感知数据的出现及发展，具有社会经济属性的高时空分辨率的城市土地利用信息提取成为可能。目前，国内外相关学者开展的大量研究为融合遥感数据及社会感知数据的城市土地利用制图奠定了基础（Chen et al.，2018；Xu et al.，2020；Zhang et al.，2020）。例如，深圳大学研究团队（Cao et al.，2020）基于深度学习算法对遥感数据及用户访问数据进行特征提取，并采用端对端方式训练样本，证明了该方法在城市功能区域识别方面的有效性。北京大学团队（Zhang et al.，2017）提出了 hierarchical semantic cognition（HSC）作为城市功能识别的一般认知结构，基于高分辨率（VHR）卫星图像和兴趣点（POI）数据对北京市城市功能区域进行识别。同时机器学习算法及云计算平台的发展也为城市用地制图的发展带来了新的机遇（Zhu et al.，2017）。快速演变的城市结构为城市规划及管理带来了新的挑战，融合遥感数据及社会感知数据方法可以为未来城市空间研究提供借鉴和参考（表 4-3）。

表 4-3　全球城市分布数据集

产品/数据名称	时间跨度（年）	空间范围	空间分辨率
HYDE	1700～2000	全球	9km
GRUMP	1995	全球	1km
LandScan	1998、2000	全球	1km
IMPSA	2000	全球	1km
IMPSA	2000	全球	1km
NTL-Urban	1992～2013	全球	1km
Global Urban Land	1990、1995、2000、2005、2010、2015	全球	30m
HBASE	2010	全球	30m
GMIS	2010	全球	30m
GUF	2011	全球	30m

Earth Engine 用于城市土地利用提取的典型案例：中山大学团队对全球建设用地分布信息提取的工作，主要利用 DMSP-OLS 夜间灯光数据及 Landsat 5 大气层顶反射率数据（TOA），综合多个遥感指数（NDVI，NDWI，NDBI）构建归一化城市综合指数（NUACI），基于大量地面样本数据对不同城市生态区的城市进行最佳分割阈值提取，从而对像元进行分类，得到分类结果。具体技术流程可参考 Liu 等（2018）。

4.2.4　水体信息提取

随着遥感数据爆炸式增长和 Earth Engine 等高性能云计算平台的发展，水体信息提取经历了在时间分辨率上由基于若干单期时间节点（多年一期）到基于长时间序列（每年一期），空间分辨率上由低空间分辨率（> 200m）到中高空间分辨率（~30m）的发展过程（周岩和董金玮，2019）。由于受遥感影像获取方式与数据计算平台的限制，前期大多数研究都是基于若干时间点的遥感影像与本地机或服务器进行水体提取，因此地表水体分布数据主要是面向单期时间节点的。Earth Engine 平台的出现使得我们能够对地表水体连续变化过程进行更加准确地刻画。

在全球尺度上，马里兰大学研究团队利用 2000 年左右全球所有的 8000 余景数据质量较高的 Landsat 影像与基于水体指数与阈值的水体提取算法，基于高性能本地服务器生成了 2000 年全球 30m 空间分辨率水体数据集（Feng et al., 2016）。Earth Engine 以其强大的数据计算能力、海量免费遥感数据集（如 Landsat、MODIS、Sentinel）和地物分类算法（如随机森林），为后期进行全球或区域尺度的地表水连续变化监测提供了强有力的数据与平台支撑，如欧盟联合研究中心（The Joint Research Centre，JRC）研究小组利用 1984～2015 年全球 300 万余景 Landsat 遥感影像和专家系统水体提取方法，基于 Earth Engine 云计算平台，生成了过去 32 年间年度和月度的全球 30m 空间分辨率水体覆盖数据集（Pekel et al., 2016）。美国明尼苏达大学研究团队利用 2000～2015 年全球 MODIS 影像，生成了这期间全球每 8 天一期的 500m 空间分辨率地表水体覆盖数据集（Khandelwal et al., 2017），该数据也已成为全球或区域尺度地表水变化研究的重要数据。清华大学研究团队利用 2001～2016 年全球每天的 MODIS 数据（约 190 万景）及机器学习分类算法，生成了这期间全球每天一期的 500m 空间分辨率地表水体覆盖数据集（Ji et al., 2018）。表 4-4 列举了现有多个全球尺度地表水体覆盖数据产品。

表 4-4 全球尺度水体分布数据集

产品/数据名称	机构	时间跨度（年）	空间范围	空间分辨率
Global Inundation Extent from Multi-Satellites（GIEMS）	Centre National de la Recherche Scientifique	1993～2007	全球	0.25 degree
Global Raster Water Mask at 250 meter Spatial Resolution	University of Maryland	2000～2002	全球	250m
GLOWABO	Université du Littoral Cote d'Opale（ULCO）	2000	全球	30m
Global Land 30-water	National Geomatics Center of China	2000，2010	全球	30m
Global 3 arc-second Water Body Map（G3WBM）	Japan Agency for Marine-Earth Science and Technology	1990～2010	全球	90m
Global water cover map in 2013	Chiba University	2013	全球	500m
GLCF GIW	University of Maryland	2000	全球	30m
Global Surface Water Data	The Joint Research Centre（JRC）	1984～2015	全球	30m
500m 8-day Water Classification Maps	University of Minnesota	2000～2015	全球	500m
500m Resolution Daily Global Surface Water Change Database	Tsinghua University	2001～2016	全球	500m

在区域尺度上，美国俄克拉荷马大学研究团队利用 1984～2016 年覆盖美国的所有 Landsat 遥感影像，基于 Earth Engine 平台，并结合基于水体指数与阈值的水体提取算法，生成了这期间内美国地区每年的地表水体覆盖数据集，全面分析了过去三十余年间美国地表水的时空变化特征（Zou et al., 2018）。中科院地理所研

究团队利用 1991～2017 年覆盖蒙古高原的所有 Landsat 数据与基于水体指数与阈值的水体分类方法，基于 Earth Engine 高性能云计算平台，生成了该期间蒙古高原地表水体覆盖的年度数据集，进而开展了该地区湖泊的年际变化研究（Zhou et al.，2019）。

Earth Engine 用于水体提取的典型案例：美国俄克拉荷马大学研究团队基于 Google Earth Engine 云计算平台，利用每年所有 Landsat 5/7/8 地表反射率数据，经过去除云雪等无效观测，得到最终所有可用的 Landsat 有效观测。然后利用 mNDWI、NDVI、EVI 等水体与植被指数，通过规则来判定每一个观测值是否为水体。针对每一个像元，通过一年中被检测为水体的次数除以有效观测次数得到该像元的水体频率，最终生成研究区在这一年中的水体频率图。基于上述思想，该研究团队分别生成了美国在 1984～2016 年（Zou et al.，2017）与中国在 1989～2016 年（Wang et al.，2020）每年的水体频率图，并分析了这两个国家在过去 30 年间地表水体的时空变化特征。

4.2.5　牧草地信息提取

把握牧草地面积的时空动态是更好利用和管理草地资源的基础，也能为缓解气候变化、降低温室气体排放提供依据。但目前针对牧草地分布信息提取的研究相对于森林和耕地等类型更为有限，近期代表的工作如 Parente 等（2019）利用 Landsat 影像集、随机森林算法和 Earth Engine 云计算平台，逐年绘制的 1985～2017 年巴西牧草地的空间分布图。放牧活动是巴西主要的土地利用方式，也是一种重要的生计。该研究表明，1984～2002 年，牧草地快速扩张；2002 年以后，许多牧草地转变为更集约、经济产出更高的农田，牧草地面积的减少促使放牧强度增加（Parente et al.，2019）。

Earth Engine 用于牧草地提取的典型案例：Parente 等（2019）研究主要利用 Landsat 时间序列影像在 Earth Engine 上利用随机森林算法自动提取牧草地。首先，计算每年雨季内 Landsat 有效观测的光谱变化特征（即光谱-时间特征）；然后结合 30000 多个目视解译样本，利用随机森林算法进行分类；进而通过后处理技术增加结果图集一致性。具体来讲，对于分类结果，采用时空平滑算法，将时间滑动窗口设为 5 年，空间领域 3×3，针对每个像元，将其前后各 2 年和周围 8 个像元共 45 个概率值的中值作为最终概率值，并通过 51%的阈值生成牧草地空间分布图。最后，利用已有牧草地分布图作为分层依据，在目视解译的基础上对结果图集进行验证（图 4-4）。

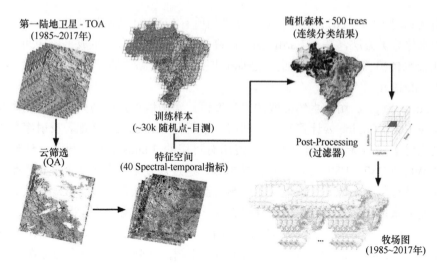

图 4-4   牧草地信息提取技术路线图（Parente et al.，2019）

4.3   土地覆盖/利用产品验证

4.3.1   基于 GEE 的面积估算和精度评价

由于遥感分类与制图的误差，土地覆被/利用类型（及其变化类型）的面积与实际面积往往相差甚远。基于精度评价和误差矩阵的面积估计和不确定性分析，对于遥感产品的后续应用具有重要意义（Card，1982；Olofsson et al.，2013）。严格的精度评价至少包含以下 6 种信息：①验证样本采集的准确描述（包括采样方法、分层依据及样本数量等）；②误差矩阵；③分类得到的各个类型的面积和比例；④用户精度、制图精度及总体精度；⑤制图面积调整；⑥面积估计的置信区间。

波士顿大学 Eric Bullock 和 Pontus Olofsson 等开发了一个 GEE 应用程序——面积估算和精度评价（AREA 2，Area Estimation & Accuracy Assessment），用于采样设计、面积估算和精度评价等流程（https://area2.readthedocs.io/en/latest/overview.html）。下面以柬埔寨 2000～2010 年森林损失为例简要介绍利用 AREA 进行面积估算和精度评价的技术流程（Cochran，2007；Olofsson et al.，2014；Olofsson et al.，2013）。采样方法为分层随机采样。

1）采样方案设计

首先确定层（strata），以 Hansen 全球森林变化图为基础，设定森林、非森林、水体、森林损失、森林增加等 5 个层；然后确定样本数量，并按比例分配至各个层。利用式（4-1）、式（4-2）确定样本数量 n：

$$n = (\frac{\sum_h W_h SD_h}{SE(y)})^2 \qquad (4\text{-}1)$$

$$SD_h = \sqrt{p_h(1 - p_h)} \qquad (4\text{-}2)$$

式中，W_h 为各层权重（面积比）；SD_h 为各层的标准差；p_h 为各层预计的森林损失面积，也就是各层预计的用户精度（预估值）；$SE(y)$ 为预计的森林损失面积的标准误差。

2）样本解译

利用 GEE 应用 Time Series Viewer、TimeSync 以及 Collect Earth 等逐像元解译。

3）计算面积和精度

结合待评价地图和验证样本集构建误差矩阵（表 4-5），通过式（4-3）将样本数量转化为样本比例，其中 W_i 表示制图得到的类别 i 的面积占比（表 4-6）。对表 4-6 在列的方向求和，得到 $p_{.j}$（式 4-4），进而求得各个类别调整后的面积 A_j（式（4-5））。与此同时，求得各个类型面积比例（式（4-6））和面积（式（4-7））的标准差，进而得到面积估算在 95% 置信水平下的置信区间（式（4-8））。

$$p_{ij} = W_i \frac{n_{ij}}{n_i} \qquad (4\text{-}3)$$

表 4-5　基于样本数量的误差矩阵

类别	1	2	...	q	总计
1	$n11$	$n12$	...	$n1q$	$n1.$
2	$n21$	$n22$	...	$n2q$	$n2.$
⋮	⋮	⋮	⋮	⋮	⋮
q	$nq1$	$nq2$	...	nqq	$nq.$
总计	$n.1$	$n.2$	...	$n.q$	n

注：其中行表示分类结果，列代表参考样本（真实）数量

表 4-6　基于样本比例的误差矩阵

类别	1	2	...	q	总计
1	$p11$	$p12$	...	$p1q$	$p1.$
2	$p21$	$p22$	...	$p2q$	$p2.$
⋮	⋮	⋮	⋮	⋮	⋮
q	$pq1$	$pq2$	...	pqq	$pq.$
总计	$p.1$	$p.2$	...	$p.q$	p

注：其中行表示分类结果，列代表参考样本（真实）数量

$$p_{.j} = \sum_i p_{ij} \qquad (4\text{-}4)$$

$$A_j = A_{\text{tot}} \times \sum_i p_{.j} \qquad (4\text{-}5)$$

$$S(p_{.j}) = \sqrt{\sum_{i=1}^q W_i^2 \frac{\dfrac{n_{ij}}{n_{i.}}\left(1 - \dfrac{n_{ij}}{n_{i.}}\right)}{n_{i.} - 1}} \qquad (4\text{-}6)$$

$$S(A_j) = A_{\text{tot}} \times S(p_{.j}) \qquad (4\text{-}7)$$

$$A_j \pm 2 \times S(A_j) \qquad (4\text{-}8)$$

4.3.2 基于 Collect Earth 的地面样本获取方法

在土地利用/覆被类型分类模型构建和验证中，都需要获取可靠的地面样本。地面样本的获取途径至少有 3 种：①野外调查与记录；②利用线上照片数据库素材获取样本；③基于高分辨率遥感影像目视解译。

野外调查与记录是获得地面样本最直接的方式，需要借助高效的 GPS 定位记录工具。常用的 GPS 样本采集工具包括 ODK Collect（https://opendatakit.org）、OSMTracker（https://play.google.com/store/apps/details?id=net.osmtracker）、GVG 野外采样工具及奥维地图等；利用线上照片数据库素材也是一种有效的样本收集方式，如全球地理定位野外照片库平台（www.eomf.ou.edu/photos）；此外，对高分辨率遥感影像进行目视解译获取样本也是一种重要方式。Collect Earth 是 FAO 开发的一个增强的目视解译工具（http://www.openforis.org/tools/collect-earth.html），Collect Earth 具有两个强大的功能，首先，灵活设计采样方案和信息采集框架（survey），Collect Earth 不局限于收集类型信息，还能收集各种变化信息，如土地利用变化的年份、频次，以及解译的可靠性与置信度等。Collect Earth 集成了卫星影像显示平台（Google Earth、Bing Maps）的资源，同时也可以集成 Earth Engine 定制的卫星影像，可以获取每次样点的空间细节信息与时间序列信息，时间序列信息可以通过 MODIS、Landsat 以及 Sentinel 数据进行提取。基于 Google Earth 和 Bing Map 平台的高分影像，利用 Landsat/Sentinel 关键物候期的彩色合成图，结合 MODIS/Landsat 长时间序列曲线，能目视解译出更准确、更丰富的土地利用变化信息（Bey et al.，2016）。

在森林信息地面数据收集方面，联合国粮农组织（FAO）开发了一套开源软件，该系统可将参与式制图与基于云的图像访问和处理相结合。其中一种工具 Collect Earth 已被设计用于基于谷歌地球和其他图像来源的视觉解译，这个平台提供了新一代的参与式图像解释和分类环境，在该环境中，可以将公共调查的易于使用的元素与专业结构化的视觉图像解释任务相结合（Koskinen et al.，2019），见图 4-5。

图 4-5　基于 Collect Earth 的地面数据收集

4.3.3　云计算时代土地利用/覆盖信息提取存在的问题和展望

全球和区域土地覆盖信息提取在取得快速发展的同时，也存在一定的问题，主要包括：

（1）当前全类型的土地覆盖产品的精度不断改进，但仍难以达到量化变化监测的目的。研究发现全球土地覆盖产品的总体精度仍然难以超过 70%（Yu et al.，2013）。鉴于全球土地覆盖产品分类结果具有一定的错分和漏分误差，两期数据的叠加分析会带来更大的误差，因此目前存在的多期产品不能直接用于土地覆盖变化监测（Friedl et al.，2010），更难以实现长时间序列内土地覆盖变化过程的连续监测。

（2）土地覆盖分类算法仍主要以监督分类的方法为主，而这些算法很大程度上依赖训练样本或研究人员的经验知识，难以实现方法在其他时期或区域的推广使用。由于目前遥感数据获取能力的迅速提升，基于长时间序列分析的算法被越来越多地应用于土地覆盖/利用分类及变化研究。尽管这些算法得到改进，但已有研究表明算法改进的贡献比起数据和训练样本的贡献要小（Yu et al.，2014）。

（3）光学遥感和微波遥感的融合在土地覆盖信息提取中的应用需要加强。目前存在的全球土地覆盖产品多为光学遥感（主要是 MODIS 和 Landsat）的产品，在热带地区这些产品受频繁覆盖的云及云影等影响很大。整合微波和热红外遥感数据与目前主要使用的光学数据在全球土地覆盖分类研究中的应用有待加强

（Shimada et al.，2014）。

　　遥感平台的不断更新和遥感数据的免费开放已促使我们进入一个前所未有的遥感大数据时代。与此同时，计算和存储能力的迅速提升使得海量遥感数据快速处理成为可能。遥感大数据和超性能计算的应用，将有效增强全球土地覆盖产品的时空连续性。在遥感大数据和云计算技术突飞猛进的今天，如何实现全球土地覆盖的连续动态监测，成为土地覆盖制图领域需要攻克的新的挑战。为实现该目标，需要考虑在以下几个方面做改进和提升（董金玮等，2018）：

　　（1）实现多传感器的数据融合。近年来，采用单一时相影像进行土地覆盖制图的研究方式已经渐渐被长时间序列 Landsat 数据进行土地覆盖变化监测的方式所代替（Wulder et al.，2012），如近年来《环境遥感》杂志发表了一系列基于长时间序列 Landsat 数据的土地覆盖/利用变化研究，包括耕地和草地的区分（Müller et al.，2015）、森林干扰过程的识别（Zhu et al.，2012；Masek et al.，2013）；城市化和不透水层的变化（Zhang et al.，2013）；冰川变化（Yavaslı et al.，2015）和水稻变化监测（Dong et al.，2015；Kontgis et al.，2015）等。由单一传感器到多传感器融合成为提高土地利用信息获取能力的重要手段。一方面，具有相似光谱特征的传感器融合，如一系列与 Landsat 具有类似特征的传感器（如 Sentinel-2、CBERS-2、IRS、AWiFS 等）的整合能够进一步提高数据可获得性，并使重访周期极大地缩短；另一方面，不同类型传感器（如 Landsat 和 MODIS）的融合将进一步提高数据的可获得性，已经被广泛用于农业土地利用监测等各项研究中（Gao et al.，2017）。

　　（2）实现由本地存储计算到云平台计算的转变。海量遥感数据也对数据存储和计算能力提出了更高的要求。随着网络和计算机技术的变革，云平台已经在过去几年得到了迅速发展。在本地服务器或工作站下载并处理全球或区域范围 Landsat 等数据需要占用大量资源，且一般服务器或工作站平台已经难以满足海量遥感数据处理的计算要求。美国宇航局为此构建了一个超级计算平台（NEX），同步了土地覆盖研究用的主要遥感数据源来方便专业用户实现数据快速处理和分析（Nemani et al.，2011）。谷歌和亚马逊公司也为全球尺度大型数据处理提供免费云计算服务；特别是 Earth Engine 平台，已经集成了 MODIS、Landsat 等常用遥感数据集，极大促进了土地覆盖制图研究领域的发展。未来采用云平台进行大尺度遥感数据的处理和分析将成为土地覆盖制图领域的重要发展方向（Dong et al.，2016）。

　　（3）实现由传统自动分类和人工解译方法向人工智能技术的转变。土地覆盖分类算法仍主要以监督或非监督分类的手段为主，尽管这些算法不断得到改进，但研究表明算法改进的贡献比起数据和训练样本的贡献要小。人工解译方法基于人类高级智能具有特殊优势并已用于中国土地利用的连续监测（Liu et al.，2014）。

然而这些方法很大程度上依赖于训练样本或研究人员的经验知识，难以实现更大时间、空间尺度及连续动态监测的推广使用。由于目前遥感数据获取能力的迅速提升，基于影像的分析方法渐渐向基于长时间序列分析或物候的算法演变，特别是用于专题土地利用变化的监测。深度学习算法在图像分析的应用近年来得到迅速发展（Xu et al.，2017），如何借鉴机器学习和深度学习领域的新的技术手段提高土地覆盖信息提取能力是一个需要考虑的问题。

参 考 文 献

董金玮, 匡文慧, 刘纪远. 2018. 遥感大数据支持下的全球土地覆盖连续动态监测. 中国科学: 地球科学, 48(2): 259-260.

匡文慧, 陈利军, 刘纪远, 等. 2016. 亚洲人造地表覆盖遥感精细化分类与分布特征分析. Scientia Sinica Terrae.

刘纪远, 匡文慧, 张增祥, 等. 2014. 20 世纪 80 年代末以来中国土地利用变化的基本特征与空间格局. 地理学报, 69(1): 3-14.

刘纪远, 张增祥, 庄大方, 等. 2005. 20 世纪 90 年代中国土地利用变化的遥感时空信息研究. 北京: 科学出版社.

吴炳方, 苑全治, 颜长珍, 等. 2014. 21 世纪前十年的中国土地覆盖变化. 第四纪研究, 34(4): 723-731.

周岩, 董金玮. 2019. 陆表水体遥感监测研究进展. 地球信息科学学报, 21(11): 1768-1778.

Arino O, Bicheron P, Achard F, et al. 2008. GLOBCOVER The most detailed portrait of Earth. Esa Bulletin-European Space Agency, (136): 24-31.

Arino O, Gross D, Ranera F, et al. 2007. GlobCover ESA service for Global land cover from MERIS. Igarss: 2007 Ieee International Geoscience and Remote Sensing Symposium, 1(12): 2412.

Bartholome E, Belward A S. 2005. GLC2000: A new approach to global land cover mapping from Earth observation data. International Journal of Remote Sensing, 26(9): 1959-1977.

Bey A, Sánchez-Paus Díaz A, Maniatis D, et al. 2016. Collect earth: Land use and land cover assessment through augmented visual interpretation. Remote Sensing, 8(10): 807.

Cao R, Tu W, Yang C, et al. 2020. Deep learning-based remote and social sensing data fusion for urban region function recognition. ISPRS Journal of Photogrammetry and Remote Sensing, 163: 82-97.

Card D H. 1982. Using Known map category marginal frequencies to improve estimates of thematic map accuracy. Photogrammetric Engineering and Remote Sensing, 48(3): 431-439.

Carroll M L, Townshend J R, DiMiceli C M, et al. 2009. A new global raster water mask at 250m resolution. International Journal of Digital Earth, 2(4): 291-308.

Chen B Q, Xiao X M, Li X P, et al. 2017. A mangrove forest map of China in 2015: Analysis of time series Landsat 7/8 and Sentinel-1A imagery in Google Earth Engine cloud computing platform. Isprs Journal of Photogrammetry and Remote Sensing, 131: 104-120.

Chen J, Chen J, Liao A P, et al. 2015. Global land cover mapping at 30 m resolution: A POK-based operational approach. Isprs Journal of Photogrammetry and Remote Sensing, 103: 7-27.

Chen W, Huang H, Dong J, et al. 2018. Social functional mapping of urban green space using remote sensing and social sensing data. ISPRS Journal of Photogrammetry and Remote Sensing, 146:

436-452.

Dong J, Metternicht G, Hostert P, et al. 2019. Remote sensing and geospatial technologies in support of a normative land system science: Status and prospects. Current Opinion in Environmental Sustainability, 38: 44-52.

Dong J, Xiao X, Kou W, et al. 2015. Tracking the dynamics of paddy rice planting area in 1986–2010 through time series Landsat images and phenology-based algorithms. Remote Sensing of Environment, 160: 99-113.

Dong J, Xiao X, Menarguez M A, et al. 2016. Mapping paddy rice planting area in northeastern Asia with Landsat 8 images, phenology-based algorithm and Google Earth Engine. Remote Sensing of Environment, 185: 142-154.

Dong J W, Xiao X M, Sheldon S, et al. 2012. Mapping tropical forests and rubber plantations in complex landscapes by integrating PALSAR and MODIS imagery. Isprs Journal of Photogrammetry and Remote Sensing, 74: 20-33.

Elvidge C D, Tuttle B T, Sutton P C, et al. 2007. Global Distribution and Density of Constructed Impervious Surfaces. Sensors, 1962-1979.

Feng M, Sexton J O, Channan S, et al. 2016. A global, high-resolution (30-m) inland water body dataset for 2000: first results of a topographic-spectral classification algorithm. International Journal of Digital Earth, 9(2): 113-133.

Friedl M A, Sulla M D, Tan B, et al. 2010. MODIS Collection 5 global land cover: Algorithm refinements and characterization of new datasets. Remote Sensing of Environment, 114(1): 168-182.

Gao F, Anderson M C, Zhang X, et al. 2017. Toward mapping crop progress at field scales through fusion of Landsat and MODIS imagery. Remote Sensing of Environment, 188: 9-25.

Gong P, Li X, Zhang W. 2019a. 40-Year (1978–2017) human settlement changes in China reflected by impervious surfaces from satellite remote sensing. Science Bulletin, 64(11): 756-763.

Gong P, Liu H, Zhang M, et al. 2019b. Stable classification with limited sample: Transferring a 30-m resolution sample set collected in 2015 to mapping 10-m resolution global land cover in 2017. Science Bulletin, 64(6): 370-373.

Gong P, Wang J, Yu L, et al. 2013. Finer resolution observation and monitoring of global land cover: First mapping results with Landsat TM and ETM+ data. International Journal of Remote Sensing, 34(7): 2607-2654.

Hansen M C, Defries R S, Townshend J R G, et al. 2000. Global land cover classification at 1km spatial resolution using a classification tree approach. International Journal of Remote Sensing, 21(6-7): 1331-1364.

Hansen M C, Potapov P V, Moore R, et al. 2013. High-resolution global maps of 21st-century forest cover change. Science, 342(6160): 850-853.

Huang B, Zhao B, Song Y. 2018. Urban land-use mapping using a deep convolutional neural network with high spatial resolution multispectral remote sensing imagery. Remote Sensing of Environment, 214: 73-86.

Ji L Y, Gong P, Wang J, et al. 2018. Construction of the 500-m Resolution Daily Global Surface Water Change Database (2001–2016). Water Resources Research, 54(12): 10270-10292.

Johansen K, Phinn S, Taylor M. 2015. Mapping woody vegetation clearing in Queensland, Australia from Landsat imagery using the Google Earth Engine. Remote Sensing Applications: Society and Environment, 1: 36-49.

Khandelwal A, Karpatne A, Marlier M E, et al. 2017. An approach for global monitoring of surface water extent variations in reservoirs using MODIS data. Remote Sensing of Environment, 202:

113-128.

Kontgis C, Schneider A, Ozdogan M. 2015. Mapping rice paddy extent and intensification in the Vietnamese Mekong River Delta with dense time stacks of Landsat data. Remote Sensing of Environment, 169: 255-269.

Koskinen J, Leinonen U, Vollrath A, et al. 2019. Participatory mapping of forest plantations with Open Foris and Google Earth Engine. Isprs Journal of Photogrammetry and Remote Sensing, 148: 63-74.

Li X, Zhou Y, Zhu Z, et al. 2020. A national dataset of 30 m annual urban extent dynamics (1985-2015) in the conterminous United States. Earth System Ence Data, 12: 357-371.

Liu C, Li Z, Zhang P, et al. 2018. Evaluation of MODIS snow products in southwestern Xinjiang using the Google Earth engine. Remote Sensing Technology and Application, 33(4): 584-592.

Liu J, Kuang W, Zhang Z, et al. 2014. Spatiotemporal characteristics, patterns, and causes of land-use changes in China since the late 1980s. Journal of Geographical Sciences, 24(2): 195-210.

Liu J, Liu M, Tian H, et al. 2005a. Spatial and temporal patterns of China's cropland during 1990–2000: An analysis based on Landsat TM data. Remote Sensing of Environment, 98(4): 442-456.

Liu J Y, Liu M L, Zhuang D F, et al. 2003. Study on spatial pattern of land-use change in China during 1995–2000. Science in China Series D-Earth Sciences, 46(4): 373-384.

Liu J Y, Tian H Q, Liu M L, et al. 2005b. China's changing landscape during the 1990s: Large-scale land transformations estimated with satellite data. Geophysical Research Letters, 32(2): 78-83.

Liu L, Xiao X, Qin Y, et al. 2020. Mapping cropping intensity in China using time series Landsat and Sentinel-2 images and Google Earth Engine. Remote Sensing of Environment, 239: 111624.

Liu X, Hu G, Chen Y, et al. 2018. High-resolution multi-temporal mapping of global urban land using Landsat images based on the Google Earth Engine Platform. Remote Sensing of Environment, 209: 227-239.

Loveland T R, Reed B C, Brown J F, et al. 2000. Development of a global land cover characteristics database and IGBP DISCover from 1 km AVHRR data. International Journal of Remote Sensing, 21(6-7): 1303-1330.

Masek J G, Goward S N, Kennedy R E, et al. 2013. United States forest disturbance trends observed using landsat time series. Ecosystems, 16(6): 1087-1104.

Müller H, Rufin P, Griffiths P, et al. 2015. Mining dense Landsat time series for separating cropland and pasture in a heterogeneous Brazilian savanna landscape. Remote Sensing of Environment, 156: 490-499.

Nemani R, Votava P, Michaelis A, et al. 2011. Collaborative supercomputing for global change science. Eos, Transactions American Geophysical Union, 92(13): 109-110.

Nguyen M D, Baez-Villanueva O M, Bui D D, et al. 2020. Harmonization of landsat and sentinel 2 for Crop monitoring in drought prone areas: Case studies of Ninh Thuan (Vietnam) and Bekaa (Lebanon). Remote Sensing, 12(2): 281.

Oliphant A J, Thenkabail P S, Teluguntla P, et al. 2019. Mapping cropland extent of Southeast and Northeast Asia using multi-year time-series Landsat 30-m data using a random forest classifier on the Google Earth Engine Cloud. International Journal of Applied Earth Observation and Geoinformation, 81: 110-124.

Olofsson P, Foody G M, Stehman S V, et al. 2013. Making better use of accuracy data in land change studies: Estimating accuracy and area and quantifying uncertainty using stratified estimation. Remote Sensing of Environment, 129: 122-131.

Parente L, Mesquita V, Miziara F, et al. 2019. Assessing the pasturelands and livestock dynamics in

Brazil, from 1985 to 2017: A novel approach based on high spatial resolution imagery and Google Earth Engine cloud computing. Remote Sensing of Environment, 232: 111301.

Pekel J F, Cottam A, Gorelick N, et al. 2016. High-resolution mapping of global surface water and its long-term changes. Nature, 540(7633): 418.

Pokhriyal N, Jacques D C. 2017. Combining disparate data sources for improved poverty prediction and mapping. Proceedings of the National Academy of Sciences of the United States of America, 114(46): E9783-E9792.

Qiao M, Wang Y, Wu S, et al. 2019. Fine-grained Subjective Partitioning of Urban Space Using Human Interactions from Social Media Data. IEEE Access, 1-1.

Qin Y, Xiao X, Dong J, et al. 2016. Mapping forests in monsoon Asia with ALOS PALSAR 50-m mosaic images and MODIS imagery in 2010. Scientific Reports, 6(1): 20880.

Ratti C, Frenchman D, Pulselli R M, et al. 2016. Mobile Landscapes: Using Location Data from Cell Phones for Urban Analysis. Environment and Planning B: Planning and Design, 33: 727-748.

Seto K C, Fragkias M, Gueneralp B, et al. 2011. A Meta-Analysis of Global Urban Land Expansion. Plos One, 6.

Shimada M, Itoh T, Motooka T, et al. 2014. New global forest/non-forest maps from ALOS PALSAR data (2007-2010). Remote Sensing of Environment, 155(SI): 13-31.

Tao S L, Fang J Y, Zhao X, et al. 2015. Rapid loss of lakes on the Mongolian Plateau. Proceedings of the National Academy of Sciences of the United States of America, 112(7): 2281-2286.

Teluguntla P, Thenkabail P S, Oliphant A, et al. 2018. A 30-m landsat-derived cropland extent product of Australia and China using random forest machine learning algorithm on Google Earth Engine cloud computing platform. ISPRS Journal of Photogrammetry and Remote Sensing, 144: 325-340.

Tong X, Brandt M, Hiernaux P, et al. 2020. The forgotten land use class: Mapping of fallow fields across the Sahel using Sentinel-2. Remote Sensing of Environment, 239: 111598.

Wang S Y, Liu J Y, Zhang Z X, et al. 2002. Study on spatial pattern and change of land use in recent ten years, China. Igarss 2002: Ieee International Geoscience and Remote Sensing Symposium and 24th Canadian Symposium on Remote Sensing, Vols I-Vi, Proceedings: 2369-2371.

Wulder M A, Masek J G, Cohen W B, et al. 2012. Opening the archive: How free data has enabled the science and monitoring promise of Landsat. Remote Sensing of Environment, 122: 2-10.

Xing H, Meng Y, Shi Y. 2018. A dynamic human activity-driven model for mixed land use evaluation using social media data. Transactions in GIS.

Xiong J, Thenkabail P S, Gumma M K, et al. 2017. Automated cropland mapping of continental Africa using Google Earth Engine cloud computing. Isprs Journal of Photogrammetry and Remote Sensing, 126: 225-244.

Xu G, Zhu X, Fu D, et al. 2017. Automatic land cover classification of geo-tagged field photos by deep learning. Environmental Modelling & Software, 91: 127-134.

Xu S, Qing L, Han L, et al. 2020. A New Remote Sensing Images and Point-of-Interest Fused (RPF) Model for Sensing Urban Functional Regions. Remote Sensing, 12.

Yavaslı D D, Tucker C J, Melocik K A. 2015. Change in the glacier extent in Turkey during the Landsat Era. Remote Sensing of Environment, 163(15): 32-41.

Yu B, Lian T, Huang Y, et al. 2019. Integration of nighttime light remote sensing images and taxi GPS tracking data for population surface enhancement. International Journal of Geographical Information Science, 33: 687-706.

Yu L, Liang L, Wang J, et al. 2014. Meta-discoveries from a synthesis of satellite-based land-cover mapping research. International Journal of Remote Sensing, 35(13): 4573-4588.

Yu L, Wang J, Gong P. 2013. Improving 30m global land-cover map FROM-GLC with time series MODIS and auxiliary data sets: a segmentation-based approach. International Journal of Remote Sensing, 34(16): 5851-5867.

Zhang C, Sargent I, Pan X, et al. 2018. An object-based convolutional neural network (OCNN) for urban land use classification. Remote Sensing of Environment, 216: 57-70.

Zhang G Q, Yao T D, Piao S L, et al. 2017. Extensive and drastically different alpine lake changes on Asia's high plateaus during the past four decades. Geophysical Research Letters, 44(1): 252-260.

Zhang X, Du S, Wang Q. 2017. Hierarchical semantic cognition for urban functional zones with VHR satellite images and POI data. ISPRS Journal of Photogrammetry and Remote Sensing, 132: 170-184.

Zhang X, Du S, Zheng Z. 2020. Heuristic sample learning for complex urban scenes: Application to urban functional-zone mapping with VHR images and POI data. ISPRS Journal of Photogrammetry and Remote Sensing, 161: 1-12.

Zhang X, Liu L Y, Wang Y J, et al. 2018. A SPECLib-based operational classification approach: A preliminary test on China land cover mapping at 30 m. International Journal of Applied Earth Observation and Geoinformation, 71: 83-94.

Zhang X P, Pan D L, Chen J Y, et al. 2013. Using long time series of Landsat data to monitor impervious surface dynamics: a case study in the Zhoushan Islands. Journal of Applied Remote Sensing, 7: 073515.

Zhang Y, Kong D, Gan R, et al. 2019. Coupled estimation of 500 m and 8-day resolution global evapotranspiration and gross primary production in 2002–2017. Remote Sensing of Environment, 222: 165-182.

Zhou Y, Dong J W, Xiao X M, et al. 2019. Continuous monitoring of lake dynamics on the Mongolian Plateau using all available Landsat imagery and Google Earth Engine. Science of the Total Environment, 689: 366-380.

Zhou Y, Li X, Asrar G R, et al. 2018. A global record of annual urban dynamics (1992–2013) from nighttime lights. Remote Sensing of Environment, 219: 206-220.

Zhu X, Tuia D, Mou L, et al. 2017. Deep learning in remote sensing: A comprehensive review and list of resources. IEEE Geoscience and Remote Sensing Magazine, 5: 8-36.

Zhu Z, Woodcock C E, Olofsson P. 2012. Continuous monitoring of forest disturbance using all available Landsat imagery. Remote Sensing of Environment, 122: 75-91.

Zhu Z, Zhou Y, Seto K C, et al. 2019. Understanding an urbanizing planet: Strategic directions for remote sensing. Remote Sensing of Environment, 228: 164-182.

Zou Z H, Xiao X M, Dong J W, et al. 2018. Divergent trends of open-surface water body area in the contiguous United States from 1984 to 2016. Proceedings of the National Academy of Sciences of the United States of America, 115(15): 3810-3815.

第 5 章　Earth Engine 在生态学中的应用

导读　气候变化和人类活动正深刻影响着生态系统的格局和过程，为了应对全球变化带来的挑战，生态学需要用更先进的数据和手段从更大的时空尺度来对变化过程进行监测、评价和模拟。遥感云计算的发展为生态学研究的深入提供了前所未有的机遇，但这一方面的研究还相对非常有限。本章就目前遥感在全球变化生态学中应用的典型科学问题介绍了 Earth Engine 应用的最新研究进展，包括植被指数的平滑插值处理、植被物候信息的提取与模拟、生态系统总初级生产力和蒸散的模拟、农业干旱监测和评估、植被对气候变化的响应等。本章旨在归纳总结 Earth Engine 在生态学中的应用案例，以期该平台能在解决更多的科学问题中发挥更大作用。

5.1　植被指数的平滑插值处理

植被指数是对植被状况描述最简单、最有效的参数，常用于指示各类生态系统的健康状况及受干扰程度。常用的遥感植被指数包括归一化植被指数、增强型植被指数（EVI）、土壤调节植被指数（soil-adjusted vegetation index，SAVI）等。遥感植被指数在植被活动监测、植被物候检测、土地覆盖类型分类、干旱监测，以及气候变化与植被活动的相互作用研究方面具有重要意义（Kong et al., 2017；Shao et al., 2016；Chen et al., 2004；Klisch and Atzberger，2016）。然而，遥感植被指数往往受到云、阴影、雪、气溶胶等多种不同噪声源的污染。尽管 MODIS 植被指数已经经过很好的校准，但仍受到污染点的严重影响。因此，探讨遥感植被指数可靠的重建方法具有重要意义。

案例：基于 wWHd 方法的 EVI 时间序列平滑。基于 Earth Engine 平台，Kong 等（2019）开发了一种计算高效且表现良好的植被指数重建方法，即用空间动态的参数 λ 加权的 Whittaker 方法（wWHd），见图 5-1。wWHd 方法利用多元线性回归方法自动估算了每个像元的单一参数 λ。权重更新和 Whittaker 的继承属性使 wWHd 对污染具有较强的稳健性。在 Earth Engine 平台上，应用 wWHd 方法，从 MODIS 中重建了 2000～2017 年全球 500m 空间分辨率的 EVI

时间序列。在 16000 个随机选择的点上，将 wWHd 与四种著名的去噪方法进行了比较，这四种方法分别是基于傅里叶的方法（Fourier）、Savitzky-Golay 滤波（SG）、非对称高斯法（AG）和双逻辑斯蒂方法（DL）。结果表明，wWHd 的 RMSE（指示保真度）为 0.032，与 90%采样点的傅里叶和 SG 相似，但分别在 45%和 25%的采样点优于 AG 和 DL（RMSE 小于 0.02）。在这四个方法中，wWHd 的粗糙度最低（最好）为 0.003。这些性能表明，wWHd 能很好地平衡保真度和粗糙度。另一个优点是，wWHd 在计算上比其他方法更高效，是目前唯一部署在 Earth Engine 上的去噪方法。wWHd 方法在处理高时空分辨率的遥感植被指数方面具有重要意义，基于 Earth Engine 重建的植被指数产品应在全球范围内得到广泛应用（图 5-2）。

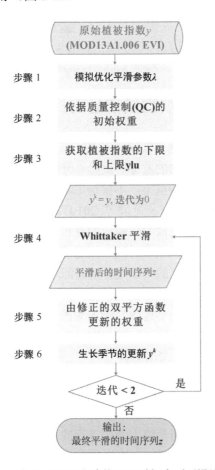

图 5-1　基于 wWHd 方法的 EVI 时间序列平滑流程图

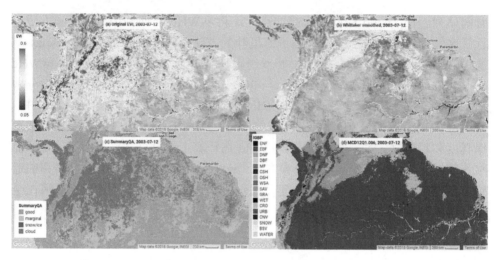

图 5-2　wWHd 在代表性区域"ploy_2"的表现（kong et al.，2019）

高分辨图像可以自 https://code.earthengine.google.com/eb0b8889159b4ba6a 907c80b1080d1fc.下载

5.2　植被物候信息的提取和模拟

物候是指生物受所处环境（气候、水文、土壤）影响而出现的以年为周期的有节律的自然现象，包括植物的发芽、展叶、开花、落叶等过程。在全球变化的大背景下，物候研究显得更为重要，不仅是生物响应气候变化的重要指示指标，也是影响地表过程的重要指标（葛全胜等, 2010）。准确刻画植被物候的变化规律，不仅能够更好地理解植被对气候变化响应的过程，而且对于认识陆地变化的气候和能量反馈具有重要作用。基于长时间序列遥感数据的地表物候反演已经成为刻画植被物候的重要手段。常用的方法是分析时间序列 NDVI 数据，通过在对数据进行插补平滑的基础上提取生态系统关键物候信息，如返青期、最大光合作用时间、落叶期等。然而，由于光学遥感易受观测条件（如云、雪等）和自身传感器退化等影响，由遥感数据反演的物候信息具有很大的不确定性（Tucker et al., 2005；White et al., 2009；Zhang et al., 2013）。

5.2.1　案例 1：基于 Landsat 时间序列数据分析的物候信息提取

以前研究多是使用粗空间分辨率数据进行的，这些数据不足以表征典型地区特别是城市范围内植被物候的时空动态。Li 等（2017）开展了基于所有可用 Landsat 影像进行高分辨率植被物候信息提取的研究，他们使用 Earth Engine 平台上所有可用的 Landsat 图像，生成了美国本土（US）城市生态系统的年度植被物候数据集（图 5-3）。首先，使用双逻辑模型表征了季节开始（SOS）和季节结束（EOS）

的物候指标的长期平均季节性模式；然后，通过测量特定年份的植被指数达到与其长期平均值相同的幅度时的日期差异，确定了这两个物候指标的年度变化。生成的物候反演结果与 PhenoCam 和 Harvard 森林通量站的实地观测结果非常吻合。通过与 MODIS 数据对比发现从 Landsat 和 MODIS 导出的物候指标（如 SOS）的时间趋势总体上是一致的，但是该基于 Landsat 衍生的物候指标可以提供更多的空间细节，此外，1985 年的 Landsat 派生结果提供了更长的时间跨度。一般而言，在美国附近城市中，物候指标从北到南在空间上表现出明显的格局，在过去的 30 年中总体上出现了 SOS 提前。该物候产品在美国城市范围内城市生态学研究中具有重要的应用潜力。

数据下载地址：https://doi.org/10.6084/m9.figshare.7685645.v5。

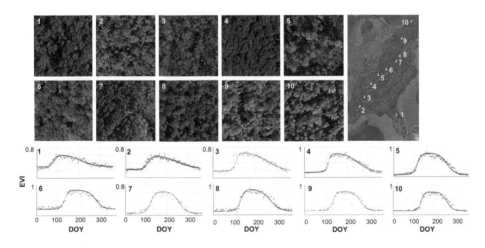

图 5-3　基于谷歌引擎（Earth Engine）的双逻辑模型的表现（Li et al.，2017）

研究区为从美国南部到北部森林梯度。每个快照表示一个 1km² 的正方形，中间的红点是增强植被指数时间序列拟合的位置（30m）

5.2.2　案例 2：基于 Daymet 模型和 Earth Engine 平台的物候模拟

Izquierdo-Verdiguier 等（2018）生成了新的 1980~2015 年 1km 分辨率美国本土的扩展春季指数（SI-x）长期物候产品。这些新产品基于 Daymet 每日温度网格并通过 Earth Engine 平台进行升尺度，可以获得更高空间分辨率的两个主要物候指标（第一片叶子和第一朵花朵）和两个派生物候指标（损伤指数和最后冻结日），见图 5-4。此外，该产品提供了足够的时间长度去分析大陆尺度春季物候的时间和趋势。验证结果证实该产品与丁香和金银花的叶子，以及开花期的观察结果基本吻合。在空间格局上，美国北部春季物候延迟，而西部和五大湖地区春季物候提前。说明了该产品四个物候指标的潜力，可以加强人们对生态系统对气候响应的理解。

萌芽期模拟：https://code.earthengine.google.com/532a5e99f776eba9b106d070b5a885ca.

开花期模拟：https://code.earthengine.google.com/640aeab2b2b9040e162e578400f21209.

最晚霜冻期：https://code.earthengine.google.com/8e7e4fd4e9c0b020b93cd27ee35af384.

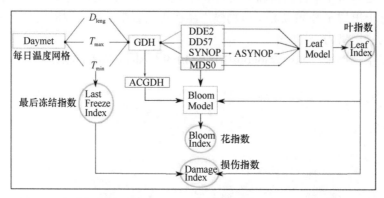

图 5-4　基于 Daymet 模型和 Earth Engine 平台的数据分析框架（Izquierdo et al.，2018）

5.3　生态系统总初级生产力（GPP）和蒸散的模拟

陆地总初级生产力是植被光合作用碳吸收的总和，是大气 CO_2 进入陆地生态系统的第一步（Xiao et al.，2004；Beer et al.，2010；Yuan et al.，2010）。GPP 作为全球碳循环的最大组成通量，是生态系统碳循环的关键指标（Zhang et al.，2019）。准确估算 GPP 对于更好地理解生态系统碳循环至关重要。陆地 GPP 还通过提供食物、纤维和能源来提供重要的社会服务（Yuan et al.，2019）。因此，监测陆地GPP 对于了解和评估全球碳循环的动态和陆地生态系统服务、预测未来气候变化具有重要意义。

陆地蒸散量（ET）是土壤蒸发量、植物冠层蒸发量和植被截留的降水蒸发量的总和（Zhang et al.，2019）。ET 是陆地水循环中的第二大水通量，约占全球降水量的60%～70%（Zhang et al.，2016）。在 ET 的三个分量中，植被冠层蒸发量与GPP 相耦合，形成了全球水、碳循环的两个主要过程。更好地理解这些相互联系的过程有助于提高我们管理碳、水资源的能力。

5.3.1　案例 1：基于 PML-V2 模型的 GPP 和 ET 模拟

准确量化 ET 对于了解气候变化下地球的能量和水循环是至关重要的。基于

Earth Engine 平台，Zhang 等（2019）使用耦合的诊断生物物理模型（PML-V2），估算了 2002 年 7 月到 2017 年 12 月全球 8 天和 500m 空间分辨率的 ET 和 GPP 产品。PML-V2 模型建立在 Earth Engine 平台上，使用 MODIS 数据（LAI、反照率和发射率）和 GLDAS 气候强迫数据作为输入。利用 95 个分布广泛的通量塔（包含 10 种植物功能类型）的 8 天测量数据对 PML-V2 进行了很好的校准，ET 的 RMSE 和偏差分别为 0.69mm/d 和–1.8%，GPP 的 RMSE 和偏差分别为 1.99g C/(m^2·d)和4.2%。与该表现相比，交叉验证的结果略有下降，ET 的 RMSE 和偏差分别为 0.73 mm/d 和–3%，GPP 的 RMSE 和偏差分别为 2.13 g C/(m^2·d)和 3.3%，这些都表明模型性能的稳健。PML-V2 产品显著优于空间分辨率相近的大多数 GPP 和 ET 产品，适用于评估碳对 ET 的影响。分析结果表明，全球 ET 和 GPP 在过去 15 年显著增加（$p<0.05$）。在 Earth Engine 上使用耦合的 PML-V2 模型来提高 GPP、ET 和水分利用效率的估计具有重要的应用前景，并且通过改进模型输入、模型结构和参数化方案可以进一步降低其不确定性（图 5-5）。

5.3.2　案例 2：基于 Landsat 系列遥感影像进行 ET 制图的工具

Allen 等（2015）基于 Earth Engine 平台，开发了一个基于 Landsat 系列遥感影像进行 ET 制图的工具，即"地球引擎蒸散发通量"（EEFlux）。EEFlux 采用北美陆地数据同化系统逐小时的格网天气数据集，对 ET 进行能量平衡校准和时间积分。参考 ET 采用 ASCE（2005）Penman-Monteith 和 GridMET 天气数据集进行计算。美国农业部的 Statsgo 土壤数据库提供了土壤类型信息。EEFlux 将对公众免费开放，包括一个基于网络的操作控制台。

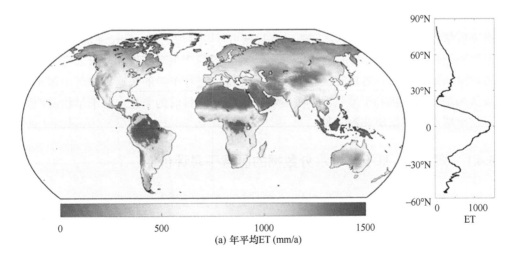

(a) 年平均ET (mm/a)

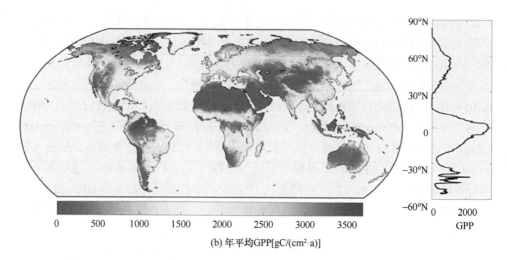

(b) 年平均GPP[gC/(cm²·a)]

图 5-5 2003～2017 年 PML-V2 产品的全球平均图：年平均 ET（mm/a），
年平均 GPP[gC/（cm²·a）]；以及它们在 1/12°分辨率纬度带上的平均分布

EEFlux 组分的例子：https://code.earthengine.google.com/7c904e79f98cc1a 8704388 df3674d26b；https://code.earthengine.google.com/c1c87ddc58a60f714965eb641 cdd1ad9；https://code.earthengine.google.com/449bfc2d07c02394bc683ba4580 acd47。

5.4 农业干旱监测和评估

在我国，干旱灾害是影响范围最广，也是带来经济损失最严重的自然灾害类型，在气候变化背景下，在全球范围内干旱频率和强度均在增加。干旱监测中的很多关键技术问题亟待进一步突破。传统的利用遥感进行干旱监测存在着数据分辨率质量差、数量少的问题，但在遥感数据可便利获取之后，Earth Engine 平台为干旱监测和评估提供了支撑。Earth Engine 提供的巨大卫星图像和基于云端的快速地理空间处理能力，可以在区域乃至全球范围内进行干旱的快速识别。土壤水分被认为是评估作物和干旱状况的关键特征，但是，目前为监测农业干旱状况而开发的土壤水分数据集并不常见。

5.4.1 案例 1：基于土壤水分数据的区域干旱评价

Sazib 等（2018）在 Earth Engine 平台支持下通过月合成时间曲线构建 RZSM（根带土壤水分数据）与土地利用变化的关系，以及使用不同指数，包括 NDVI、标准化降水指数（SPI）、RZSM 异常特征判别干旱程度，从包括持续时间和强度描述干旱事件，检验 SMOS、SMAP 两个数据集监测和预警干旱的能力（图 5-6）。

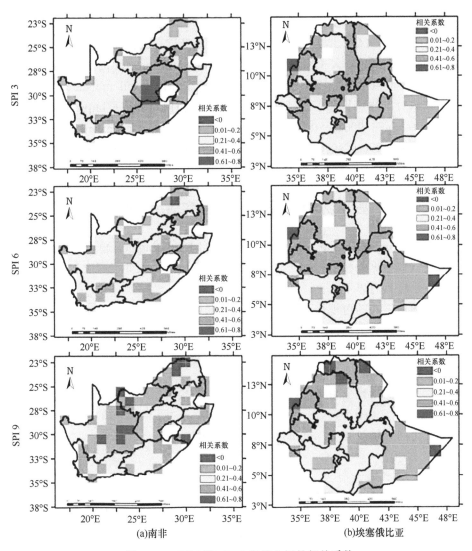

图 5-6　RZSM 和 NDVI 异常之间的相关系数

为了证明这些工具在农业干旱监测中的实用性，研究此方法应用于 2010～2017 年的南非和埃塞俄比亚，对土壤水分产品，以及基于植被和降水的产品进行了评估。结果显示，与根带土壤指数 RZSM 相比，气象干旱指标 SPI3 显示更高的干旱相关值。比较干旱特征时，RZSM 表现出相对较长的干旱持续时间，但干旱强度较小，而 NDVI-RZSM 异常受植被覆盖的影响，特别是与深根植物相比，浅根植物对土壤水分变化更敏感。这里展示的方法可以应用于需要粮食短缺预警或农业监测需要改善的其他领域，以提供更大的经济保障。该研究将全球土壤湿度数据纳入 Earth Engine 数据目录中，更容易评估干旱的影响以及增强早期预警能力。图 5-6 展示了基于 Earth Engine 利用土壤湿度数据评估区域干旱状况的潜力。

　　SMOS 和 SMAP 土壤数据集可从以下网址获取：https://explorer.earthengine.google.com/#detail/NASA_USDA%2FHSL%2Fsoil_moisture；https://explorer.earthengine.google.com/#detail/NASA_USDA%2FHSL%2FSMAP_soil_moisturer。

　　土壤水分勘探例程和干旱评估例程可以在以下网址获取：https://code.earthengine.google.com/737906c2e5f814170e802859dbe94692，https://code.earthengine.google.com/1da21ee96e5f9ce92a076fc9784485bc；https://code.earthengine.google.com/074dad2e2ddcf24036b2dc0504363281。

5.4.2 案例 2：基于 Earth Engine 的气候和遥感数据可视化平台

　　该平台 Climate Engine. org 使用云计算平台 Earth Engine，通过 Web 浏览器实现卫星和气候数据的按需处理，以支持与干旱、用水、农业、野火和生态相关的决策，该平台具有以下特色：

　　（1）前所未有的可视化和与地球观测数据集交互显示效果；

　　（2）克服大数据的计算限制，以用于实时监测；

　　（3）能够简单地下载或共享结果，而非在本地处理整个数据集；

　　（4）可定制的时空分析；

　　（5）完善的指数变量集，可提供气候影响的预警指标，如干旱、野火、生态压力和农业生产（图 5-7）。

　　平台访问地址：http：//climateengine.org/app。

图 5-7　Climate Engine 访问平台

5.5　植被对气候变化的响应

大尺度上的气候变化会导致局地尺度上植物产生不同的响应。量化局地尺度上植被对气候变化的响应对于理解生态过程和服务土地管理决策至关重要，但前期研究受限于离散的地面测量或粗分辨率卫星观测数据，在时空尺度上的认识一直受到限制，难以有效地刻画局地植物的响应规律。Bunting 等（2019）利用了构建时间序列的方法，通过 Earth Engine 平台构建 1988～2014 年时间序列数据，包括利用红波段和 NIR 波段构建的 SAVI 指数和 SPEI（standardized precipitation and evapotranspiration index）指数，完成 1988～2014 年美国西南地区不同植被群落对干旱响应的连续变化的研究（图 5-8）。通过相关性分析和相关系数探究植被生产力和气候变化之间的关系，使用 Mann-Whitney U 检验比较寒冷和温暖季节植物群落和生态区之间的响应和气候关键点的分布，并使用 Kruskal-Wallis 检验进行多次比较的调整，再进行克里格分析、统计分析。研究表明，Earth Engine 可用于预测气候变化下植被的响应和复原力，并可轻松扩展到评估未来不同土壤类型、地形位置和土地利用的生产响应。尽管此研究的重点是美国西南部地区，但研究证明此方法具有全球适用性。

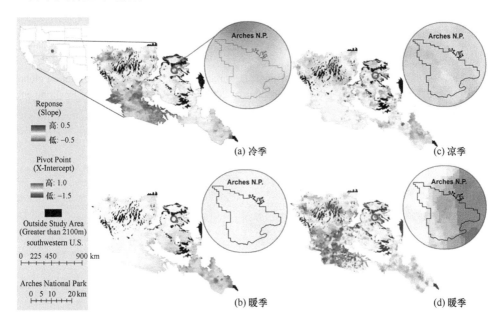

图 5-8　美国西南部整个沙漠的（a）冷季和（b）暖季响应（SPEI-SAVI 回归的斜率），
以及（c）凉季和（d）暖季枢轴点（SPEI-SAVI 回归的 x 截距）

圆形插图放大了科罗拉多高原中部拱门国家公园的响应和枢轴点；

数据获取网址：https://doi.org/10.1016/j.rse.2019.111379

参 考 文 献

葛全胜, 戴君虎, 郑景云. 2010. 物候学研究进展及中国现代物候学面临的挑战. 中国科学院院刊, 25(3): 310-316.

Allen R G, Morton C, Kamble B, et al. 2015. EEFlux: A Landsat-based evapotranspiration mapping tool on the Google Earth Engine. 2015 ASABE/IA Irrigation Symposium: Emerging Technologies for Sustainable Irrigation-A Tribute to the Career of Terry Howell, Sr. Conference Proceedings, American Society of Agricultural and Biological Engineers.

Izquierdo V E, Zurita M R, Ault T R, et al. 2018. Development and analysis of spring plant phenology products: 36 years of 1-km grids over the conterminous US. Agricultural and Forest Meteorology, 262: 34-41.

Kong D, Zhang Y, Gu X, et al. 2019. A robust method for reconstructing global MODIS EVI time series on the Google Earth Engine. Isprs Journal of Photogrammetry and Remote Sensing, 155: 13-24.

Li X, Zhou Y, Asrar G R, et al. 2017. Characterizing spatiotemporal dynamics in phenology of urban ecosystems based on Landsat data. Science of The Total Environment, 605-606: 721-734.

Tucker C J, Pinzon J E, Brown M E, et al. 2005. An extended AVHRR 8-km NDVI dataset compatible with MODIS and SPOT vegetation NDVI data. International Journal of Remote Sensing, 26(20): 4485-4498.

White M A, de Beurs K M, Didan K, et al. 2009. Intercomparison, interpretation, and assessment of spring phenology in North America estimated from remote sensing for 1982–2006. Global Change Biology, 15(10): 2335-2359.

Zhang G, Zhang Y, Dong J, et al. 2013. Green-up dates in the Tibetan Plateau have continuously advanced from 1982 to 2011. Proceedings of the National Academy of Sciences of the United States of America, 110(11): 4309-4314.

Zhang Y Q, Kong D D, Gan R, et al. 2019. Coupled estimation of 500 m and 8-day resolution global evapotranspiration and gross primary production in 2002–2017. Remote Sensing of Environment, 222: 165-182.

第6章 常用遥感数据与参数产品介绍

导读 自 20 世纪中、下叶以来，世界主要大国的民用卫星遥感得到了蓬勃发展。最直接的表现是大量不同成像方式、波段设置、时空分辨率、光谱分辨率、轨道类型、极化和观测角度类型的遥感传感器陆续发射升空，进而获取了品类繁多的海量对地遥感观测数据。与此同时，为了充分利用上述观测数据，大量经验或物理模型被用于从遥感信号中反演生物物理或几何属性信息，并经过业务化流程生产得到标准化的各级遥感参数产品。这些遥感参数产品一般具有大范围、长时序的优势，成为生态、水文、气候等研究领域的必要输入数据，为研究地球各圈层过程提供了数据保障，同时成为当今遥感云计算快速发展的最直接推动力。本章将索引式地介绍国内外常用遥感卫星数据及基于这些卫星观测数据所生产的各类下游遥感数据产品。旨在为读者对比勾勒出世界主要遥感大国的卫星遥感发展历程及其当今最新水平，为读者在云计算背景下选择使用最合适的遥感数据产品提供参考。由于作者知识涉猎有限，加之近年来新型传感器不断发射升空、新型遥感参数产品不断出现，本章内容无法涵盖各国全部卫星和数据产品，对此还请读者见谅。同时，本章关于卫星参数的信息部分收集、整理自各国卫星的官方网站及维基百科、百度百科等百科类网站，在此说明并表示感谢！

6.1 国外卫星数据

6.1.1 美国

1. NOAA 系列卫星

美国国家海洋与大气局（NOAA）极轨卫星从 1970 年 12 月第一颗发射以来，近 50 年连续发射了 20 颗，从 NOAA-1 到 NOAA-20。NOAA 卫星共经历了 5 代，目前使用较多的为第五代 NOAA 卫星，包括 NOAA-15～20。NOAA 是太阳同步极轨卫星，应用目的是日常的气象业务，采用双星运行，同一地区每天可有四次过境机会。

第五代传感器采用改进型甚高分辨率辐射仪（AVHRR/3）和先进 TIROS 业务垂直探测器（ATOVS），包括高分辨率红外辐射探测仪（HIRS-3）、先进的微波探测装置 A 型（AMSU-A）和先进的微波探测装置 B 型（AMSU-B），参数如表 6-1 所示。

表6-1 NOAA 第五代传感器参数

仪器参数	HIRS-3	AMSU-A	AMSU-B	AVHRR/3
通道数	20	15	5	6
IFOV/（°）	1.4/1.3	3.3	1.1	1.3 毫弧度
扫描周期/s	6.4	8	2.67	0.1
对地扫描视场数	56	30	90	2048
视场步进角/（°）	1.8	3.33	1.1	1.362 毫弧度
最大扫描角/（°）	49.5	48.33	48.95	55.4
星下点分辨率/km	20.4/18.9	45	15.0	1.1
扫描带宽/km	2248	2226	2168	2400

2. 陆地卫星 Landsat 系列

美国国家航空航天局（NASA）的 Landsat 计划（1975 年前称为地球资源技术卫星-ERTS，earth resources technology satellite），从 1972 年 7 月 23 日以来，已发射 8 颗（第 6 颗发射失败）近极地太阳同步卫星。

Landsat 系列卫星介绍如下：

（1）Landsat-1 于 1972 年 7 月发射，搭载传感器 MSS，波段数为 4，空间分辨率 78m，已于 1978 年退役。

（2）Landsat-2 于 1975 年 1 月发射，搭载传感器 MSS，波段数为 4，空间分辨率 78m，已于 1982 年退役。

（3）Landsat-3 于 1978 年 3 月发射，搭载传感器 MSS，波段数为 4，空间分辨率 78m，已于 1983 年退役。

（4）Landsat-4 于 1982 年 7 月发射，搭载传感器 MSS、TM，波段数为 7，空间分辨率 78m、30m，1983 年由于 TM 传感器失效退役。

（5）Landsat-5 于 1984 年 3 月发射，搭载传感器 MSS、TM，波段数为 7，空间分辨率 78m、30m，于 2013 年退役。

（6）Landsat-7 于 1999 年 4 月发射，搭载传感器 ETM+，波段数为 8，空间分辨率为 30m，2003 年 5 月失效退役。

（7）Landsat-8 于 2013 年 2 月发射，搭载传感器 OLI、TIRS，分辨率分别为 30m 和 100m，波段数为 11，目前在轨运行。

3. EOS 系列卫星：TERRA、AQUA、AURA

为了加强对地球表层陆地、海洋、大气和它们之间相互关系的综合性科学研究，NASA 自 1991 年起开始了 EOS 计划。EOS 计划包括三颗卫星：TERRA、AQUA 和 AURA。

TERRA 卫星于 1999 年 12 月 18 日发射，卫星上共有五种传感器，分别是云与地球辐射能量系统（CERES）、中分辨率成像光谱仪、多角度成像光谱仪（MISR）、先进星载热辐射与反射辐射计（ASTER）和对流层污染测量仪（MOPITT）。它的主要目标是实现从单系列极轨空间平台上对太阳辐射、大气、海洋和陆地进行综合观测，获取有关海洋、陆地、冰雪圈和太阳动力系统等信息。

AQUA 卫星于 2002 年 5 月 4 日发射，其上装有大气红外线探测器（AIS）、中等分辨率分光辐射度计（MODIS）、先进微波探测单元、云和地球辐射能量系统（CERES）、地球观测卫星先进微波扫描辐射计（AMSR-E）和湿度探测器。能够提供关于全球降水、蒸发，以及大气、低温层、陆地和海洋中水循环的重要数据。

AURA 卫星于 2004 年 7 月 15 日，上面装有高分辨动力发声器（high resolution dynamics limb sounder，HIRDLS）、微波分叉发声器（Microwave Limb Sounder，MLS）、臭氧层观测仪（ozone monitoring instrument，OMI）、对流层放射光谱仪（tropospheric emission spectrometer，TES）。

常用的两种传感器参数如表 6-2 所示。

表 6-2　MODIS 和 CERES 传感器参数

传感器	MODIS	CERES
测绘带宽	2330km×10km	地球边际到边际
空间分辨率	250m（1～2 波段） 500m（3～7 波段） 1000m（8～36 波段）	20km
光谱分辨率	36 个波段 光谱范围从 0.4～14.4μm	0.3～5μm 测量太阳反射、8～12 μm 测量地球辐射、 0.3～100 μm 以上测量总体辐射量

4. NPP/JPSS 系列对地观测卫星

2011 年 10 月 28 日，美国对地观测卫星 NPP 发射升空。NPP 全称为"国家极地轨道运行环境卫星系统"，即 NPOESS 筹备计划。

NPP 共携带了五个科学仪器：VIIRS（Visible/Infrared Imager Radiometer Suite）；CrIS（the Cross-track Infrared Sounder）；CERES（the Clouds and Earth Radiant Energy System）；ATMS（the Advanced Technology Microwave Sounder）；OMPS（the Ozone Mapping and Profiler Suite）。其中可见光红外成像辐射仪 VIIRS 作为 MODIS

传感器的继任者，传感器各项参数与 MODIS 类似，自 2012 年至今已发布多种类似于 MODIS 产品的参数产品。

通过这五种观测仪器获取新的观测数据，科学家可以了解长期气候模式的动态，提高短期天气预报精度；延续臭氧层的测量，陆地覆盖，冰层覆盖等 30 个 NASA 一直跟踪的关键的长期数据集；同时，NPP 作为 NASA 的地球观测系统（EOS）卫星，也为下一代联合极地卫星系统（JPSS）提供实验数据。NPP 由 NASA 在马里兰州 Greenbelt 的戈达德太空飞行中心管理。

5. 高分辨率商业卫星：IKONOS/QuickBird/GeoEye-1/ WorldView

IKONOS 卫星于 1999 年 9 月 24 日由 SpacingImaging 公司发射，是世界上第一颗提供高分辨率卫星影像的商业遥感卫星。波段范围包括 0.52~0.92μm（全色）、0.44~0.52μm（蓝）、0.52~0.60μm（绿）、0.63~0.69μm（红）、0.76~0.90μm（近红外），分辨率为全色 0.82m，多光谱四波段 3.2m，幅宽 11.3km。

QuickBird 卫星于 2001 年 10 月由美国 DigitalGlobe 公司发射，是当时世界上唯一能提供亚米级分辨率的商业卫星，波段范围包括 0.44~0.90μm（全色）、0.44~0.52μm（蓝）、0.52~0.60μm（绿）、0.63~0.69μm（红）、0.76~0.90μm（近红外），分辨率为全色 0.61m，多光谱四波段 2.44m，幅宽 16.5km。

GeoEye-1 于 2008 年 9 月 6 日由 GeoEye 采用最新的卫星数据采集、轨道定位技术，具有分辨率最高、定位精度高、测图能力强、重访周期短等特点。波段范围为 0.44~0.80μm（全色）、0.44~0.51μm（蓝）、0.51~0.58μm（绿）、0.64~0.69μm（红）、0.78~0.92μm（近红外），分辨率为全色 0.41m，多光谱四波段 1.65m，幅宽 15.2km。

WorldView 是 DigitalGlobe 公司的商业成像卫星系统。目前 WorldView 已发射四颗卫星。

（1）WorldView-1 于 2007 年 9 月 18 日发射成功，可观测波段为全色波段，空间分辨率 0.5m，幅宽为 17.6km。

（2）WorldView-2 于 2009 年 10 月 8 日发射成功，可观测波段为全色和多光谱，空间分辨率 0.46m（全色）和 1.85m（多光谱），幅宽为 16.4km。

（3）WorldView-3 于 2014 年 8 月 13 日发射成功，可观测波段为全色和多光谱，空间分辨率 0.31m（全色）和 1.24m（多光谱），幅宽为 13.1km。

（4）WorldView-4 于 2016 年 11 月 11 日发射成功，可观测波段为全色和多光谱，空间分辨率 0.31m（全色）和 1.24m（多光谱），幅宽为 13.1km。

6. DSCOVR 卫星

2015 年 2 月 11 日，DSCOVR 卫星由 SpaceX 公司的猎鹰 9 号火箭成功发射。

该卫星搭载 EPIC 和 NISTAR 传感器，EPIC 拥有从紫外到红外的 10 个不同波段通道。通过对这些成像信号的分析处理，可以得到臭氧层、气溶胶、沙尘、火山灰、云层、植被覆盖等气候相关因素的全球时空变化情况。

7. SkySat 系列卫星

SkySat 卫星系列是美国 Planet 公司发展的高频成像对地观测小卫星星座，主要用于获取时序图像，制作视频产品，并服务于高分辨率遥感大数据应用。现已发射 14 颗卫星，其中前两颗为试验星。波段范围为全色 0.44～0.90μm、0.44～0.52μm（蓝）、0.52～0.60μm（绿）、0.60～0.69μm（红）、0.74～0.90μm（近红外）。

（1）SkySat-1 和 SkySat-2 分别于 2013 年 11 月 21 日和 2014 年 7 月 8 日发射成功，全色分辨率为 0.86m，多光谱分辨率为 2m。

（2）SkySat-4～7 于 2016 年 9 月 16 日发射成功，全色分辨率为 0.72m，多光谱分辨率为 2m。

（3）SkySat-8～14 于 2017 年 10 月 31 日发射成功，全色分辨率为 0.72m，多光谱分辨率为 2m。

8. GOES 系列卫星

GOES 系列卫星由 NOAA 管理，用于天气预报、空间环境监测等业务和气象学的研究。目前已有 16 颗卫星，具体情况如下。

（1）GOES 1～3 于 1975～1978 年发射成功，搭载可见光/红外自旋扫描辐射仪（VISSR）传感器。

（2）GOES 4～7 于 1980～1987 年发射，搭载大气垂直探测器 VAS/VISSR。

（3）GOES 8～12 于 1994～2001 年发射，搭载独立的多通道成像仪和 VAS。

（4）GOES 13～15 于 2006～2010 年发射，搭载空间环境监测器 SEM 和太阳 X 射线成像仪 SXI。

（5）GOES 16 于 2016 年发射成功，搭载 16 通道的先进基线成像仪（ABI）和超光谱环境探测器（HES）。

6.1.2 欧洲

1. Sentinel 哨兵系列卫星

"哨兵"系列卫星是欧洲哥白尼（Copernicus）计划空间部分的专用卫星系列，由欧洲委员会投资，欧洲航天局研制。主要包括两颗 Sentinel-1 卫星、两颗 Sentinel-2 卫星、两颗 Sentinel-3 卫星、两个 Sentinel-4 载荷、两个 Sentinel-5 载荷、一颗 Sentinel-5 的先导星 Sentinel-5P，以及一颗 Sentinel-6 卫星。具体情况如下。

1）Sentinel-1

Sentinel-1 卫星是欧洲极地轨道 C 波段雷达成像系统。单个卫星每 12 天覆盖全球一次，双星座重访周期缩短至 6 天，赤道地区重访周期 3 天，北极 2 天。拥有干涉宽幅模式和波模式两种主要工作模式，另有条带模式和超宽幅模式两种附加模式。干涉宽幅模式幅宽 250km，地面分辨率 5m×20m；波模式幅宽 20km×20km，图像分辨率 5m×5m；条带模式幅宽 80km，分辨率 5m×5m；超宽幅模式幅宽 400km，分辨率 20m×40m。

2）Sentinel-2

Sentinel-2 单星重访周期为 10 天，A/B 双星重返周期为 5 天。主要有效载荷是多光谱成像仪，共有 13 个波段，光谱范围在 0.4~2.4μm，涵盖了可见光、近红外和短波红外。幅宽 290km，空间分辨率分别为 10m（4 个波段），20m（6 个波段），60m（3 个波段）。

3）Sentinel-3

Sentinel-3 是一个极轨、多传感器卫星系统，搭载的传感器主要包括光学仪器和地形学仪器，光学仪器包括海洋和陆地彩色成像光谱仪（OLCI）、海洋和陆地表面温度辐射计（SLSTR）；地形学仪器包括合成孔径雷达高度计（SRAL）、微波辐射计（MWR）和精确定轨系统。能够实现海洋重访周期小于 3.8 天，陆地重访周期小于 1.4 天。

OLCI 海洋上空分辨率达到 1.2km，沿海和陆地上空分辨率 0.3km，幅宽 1300km。SLSTR 在可见光和红外波段工作，热红外通道分辨率 1km，短波红外和可见光通道分辨率为 500m，幅宽 750km。

4）Sentinel-4 和 Sentinel-5

Sentinel-4 载荷为一台紫外-可见光-近红外 （U-V-N） 扫描光谱仪，质量 162kg，寿命约 8.5 年。该载荷覆盖紫外（304～400nm）、可见光（400～500nm）和近红外谱段（750～775nm），空间分辨率 8km。Sentinel-5 是一个极轨气象载荷，它将配合 Sentinel-4 静止轨道气象载荷用于全球实时动态环境监测。

5）Sentinel-5P

Sentinel-5P 卫星携带紫外-可见光-近红外-短波红外（U-V-N-S）推扫式光栅分光计，名为 TROPOMI。空间分辨率达 7km，该仪器能在较高时间分辨率和空间分辨率情况下进行大气化学元素测量，加强无云情况下对流层变化的观测，特别是对臭氧、二氧化氮、二氧化硫、一氧化碳和气溶胶的测量。

6) Sentinel-6

Sentinel-6 卫星是 Jason-3 海洋卫星的后续任务，携带有雷达高度计，用于测量全球海面高度，主要用于海洋科学和气候研究。

2. CryoSat 卫星

"冷卫星"（CryoSat），是欧洲地球探测者计划的一颗卫星，由阿斯特里姆公司研制。

2005 年 10 月 8 日，CryoSat-1 卫星因运载火箭分离故障而发射失败。2010 年 4 月 8 日，CryoSat-2 卫星由"第聂伯"运载火箭发射升空。该卫星采用雷达高度计测量地球陆地和海洋冰盖厚度变化，尤其是对极地冰层和海洋浮冰进行精确监测，研究全球变暖对其影响。

CryoSat-2 卫星在高度 717km 的非太阳同步圆轨道上运行。主要有效载荷包括合成孔径干涉雷达高度计、多普勒轨道确定和无线电定位组合系统、激光反射器。

合成孔径雷达高度计为 Ku 频段雷达，由法国泰雷兹·阿莱尼亚航天公司研制，垂直分辨率 1～3cm，水平分辨率约 300m。该载荷有 3 种测量模式：低分辨率测量模式，仅测量极地的陆地及海洋上地势相对平坦的冰盖；合成孔径雷达模式，用于测量海冰；干涉测量雷达模式，用于测量地势更加复杂、险峻的冰盖。

3. PROBA 卫星

PROBA 卫星作为欧洲航天局 "通用支持技术计划"（GSTP）的技术演示卫星，用来验证其平台适合小型科研和应用任务。由比利时维赫特（Verhacrt）公司研制，于 2001 年 10 月 2 日在印度斯里哈里科塔航天中心发射升空，有效载荷为：小型高分辨率成像分光仪（CHRTS）、碎片评估器（DFBIF）、标准辐射环境监视器（SREM）、微型辐射监视器（MRM）和广角照相机（WAC）。

4. ERS 系列卫星

欧洲遥感卫星（ERS）系列发射初期是当时世界上唯一的海洋动力环境卫星。第一颗 ERS-1 卫星于 1991 年 7 月发射并运行到 2000 年 8 月（后 3 年为断续运行），是欧洲空间局的第一颗对地观测卫星，ERS-2 卫星于 1995 年 4 月发射，到 2002 年 3 月失效，后继卫星 ENVISAT-1 于 2002 年 3 月 28 日发射，它们均为 C 频段雷达卫星。

ERS-1/2 卫星在相同轨道运行，它们的主要有效载荷的 SAR 传感器基本相同。极化方式为 VV，空间分辨率达到 30m，幅宽 100km。

ENVISAT-1 卫星是欧洲迄今建造的最大的环境卫星，也是费用最高的地球观测卫星。星上载有 10 种探测设备，其中 4 种是 ERS-1/2 所载设备的改进型，所载最大设备是先进的合成孔径雷达（ASAR），可生成海洋、海岸、极地冰冠和陆地的高质量图像，为科学家提供更高分辨率的图像来研究海洋的变化。极化方式为：HH、VV（成像模式、宽模式）；VV/HH、VV/VH、HH/HV（交叉极化模式）。空间分辨率分别达到 30m（成像模式、交叉极化模式）和 150m（宽模式）。

5. 法国 Jason 系列卫星

"贾森"（Jason）卫星是法国国家空间研究中心（CNES）和 NASA 联合研制的海洋地形卫星，主要用于测量海洋表面地形和海平面变化。共发射了 3 颗卫星（Jason-1/2/3），星上有效载荷均主要为雷达高度计和微波辐射计。2001 年 12 月 7 日，Jason-1 卫星发射；2008 年 6 月 20 日，Jason-2 卫星发射。2016 年 1 月 17 日，美国太空探索技术公司 SpaceX 利用"猎鹰 9 号"运载火箭将 Jason-3 海洋观测卫星送入轨道。

1）Jason-1 和 Jason-2

Jason-1 卫星主要有效载荷为波塞冬-2 和 Jason 微波辐射计，Jason-2 卫星主要携带了波塞冬-3 和先进微波辐射计。波塞冬-2 和波塞冬-3 均为 C 频段和 Ku 频段双频天底点雷达高度计，用于测量海表高度，测高精度 4.2cm。此外波塞冬-3 还增加了一个试验模式，可对臭氧层、湖泊和河流进行测量。Jason 微波辐射计和先进微波辐射计均为 3 波段无源微波辐射计，用于测量大气水汽和液态水含量，为波塞冬-2 和波塞冬-3 数据进行水汽校正。

2）Jason-3

Jason-3 卫星是 Jason-2 卫星的继任微波高度计任务，于 2016 年 1 月 17 日，由 SpaceX 公司从范登堡空军基地发射升空。有效载荷包括 Poseidon-3B 高度计和高级微波辐射计-2（AMR-2）。

6. 法国 SPOT 系列卫星

SPOT 系列卫星是法国空间研究中心研制的一种地球观测卫星系统，至今已发射 SPOT-1~7 号。

SPOT-1/2/3 上搭载有相同的高分辨率可见光遥感器 HRV，全色波段分辨率为 10m，多光谱分辨率为 20m，多光谱波段包括绿谱段（500~590nm）、红谱段（610~680nm）和近红外谱段（790~890nm）。

SPOT-4 是一颗光学对地观测卫星于 1998 年 3 月发射，有效载荷为 2 台 HRVIR

传感器。HRVIR 传感器拥有 4 个多光谱波段和 1 个单色波段通道。其中,多光谱波段数据的空间分辨率为 20m,单色波段的空间分辨率为 10m。另外还增加了一个多角度遥感仪器,即宽视域植被探测仪 Vegetation (VGT),用于全球和区域两个层次,可以对自然植被和农作物进行连续监测,对大范围的环境变化、气象、海洋等应用研究具有重大意义。

SPOT-5 于 2002 年 5 月 4 日发射,星上载有 2 台高分辨率几何成像装置(HRG)、1 台高分辨率立体成像装置、1 台宽视域植被探测仪(VGT)等,相比前几颗卫星,SPOT-5 能够采集更高分辨率的卫星影像,其中包括 2.5m 分辨率的全色波段和 10m 分辨率多光谱波段。

SPOT-6 卫星于 2012 年 9 月 9 日由印度 PSLV 运载火箭搭载成功发射。SPOT-6 全色分辨率 1.5m,多光谱分辨率 6m,星上载有两台称为 "新型 Astrosat 平台光学模块化设备"(NAOMI)的空间相机,总幅宽为 60km。它将加入由 Astrium Services 分发的极高分辨率卫星 Pleiades 1A 的轨道。SPOT-5 和 SPOT-6 两颗卫星最终在 2014 年与 Pléiades 1B 和 SPOT-7 一起构成完整的 Astrium Services 光学卫星星座。

SPOT-7 卫星 2014 年 6 月 30 日在从印度达万航天发射中心成功发射。其性能指标与 SPOT-6 相同。具备多种成像模式,包括长条带、大区域、多点目标和三图立体等,适于制作 1∶25000 比例尺的地图。

7. 法国 Pléiades 系列卫星

Pléiades 卫星是 SPOT 卫星家族后续卫星,属法国 Astrium 公司,Pléiades 高分辨率卫星星座由 2 颗完全相同的卫星 Pléiades-1 和 Pléiades-2 组成。Pléiades-1 已于 2011 年 12 月 17 日成功发射并开始商业运营,拥有 0.5m 的超高空间分辨率,并且幅宽达到了 20km×20km。Pléiades-2 于 2012 年 12 月 1 日成功发射并已成功获取第一幅影像。由两颗 Pléiades 卫星组成的 Pléiades 星座运行在同一个轨道上,相互相隔 180°。双星配合可实现全球任意地区的每日重访。两颗卫星完全相同,光谱范围为 0.47~0.83μm(全色)、0.43~0.55μm(蓝),0.50~0.62μm(绿)、0.59~0.71μm(红)、0.74~0.94μm(近红外)。空间分辨率为全色 0.5m,多光谱 2m。

6.1.3 日本

1. JERS-1 卫星

日本地球资源卫星一号(JERS-1)是一颗比较先进的地球观测卫星,由日本宇宙开发事业团于 1992 年发射。星上传感器载有合成孔径雷达和光学遥感设备,以及飞行数据记录仪。主要任务是利用合成孔径雷达和光学遥感设备进行全球观测。用于国土调查、农林渔业、环境保护、灾害监测。

合成孔径雷达工作波段为 L 波段，空间分辨率为 18m。光学相机工作波长为：$0.52\sim0.66\mu m$、$0.63\sim0.69\mu m$、$0.76\sim0.86\mu m$、$0.76\sim0.86\mu m$（前视）、$1.60\sim1.71\mu m$、$2.01\sim2.12\mu m$、$2.13\sim2.25\mu m$、$2.27\sim2.40\mu m$，空间分辨率同样为 18m。

2. ALOS 卫星

ALOS 卫星于 2006 年 1 月 24 日发射升空，是日本的对地观测卫星，星上载有三个传感器：全色遥感立体测绘仪（PRISM），主要用于数字高程测绘；先进可见光与近红外辐射计-2（AVNIR-2），用于精确陆地观测；相控阵型 L 波段合成孔径雷达（PALSAR），用于全天时全天候陆地观测。分辨率为全色 2.5m，多光谱10m。

3. 向日葵（葵花）系列卫星

向日葵卫星是日本发展的在地球静止轨道上执行气象和环境观测任务的卫星，用于收集和分发亚太地区的气象卫星。向日葵 1~5 号属于采用自旋稳定的第一代静止"气象卫星"系列，采用美国休斯公司的卫星平台。向日葵 6~9 号属于第二代"气象卫星"，目前 1~7 号已全部退役，向日葵 8 号卫星于 2014 年 10月 7 日在日本鹿儿岛发射升空，向日葵 8 号有 3 个可见光通道，3 个近红外通道，10 个红外通道，空间分辨率为 0.4~4km。向日葵 9 号卫星于 2016 年 11 月 2 日发射成功，与"向日葵 8 号"属于同一类型，到达指定地点后，它将作为"向日葵8 号"的备用卫星使用。按照计划，它将于 2022 年起代替"向日葵 8 号"进行气象观测。

6.1.4 印度 Cartosat 系列卫星

Cartosat-1 号卫星，又名 IRS-P5，是印度政府于 2005 年 5 月 5 日发射的遥感制图卫星，它搭载有两个分辨率为 2.5 m 的全色传感器，连续推扫，形成同轨立体像对，数据主要用于地形图制图、高程建模、地籍制图，以及资源调查等。

Cartosat-2A 是一颗全天候的侦察卫星，在 2008 年 4 月 28 日发射成功，重约690kg，配有一台先进的全色照相机，可以提供特定场景的点成像，用于制图。照相机能拍摄电磁谱可见区域的黑白照片，空间分辨率达 1m，幅宽为 9.6km。Cartosat-2B 卫星是印度空间研究组织自主研发并设计制造的第 17 代，也是最新一代遥感卫星，2010 年 7 月 12 日成功将其送入预定轨道。它配备一部全色照相机，可以从距地 800~900km 的太空拍摄分辨率为 0.8m 的图像。Cartosat-2C 卫星于2016 年 6 月发射成功，其全色照相机拍摄分辨率高达 0.6m。

Cartosat-3 卫星于 2019 年末发射升空，将为城市规划、农村资源提供更多清晰的图像。它还将发送沿海土地使用、土地覆盖和基础设施发展的图像，卫星的有效载荷能够以 0.25m 和 1m 的地面分辨率拍摄高清照片。

6.1.5　韩国 KOMPSAT 系列卫星

KOMPSAT，韩国卫星，全称为 Korea Multi-Purpose Satellite，中文译为阿里郎卫星。是基于韩国国家空间计划（Korea national space program）由韩国空间局（Korea Aerospace Research Institute，KARI）研制的卫星。目前已发射五颗卫星分别为 KOMPSAT-1、KOMPSAT-2、KOMPSAT-3、KOMPSAT-3A、KOMPSAT-5。

1）KOMPSAT-1

KOMPSAT-1 卫星发射于 1999 年，预计服役时间为 3 年。卫星重 500kg，轨道高度 685km，过境时间 10:30am，太阳同步轨道。并携带有 EOC、SPS、OSMI 三种传感器。

EOC 传感器用于获取遥感数据，用于韩国全境 1∶25000 比例尺地图制图；EOC 全色波段（510～730nm）分辨率为 6.6m，幅宽 17km。OSMI 用于检测全球水色，以服务于海洋生物学的研究。OSMI 可以接受来自地面控制台的命令，可以在 400～900nm 自由选择波段。SPS 由高能粒子探测器和电离层测量传感器组成。前者用于检测低海拔环境中的高能粒子，以及研究微电子对辐射环境的影响，后者用于测量电离层电子的浓度及温度。

2）KOMPSAT-2

KOMPSAT-2 卫星发射于 2006 年 7 月 28 日，KOMPSAT-2 获取 1m 分辨率黑白（全色）影像以及 4m 分辨率彩色（多光谱）影像，其中多光谱的 4 个波段包括红、绿、蓝及近红外。全色和多光谱影像可同时获取，这意味着可以标准化提供 1m 融和影像。

3）KOMPSAT-3

KOMPSAT-3 卫星于 2012 年 5 月 18 日发射，同年 9 月图像开始传送回地面，KOMPSAT-3 工作在全色波段和 4 个多光谱多段（蓝、绿、红、近红外），可以获取分辨率为 0.7m 的图像。

4）KOMPSAT-3A

KOMPSAT-3A 2015 年 3 月 25 日发射，影像全色分辨率为 0.4m，多光谱分辨率为 1.6m，KOMPSAT-3A 较前一代 KOMPSAT-3 卫星优势在于搭载一个红外传感器，可提供 5.5m 的中波红外影像。

5）KOMPSAT-5

KOMPSAT-5 于 2013 年 8 月 22 日在俄罗斯顺利发射升空，作为韩国内首颗搭载合成孔径雷达的卫星，无论是在夜间还是恶劣天气下都可在距离地面 550km 的高空拍摄高分辨率图像。可提供 1m、3m、20m 三种分辨率的 SAR 图像。

6.2 国内卫星数据

6.2.1 GF 高分系列卫星

高分系列卫星是"高分专项"所规划的高分辨率对地观测的系列卫星。它是《国家中长期科学和技术发展规划纲要（2006～2020 年）》所确定的 16 个重大专项之一。该专项系统于 2010 年经过国务院批准启动实施。截至目前，高分系列已经从高分 1 号发展到高分 12 号（表 6-3）。

表 6-3 高分系列卫星参数

卫星	发射时间	发射地点	传感器
GF-01	2013 年 4 月	酒泉	2m 全色/8m 多光谱 16m 多光谱宽幅
GF-02	2014 年 8 月	太原	1m 全色/4m 多光谱
GF-03	2016 年 8 月	太原	1mC-SAR 合成孔径雷达
GF-04	2015 年 12 月	西昌	50m 地球同步轨道凝视相机可见短波红外高光谱相机全谱段光谱成像仪
GF-05	2018 年 5 月	太原	大气痕量气体差分吸收光谱仪大气多角度偏振探测仪大气主要温室气体监测仪大气环境红外甚高分辨率探测仪
GF-06	2018 年 6 月	酒泉	2m 全色/8m 多光谱相机 16m 宽视场相机
GF-07	2019 年 11 月	太原	0.8m 全色/3.2m 多光谱双线阵相机 0.3m 激光测高仪
GF-08	2015 年 6 月	太原	高分辨率光学传感器
GF-09	2015 年 9 月	酒泉	0.5m 全色/2m 多光谱
GF-10	2019 年 10 月	太原	0.5mX 波段合成孔径雷达
GF-11	2018 年 7 月	太原	亚米级光学相机
GF-12	2019 年 11 月	太原	亚米级合成孔径雷达

6.2.2 HJ 环境系列卫星

环境系列卫星是中国专门用于环境和灾害监测的对地观测卫星系统。系统由 2 颗光学卫星（HJ-1A 卫星和 HJ-1B 卫星）和一颗雷达卫星（HJ-1C 卫星）组成的。拥有光学、红外、超光谱等不同探测方法，有大范围、全天候、全天时、动态的环境和灾害监测能力。

HJ-1A、HJ-1B 星于 2008 年 9 月 6 日以一箭双星的方式在太原卫星发射中心由长征二号丙火箭发射升空。由 A、B 两颗中分辨率光学小卫星和于 2009 年发射升空的一颗合成孔径雷达小卫星 C 星组成，主要用于对生态环境和灾害进行大范围、全天候动态监测，及时反映生态环境和灾害发生、发展过程，对生态环境和灾害发展变化趋势进行预测，对灾情进行快速评估，为紧急求援、灾后救助和重建工作提供科学依据，采取多颗卫星组网飞行的模式，每两天就能实现一次全球覆盖。

其中 HJ-1A 星上搭载有 CCD 相机和超光谱成像仪（HSI），HJ-1B 星载有 CCD 相机和红外相机（IRS），HJ-1C 上搭载一台 S 波段合成孔径雷达，具有条带和扫描两种模式，成像带宽度分别为 40km 和 100km。雷达单视模式空间分辨率为 5m，距离向四视分辨率为 20m。

6.2.3　ZY 资源系列卫星

地球资源卫星：简称资源卫星，是勘探和研究地球自然资源和环境的人造地球卫星。卫星所载的多光谱遥感设备获取地物目标辐射和反射的多种波段的电磁波信息，并将其发回地面接收站。地面接收站根据各种资源的波谱特征，对接收的信息进行处理和判读，得到各类资源的特征、分布和状态资料。随着遥感技术的发展，采用合成孔径雷达和光学遥感器相结合的地球资源卫星，具有全天候、全天时、高精度的特点。目前，我国资源卫星主要包括资源一号到三号系列卫星，其中资源一号卫星是由中巴联合研制。

1. 资源一号

资源一号卫星（ZY-1）是由中国和巴西联合研制，称为中巴地球资源卫星（CBERS），是我国第一代传输型地球资源卫星，目前已发射成功得有 CBERS-01 星、CBERS-02 星、CBERS-02B 星、CBERS-02C 星、CBERS-04 星和 CBERS-04A 星。

CBERS-01 星和 CBERS-02 星分别于 1999 年和 2003 年发射升空，其上搭载 CCD 相机、红外多光谱扫描仪和宽视场成像仪，CCD 相机分辨率 19.5m，在可见、近红外光谱范围内有 4 个波段和 1 个全色波段，幅宽 113km；红外多光谱扫描仪在可见光、短波红外波段分辨率 78m，热红外波段分辨率 156m，幅宽 119.5km；宽视场成像仪包含 1 个可见光波段、1 个近红外波段，星下点的可见分辨率为 258m，扫描幅宽为 890km。

CBERS-02B 星于 2007 年发射升空，与 CBERS-02 星不同的是将红外光谱扫描仪替换为分辨率为 2.36m 的高分辨率相机。

CBERS-02C 星于 2011 年发射升空，其上搭载有两台高分辨率相机（分辨率

2.36m，单台幅宽 27km，两台 54km）和一台多光谱相机（全色分辨率 8m，多光谱分辨率 10m，幅宽 60km）。

CBERS-04 于 2014 年发射升空，搭载有多光谱相机、红外相机和一台宽视场相机。多光谱相机全色波段分辨率为 5m，多光谱波段为 10m，幅宽 60km；红外相机分辨率 40m，幅宽 120km；宽视场相机分辨率为 73m，幅宽为 866km。

CBERS-04A 于 2019 年年末发射升空，搭载有宽幅多光谱相机、多光谱相机和宽视场相机。宽幅多光谱相机分辨率 2m，幅宽 9km；多光谱相机分辨率为 17m，幅宽 90km；宽视场相机分辨率为 60m，幅宽 685km。

2. 资源二号

资源二号卫星（ZY-2）是一颗传输型遥感卫星，于 2002 年发射升空，其上搭载一台 3m 分辨率的全色相机。主要用于城市规划、农作物估产和空间科学试验等领域，可数字式的向地面传送对地观测数据。同时，资源二号卫星具有轨道机动能力，运行轨道可以随时调整。

3. 资源三号

资源三号卫星（ZY-3）是中国第一颗自主的民用高分辨率立体测绘卫星，星上搭载有前后视相机、正视相机和多光谱相机。其中，前后视相机分辨率为 3.5m，幅宽 52km；正视相机分辨率 2.1m，幅宽 50km；多光谱相机分辨率 5.8m，幅宽 52km。

资源三号卫星可以通过立体观测，测制 1∶5 万比例尺地形图，为国土资源、农业、林业等领域提供服务。

6.2.4 天绘系列卫星

天绘系列卫星是我国空间信息基础设施的重要组成部分，直属于国家测绘局。主要用于科学研究、国土资源普查、地图测绘等诸多领域的科学试验任务。该系列目前已经成功发射三颗卫星，分别是天绘一号 01 星、天绘一号 02 星及天绘一号 03 星。

这三颗卫星分别于 2010 年、2012 年和 2016 年发射成功，其上搭载的传感器完全相同，包含 2m 分辨率全色相机、10m 分辨率多光谱相机和 5m 分辨率三线阵全色立体相机。

6.2.5 HY 海洋系列卫星

海洋系列（HY）卫星为我国自主研制和发射的海洋环境监测卫星，此系列已发射卫星共分为一号、二号，还包括一颗中法海洋卫星（CFOSAT），用于海洋遥感的地球观测卫星系列，装备海流、海浪、海面温度、湿度、风向、风速等自动观测仪器，全天候定时提供全球海洋信息。

1. 海洋一号

海洋一号是应国家海洋局要求研制的一颗试验业务卫星，为海洋生物的资源开放利用、海洋污染监测与防治、海岸带资源开发、海洋科学研究等领域服务。包括 HY-1A 卫星、HY-1B 卫星和 HY-1C 卫星。

HY-1A 卫星于 2002 年发射成功，其上搭载有两台传感器：1100m 分辨率的十波段海洋水色扫描仪和 250m 分辨率的四波段 CCD 成像仪。

HY-1B 卫星在 2007 年发射，目的是接替 A 星继续工作，搭载传感器与 A 星完全相同。

HY-1C 卫星于 2018 年发射升空，星上搭载四台传感器：1100m 分辨率海洋水色水温扫描仪（幅宽 2900km）、50m 分辨率海岸带成像仪（幅宽 950km）、550m 分辨率紫外成像仪（幅宽 2900km）、定标光谱仪（紫外定标谱段 550m，可见近红外谱段 100m，幅宽 11km）。

2. 海洋二号

海洋二号卫星是中国第一颗海洋动力环境监测卫星，主要任务是监测和调查海洋环境，是海洋防灾减灾的重要监测手段，可直接为灾害性海况预警和国民经济建设服务，并为海洋科学研究、海洋环境预报和全球气候变化研究提供卫星遥感信息，其包括 HY-2A 和 HY-2B 两颗卫星。

HY-2A 在 2011 年发射成功，星上搭载一台 4cm 分辨率雷达高度计和一台微波散射计。微波散射计用于全球海面风场观测，风速测量精度为 2m/s，风向测量精度为 20°。

HY-2B 于 2018 年发射，搭载传感器于 A 星相同，分辨率有所提升。雷达高度计分辨率达到 2cm，微波散射计数据处理后地面分辨率可达 25km。

3. 中法海洋卫星

中法海洋卫星（CFOSAT）由中法两国联合研制，于 2018 年发射成功，主要任务是获取全球海面波浪谱、海面风场、南北极海冰信息，进一步加强对海洋动力环境变化规律的科学认知；提高对巨浪、海洋热带风暴、风暴潮等灾害性海况预警的精度与时效；同时获取极地冰盖相关数据，为全球气候变化研究提供基础信息。

星上搭载有扇形波束旋转扫描散射计，用于海表面风测量，分辨率为 25km，风速精度 2m/s，风向精度 20°，另有一台海浪波谱仪，用于监测海表面波浪，分辨率优于 70km，有效波高 10%，风速精度 2m/s，波向精度 15°。

6.2.6 FY 风云系列卫星

风云气象卫星系列，目前已经发展出了两类四个系列。其中地球静止轨道气象卫星包括风云二号和风云四号两个系列，极地轨道气象卫星包括风云一号和风云三号两个系列。风云一号系列气象卫星是我国第一代极地轨道气象卫星，已经成功发射 4 颗卫星；风云二号系列气象卫星是我国第一代地球静止轨道气象卫星，已经成功发射 8 颗卫星；风云三号系列气象卫星是我国第二代极地轨道气象卫星，已经成功发射 4 颗卫星；风云四号系列气象卫星是我国第二代地球静止轨道气象卫星，已经成功发射 1 颗卫星。

1. 风云一号

风云一号气象卫星是中国研制的第一代极地太阳同步轨道气象卫星。风云一号气象卫星共 4 颗，即 FY-1A 卫星、FY-1B 卫星、FY-1C 卫星、FY-1D 卫星。

FY-1A 卫星和 FY-1B 卫星分别于 1988 年 9 月 7 日和 1990 年 9 月 3 日发射升空，这两颗卫星上装载的遥感器，成像性能良好，获取的试验数据和运行经验为后续卫星的研制和管理提供了有意义的数据。

FY-1C 于 1999 年 5 月 10 日发射，运行于 901km 的太阳同步极轨道，卫星设计寿命 3 年。卫星的主要传感器是其高分辨率可见光红外扫描仪，通道数由 FY-1A/B 的 5 个增加到 10 个，分辨率为 1100m。卫星获取的遥感数据主要用于天气预报和植被、冰雪覆盖、洪水、森林火灾等环境监测。

FY-1D 卫星从 2000 年开始正样设计，在继承了风云一号 C 卫星的成功经验及技术的基础上，对其技术状态作了 14 项改进，以进一步提高其稳定性。该卫星的质量为 950kg，于 2002 年 5 月 15 日在太原卫星发射中心用长征四号 B 火箭发射升空。现在，FY-1D 卫星已经停止运行。

2. 风云二号

风云二号气象卫星（FY-2）是我国自行研制的第一代地球静止轨道气象卫星，分为三个批次发射：01 批有两颗卫星 FY-2A 和 FY-2B，属于试验型地球静止气象卫星；02 批有三颗卫星 FY-2C、FY-2D 和 FY-2E，为业务型地球静止气象卫星；03 批有两颗卫星 FY-2F 和 FY-2G，卫星性能在 02 批卫星的基础上有适当改进。增加 03 批卫星计划的主要目的是确保在轨运行的第一代地球静止气象卫星向第二代静止气象卫星实现连续、稳定的过渡。

FY-2C 星达到三年设计寿命，标志着我国静止气象卫星的质量水平和寿命达到了新的高度，也标志着我国静止气象卫星实现了国防科工委提出的从试验应用型向业务服务型的转变。FY-2D 已于 2006 年 12 月 8 日在西昌卫星发射中心由长征三号甲运载火箭成功发射升空。从 2007 年 2 月开始定点于东经 86.5° 上空，并提供数据广播。自 2015 年 6 月 30 日开始停止观测。FY-2D 是第二颗风云系列静止业务卫星。 FY-2E 已于 2008 年 12 月 23 日在西昌卫星发射中心由长征三号甲运载火箭成功发射升空，于 2009 年 2 月定位于东经 105° 赤道上空提供观测服务，自 2015 年 7 月 1 日起漂移至东经 86.5° 赤道上空，继续提供观测服务。FY-2E 是第三颗风云系列静止业务卫星。FY-2F 是风云二号（03 批）卫星中的第一颗卫星，已于 2012 年上半年发射，目前运行于东经 112° 上空，除了常规观测以外，根据特殊需求会对特定区域提供快速区域扫描观测。FY-2F 是第四颗业务卫星。FY-2G 是风云二号（03 批）卫星中的第二颗卫星，于 2014 年 12 月 31 日成功发射，自 2015 年 7 月 1 日开始定位于东经 105° 赤道上空，并提供观测服务。FY-2G 是第五颗业务卫星。

FY-2D、FY-2E、FY-2F、FY-2G 均为业务型地球静止气象卫星，作用是获取白天可见光云图、昼夜红外云图和水气分布图，进行天气图传真广播，收集气象、水文和海洋等数据收集平台的气象监测数据，供国内外气象资料利用站接收利用，监测太阳活动和卫星所处轨道的空间环境，为卫星工程和空间环境科学研究提供监测数据。

FY-2H 是第六颗业务卫星，于 2018 年 6 月 5 日成功发射，可以为西亚、中亚、非洲和欧洲等国家和地区提供良好的观测视角和高频次区域观测。主要载荷包括扫描辐射计和空间环境监测器，可提供实时云图及晴空大气辐射、云导风、沙尘等数十种遥感产品，为天气预报、灾害预警和环境监测等提供参考资料，也可丰富全球数值天气预报的数据来源。

目前在轨运行的主要是 FY-2E、FY-2F、FY-2G、FY-2H。

3. 风云三号

风云三号（FY-3）气象卫星是我国的第二代极轨气象卫星，它是在 FY-1 气象卫星技术基础上的发展和提高，在功能和技术上向前跨进了一大步，具有质的变化，具体要求是解决三维大气探测，大幅度提高全球资料获取能力，进一步提高云区和地表特征遥感能力，从而能够获取全球、全天候、三维、定量、多光谱的大气、地表和海表特性参数。风云三号气象卫星由四颗卫星组成，分别是 FY-3A 卫星、FY-3B 卫星、FY-3C 卫星和 FY-3D 卫星。

风云三号 01 批为试验星，包括两颗卫星，即 FY-3A 和 FY-3B。两星已分别于 2008 年 5 月 27 日和 2010 年 11 月 5 日成功发射。在 5 年多的试验运行和业务服务中，中国气象局国家卫星气象中心成功获取了大量的全球大气观测数据，所生成的产品在我国及全球天气预报、气候预测、生态环境和灾害监测中得到广泛应用，取得了显著的经济社会效益。

FY-3C 于 2013 年 9 月 23 日在太原卫星发射中心用长征四号丙运载火箭发射。星上搭载了 12 台遥感仪器，包括：可见光红外扫描辐射计、红外分光计、微波温度计、微波湿度计、微波成像仪、中分辨率光谱成像仪、紫外臭氧垂直探测仪、紫外臭氧总量探测仪、地球辐射探测仪、太阳辐射测量仪、空间环境监测仪器包和全球导航卫星掩星探测仪。全球导航卫星掩星探测仪为新增载荷，提升了全球大气三维和垂直探测能力。

FY-3D 星于 2017 年 11 月 15 日 2 时 35 分在太原卫星发射中心搭乘长征四号丙运载火箭发射。FY-3D 设计寿命 5 年，星上装载了 10 台/套先进的遥感仪器，除了微波温度计、微波湿度计、微波成像仪、空间环境监测仪器包和全球导航卫星掩星探测仪等 5 台继承性仪器之外，红外高光谱大气垂直探测仪（可以提高大气温度和大气湿度廓线反演精度 1 倍以上，并将天气预报的有效时效延长 2～3 天）、近红外高光谱温室气体监测仪、广角极光成像仪、电离层光度计为全新研制、首次上星搭载，核心仪器中分辨率光谱成像仪进行了大幅升级改进，性能显著提升。

FY-3C 星经过在轨测试后，接替 FY-3A 星作为我国太阳同步轨道天基气象观测的主业务卫星，与 FY-3B 星共同组网进一步强化我国极轨气象卫星上、下午星组网观测的业务布局，我国全球观测数据的时间分辨率从 12 小时提高到 6 小时。FY-3D 发射后，经在轨测试投入业务运行，成为中国低轨道下午观测的主业务卫星，与 FY-3C 共同组网，进一步提高了大气探测精度，增强温室气体监测、空间环境综合探测和气象遥感探测能力。

4. 风云四号

FY-4 卫星的辐射成像通道由 FY-2G 星的 5 个增加为 14 个，覆盖了可见光、短波红外、中波红外和长波红外等波段，接近欧美第三代静止轨道气象卫星的 16 个通道。星上辐射定标精度 0.5 K、灵敏度 0.2 K、可见光空间分辨率 0.5km，与欧美第三代静止轨道气象卫星水平相当。同时，FY-4 卫星还配置有 912 个光谱探测通道的干涉式大气垂直探测仪，可在垂直方向上对大气结构实现高精度定量探测。2017 年 9 月 25 日，风云四号正式交付用户投入使用，标志着中国静止轨道气象卫星观测系统实现了更新换代。

6.2.7 部分其他国产卫星

1. 北京一号

北京一号卫星及运营系统，是国家"十五"科技攻关计划和高技术研究发展计划（863 计划）联合支持的研究成果，同时被列为"北京数字工程""奥运科技（2008 年）行动计划"重大专项。北京一号卫星全重 166kg，在轨寿命为 5 年，卫星上装有 4m 全色和 32m 多光谱双传感器，其 32m/600km 幅宽的对地观测相机，是目前全世界在轨卫星幅宽最宽的中分辨率多光谱相机，可实现对热点地区的重点观测。

2. 吉林一号

吉林一号卫星是长光卫星技术有限公司在建的核心工程，是我国重要的光学遥感卫星，目前已发射 16 颗卫星。最新一颗吉林一号宽幅 01 星于 2020 年 1 月 15 日在太原发射升空。该星是长光卫星技术有限公司自主研发的新型高性能光学遥感卫星。该星充分继承吉林一号卫星的成熟单机及技术基础，首次采用大口径大视场长焦距离轴三反式光学系统设计，具有高分辨、超大幅宽、高速存储、高速数传等特点。卫星入轨后，将与此前发射的 15 颗吉林一号卫星组网，为政府及行业用户提供更加丰富的遥感数据和产品服务。

3. 珞珈一号

珞珈一号是全球首颗专业夜光遥感卫星，由武汉大学团队与相关机构共同研发制作，2018 年 6 月 2 日成功发射升空。珞珈一号卫星 01 星分辨率为 130m，理想条件下可在 15 天内绘制完成全球夜光影像，提供我国及全球 GDP 指数、碳排放指数、城市住房空置率指数等专题产品，动态监测中国和全球宏观经济运行情况，为政府决策提供客观依据。

4. 冰路卫星

冰路卫星，于 2019 年 9 月 12 日在中国太原卫星发射中心成功发射，是我国"三极遥感星座观测系统"首颗试验卫星，由北京师范大学牵头研制，又名京师一号。通过每天对极地区域的全覆盖观测，数据将服务于全球气候与环境变化研究和北极航道开发。

京师一号搭载一台分辨率为 80m 幅宽 745km 的相机，一台分辨率为 8m 幅宽 25km 的光学相机，以及 AIS 载荷。宽幅相机的谱段为全色、蓝、绿、红及红外。

5. 碳卫星

全球二氧化碳监测科学实验卫星，简称碳卫星。是由中国自主研制的首颗全球大气二氧化碳观测科学实验卫星。碳卫星于 2016 年 12 月 22 日在酒泉发射中心发射升空。

碳卫星搭载有一台高光谱二氧化碳探测仪以及一台起辅助作用的多谱段云与

气溶胶探测仪。该卫星是继日本和美国之后的第三颗具有高精度温室气体探测能力的卫星。它的成功发射与数据获取填补了我国在温室气体检测方面的技术与数据空白，对我国掌握全球变暖的变化规律和全球碳排放分布，提高我国在应对全球气候变化的国际话语权等方面具有重要意义。

6.3 遥感参数产品

6.3.1 陆表产品

1. 全球 DEM 产品

数字高程模型（DEM）是通过有限的地形高程数据实现对地面地形的数字化模拟（即地形表面形态的数字化表达），它是用一组有序数值阵列形式表示地面高程的一种实体地面模型。DEM 在测绘、水文、气象、地貌、地质、土壤、工程建设、通信、军事等国民经济和国防建设以及人文和自然科学领域有着广泛的应用。

1）SRTM DEM

SRTM（shuttle radar topography mission），由美国太空总署（NASA）和国防部国家测绘局（NIMA）联合测量。2000 年 2 月 11 日，美国发射的"奋进"号航天飞机上搭载 SRTM 系统，共计进行了 222 小时 23 分钟的数据采集工作，获取 60°N～60°S 总面积超过 1.19 亿 km² 的雷达影像数据，覆盖地球 80%以上的陆地表面。

SRTM 系统获取的雷达影像的数据量约 9.8 万亿字节，经过两年多的数据处理，制成了数字地形高程模型（DEM），即现在的 SRTM 地形产品数据。SRTM 地形数据按精度可以分为 SRTM1 和 SRTM3，分别对应的分辨率精度为 30m 和 90m 数据。

2）Global TanDEM-X DEM

该 DEM 数据集是由德国高分辨率雷达卫星 TerraSAR-X 和 TanDEM-X 获取的干涉 SAR 数据生成的高精度全球 DEM。数据采集于 2015 年完成，全球 DEM 的生产于 2016 年 9 月完成。绝对高度误差约 1m，空间分辨率为 90m。

3）ASTER GDEM

ASTER GDEM 数据产品基于"先进星载热发射和反辐射计（ASTER）"数据计算生成。自 2009 年 6 月 29 日 V1 版 ASTER GDEM 数据发布以来，在全球对地观测研究中取得了广泛的应用。

ASTER GDEM V1 原始数据局部地区存在异常，所以由 ASTER GDEM V1 加工的数字高程数据产品也存在个别区域的数据异常现象。ASTER GDEM V2 版则采用了一种先进的算法对 V1 版 GDEM 影像进行了改进，提高了数据的空间分辨率精度和高程精度。2019 年 8 月 5 日，NASA 和 METI 共同发布了 ASTER GDEM V3 版本，在 V2 的基础之上，新增了 36 万光学立体像对数据，主要用于减少高程值空白区域、水域数值异常。

三个版本的 DEM 数据水平分辨率均为 30m。

4）GMTED2010 DEM

由美国地质调查局（USGS）与美国国家地理空间情报局（NGA）发布，全球分辨率有三个版本，30s、15s、7.5s。其中 7.5s 约为 250m 空间分辨率。

2. 地表反射率（SR）

地表反射率是指地面反射辐射量与入射辐射量之比，用于表征地面对太阳辐射的吸收和反射能力。

1）MODIS 系列

MOD09A1/MYD09A1 产品提供了 500m 分辨率 MODIS 波段 1～7 的地表光谱反射率的估计值，并针对大气条件进行了校正。除了七个反射波段外，还有一个质量层和四个观察波段，关键参数如下。

（1）波段范围：MODIS 波段 1～7；

（2）时间分辨率：8 天；

（3）空间分辨率：500m；

（4）时间范围：2002-07-04 至今；

（5）空间范围：全球。

MOD09Q1/MYD09Q1 产品提供了 500m 分辨率 MODIS 波段 1～2 的地表光谱反射率的估计值，并针对大气条件进行了校正。除了两个反射波段外，还包括一个质量层。关键参数如下。

（1）波段范围：MODIS 波段 1～2；

（2）时间分辨率：8 天；

（3）空间分辨率：250m；

（4）时间范围：2000-02-24 至今；

（5）空间范围：全球。

MOD09GA/MYD09GA 产品提供了 MODIS 波段 1～7 的地表光谱反射率的估计值，并针对大气条件进行了校正。 其中包括 500m 反射率数据、1km 观测和地理位置统计数据。关键参数如下。

（1）波段范围：MODIS 波段 1～7；

（2）时间分辨率：1 天；

（3）空间分辨率：500m/1km；

（4）时间范围：2000-02-24 至今；

（5）空间范围：全球。

MOD09GQ/MYD09GQ 产品提供了 250m 分辨率 MODIS 波段 1～2 的地表光谱反射率的估计值，并针对大气条件进行了校正。其中还包括质量保证和五个观测波段。该产品旨在与 MOD09GA 结合使用。关键参数如下。

（1）波段范围：MODIS 波段 1～2；

（2）时间分辨率：1 天；

（3）空间分辨率：250m；

（4）时间范围：2000-02-24 至今；

（5）空间范围：全球。

MOD09CMG/MYD09CMG 产品提供了 MODIS 波段 1～7 的地表光谱反射率的估计值，分辨率重采样至 5600m 并针对大气条件进行了校正。还包括 MODIS 波段 1～7、波段 20、21、31 和 32 的温度数据，以及质量保证和观察波段。关键参数如下。

（1）波段范围：MODIS 波段 1～7、20、21、31 和 32；

（2）时间分辨率：1 天；

（3）空间分辨率：5600m；

（4）时间范围：2000-02-24 至今；

（5）空间范围：全球。

2）Landsat 系列

USGS Landsat 4/5/7 地表反射率数据集是由 Landsat 4/5/7 ETM 传感器在大气中校正且经过正射校正的地表反射率，包含 4 个可见光和近红外波段和 2 个短波红外波段。还包括 2 个热红外波段经过正射校正后的亮度温度。近红外和短波红外波段的分辨率为 30m。热红外最初采集的分辨率为 120m（Landsat7 为 60m），但已使用三次卷积重采样到 30m。关键参数如下。

（1）波段范围：0.44～0.52μm、0.52～0.60μm、0.63～0.69μm、0.77～0.90μm、1.54～1.75μm、10.40～12.50μm 和 2.08～2.35μm；

（2）时间范围：1982-08～1993-12（Landsat4）；1984-03～2012-05（Landsat5）；1999-01 至今（Landsat7）；

（3）空间分辨率：30m；

（4）空间范围：全球；

（5）使用算法：该产品由 Google 使用 USGS 提供的 Docker 影像生成。

USGS Landsat 8 地表反射率数据集是由 Landsat 8 OLI / TIRS 传感器的经大气校正且经过正射校正的地表反射率。包含 5 个可见光、近红外波段和 2 个短波红外波段，还包括 2 个热红外波段经过正射校正后的亮度温度。关键参数如下。

（1）波段范围：0.434～0.451μm、0.452～0.512μm、0.533～0.590μm、0.636～0.673μm、0.851～0.879μm、1.566～1.651μm、2.107～2.294μm、10.60～11.19μm 和 11.50～12.51μm；

（2）时间范围：2013-04 至今；

（3）空间分辨率：30m；

（4）空间范围：全球；

（5）使用算法：该产品由 Google 使用 USGS 提供的 Docker 影像生成。

3）Sentinel 系列

Sentinel-2 MSI：MultiSpectral Instrument，Level-2A 数据集包含 10～60m 分辨率的 12 个 UINT16 波段地表反射率，以及两个特定于 L2 的波段。关键参数如下。

（1）波段范围：443.9nm（S2A）/ 442.3nm（S2B），496.6nm（S2A）/ 492.1nm（S2B），560nm（S2A）/ 559nm（S2B），664.5nm（S2A）/ 665nm（S2B），703.9nm（S2A）/ 703.8nm（S2B），740.2nm（S2A）/ 739.1nm（S2B），782.5nm（S2A）/ 779.7nm（S2B），835.1nm（S2A）/ 833nm（S2B），864.8nm（S2A）/ 864nm（S2B），945nm（S2A）/ 943.2nm（S2B），1613.7nm（S2A）/ 1610.4nm（S2B），2202.4nm（S2A）/ 2185.7nm（S2B）；

（2）空间分辨率：10～60m；

（3）时间范围：2017-03-28 至今；

（4）空间范围：全球（早期数据全球范围存在缺失）；

（5）使用算法：使用 Earth Engine 中的 sen2cor 函数处理 Sentinel-2 L2 数据计算得到。

3. 地表温度

地表温度（LST）是指地面的温度，太阳的热能被辐射到达地面后，一部分被反射，另一部分被地面吸收，使地面增热，对地面的温度进行测量后得到的温度就是地表温度。地表温度是区域和全球尺度地表物理过程中的一个关键因子，也是研究地表和大气之间物质交换和能量交换的重要参数。许多应用如干旱、高温、林火、地质、水文、植被监测，全球环流和区域气候模型等都需要获得地表温度。现有地表温度产品主要由 MODIS 传感器获取的数据生成，除此之外，Landsat4/5/7/8 也可获取地表亮温。

1) MODIS 系列

MOD11A1/MYD11A1 产品使用 1200km×1200km 的网格提供了 1km 空间分辨率的每日全球地表温度和发射率（发射率波段为 MODIS 波段 31、32）。像素温度值是从 MOD11_L2 计算得出。在 30° 以上的纬度，每个像素最终值是所有合格观察值的平均值的结果。数据中除白天和晚上的地表温度外，还提供了相关的质量控制评估。关键参数如下。

（1）波段范围：MODIS 波段 31、32；

（2）时间分辨率：1 天；

（3）空间分辨率：1km；

（4）时间范围：2000-02-24 至今；

（5）空间范围：全球。

MOD11A2/MYD11A2 产品使用 1200km×1200km 的网格提供了 8 天的平均地面温度。每个像素值都是在这 8 天时间内收集的所有相应 MOD11A1 LST 像素的平均值。在该产品中，除了白天和晚上的地表温度及其质量层外，还有 MODIS 波段 31 和 32，以及八个观测层。关键参数如下。

（1）波段范围：MODIS 波段 31、32；

（2）时间分辨率：8 天；

（3）空间分辨率：1km；

（4）时间范围：2000-02-18 至今；

（5）空间范围：全球。

MOD11B1/MYD11B1 产品使用 1200km×1200km 的网格提供每天的地表温度和发射率，分辨率为 5600m。数据包括 MODIS 波段 20、22、23、29、31 和 32 的发射率（波段 31 和 32 仅在白天观测），以及像元中的土地百分比。关键参数如下。

（1）波段范围：MODIS 波段 20、22、23、29、31 和 32；

（2）时间分辨率：1 天；

（3）空间分辨率：5600m；

（4）时间范围：2000-02-24 至今；

（5）空间范围：全球。

MOD11C1/MYD11C1 产品提供 0.05° 格网的全球每日地表温度和发射率，数据共有 7200 列和 3600 行。数据除了地表温度以外，还包括质量控制层及 20、22、23、29、31 和 32 波段的发射率（波段 31 和 32 仅在白天观测），以及像元中的土地百分比。关键参数如下。

（1）波段范围：MODIS 波段 20、22、23、29、31 和 32；

（2）时间分辨率：1 天；

（3）空间分辨率：0.05°（赤道处 5600m）；

（4）时间范围：2000-02-24 至今；

（5）空间范围：全球。

MOD11C2/MYD11C2 产品提供 0.05°格网的每 8 天的全球地表温度和发射率平均值，数据共有 7200 列和 3600 行。MOD11C2 产品中的地表温度和发射率值是通过对相应的八天 MOD11C1 数据值平均计算得出的。每个产品包括以下几层：平均地表温度、质量控制评估、观测时间、天顶角和晴空观测的数量，以及网格中土地的百分比和 MODIS 波段 20、22、23、29、31 和 32 的发射率。关键参数如下。

（1）波段范围：MODIS 波段 20、22、23、29、31 和 32；

（2）时间分辨率：8 天；

（3）空间分辨率：0.05°（赤道处 5600m）；

（4）时间范围：2000-02-24 至今；

（5）空间范围：全球。

MOD11C3/MYD11C3 产品提供 0.05°格网的全球每月地表温度和发射率平均值，数据共有 7200 列和 3600 行。产品中的地表温度和发射率值是通过对来自 MOD11C1 每日文件的相应月份的值进行平均计算得出的。包括以下几层：平均地表温度、质量控制评估、观测时间、天顶角和晴空观测的数量，以及网格中土地的百分比和 MODIS 波段 20、22、23、29、31 和 32 的发射率。关键参数如下。

（1）波段范围：MODIS 波段 20、22、23、29、31 和 32；

（2）时间分辨率：1 月；

（3）空间分辨率：0.05°（赤道处 5600m）；

（4）时间范围：2000-02-01 至今；

（5）空间范围：全球。

2）中国全天候地表温度产品

该产品由李召良研究员团队提供，产品反演的每天 AQUA 卫星过境（13：30 左右）瞬时的逐像元陆地表面温度，单位为 K，空间分辨率为 1km。生产本产品数据集所需的数据源主要是 MODIS 地表温度产品 MYD11A1、MODIS 水体掩模产品 MOD44W、AMSR-E 亮温数据产品 EASE-GridAMSR-EBT 和地表高程数据产品 SRTM。本数据集包含的地理空间范围是全国主要陆地（包含港澳台地区），不含南海岛礁等区域。现有 2002～2011 年数据。

4. 植被指数

植被指数（VI）是利用卫星不同波段探测数据组合而成的，能反映植物生长状况的指数。植物叶面在可见光红光波段有很强的吸收特性，在近红外波段有很强的反射特性，这是植被遥感监测的物理基础，通过这两个波段测值的不同组合可得到不同的植被指数。差值植被指数又称农业植被指数，为二通道反射率之差，它对土壤背景变化敏感，能较好地识别植被和水体。现有植被指数产品有 NDVI 和 EVI 等。

1）MODIS 系列

MOD13Q1/MYD13Q1 该产品提供每 16 天 250m 空间分辨率植被指数数据。主要包括 NDVI 和 EVI，其中 EVI 在高生物量地区具有更高的敏感性。除了植被指数层和两个质量层外，数据文件还包括 MODIS 波段 1、2、3、7 四个观测层。关键参数如下。

（1）波段范围：MODIS 波段 1、2、3、7；

（2）时间分辨率：16 天；

（3）空间分辨率：250m；

（4）时间范围：2000-02-18 至今；

（5）空间范围：全球。

MOD13A1/MYD13A1 该产品提供每 16 天 500m 空间分辨率植被指数数据。主要包括 NDVI 和 EVI，除了植被指数层和两个质量层外，数据文件还包括 MODIS 波段 1、2、3、7 四个观测层。关键参数如下。

（1）波段范围：MODIS 波段 1、2、3、7；

（2）时间分辨率：16 天；

（3）空间分辨率：500m；

（4）时间范围：2000-02-18 至今；

（5）空间范围：全球。

MOD13A2/MYD13A2 该产品提供每 16 天 1km 空间分辨率植被指数数据。主要包括 NDVI 和 EVI，除了植被指数层和两个质量层外，数据文件还包括 MODIS 波段 1、2、3、7 四个观测层。关键参数如下。

（1）波段范围：MODIS 波段 1、2、3、7；

（2）时间分辨率：16 天；

（3）空间分辨率：1km；

（4）时间范围：2000-02-18 至今；

（5）空间范围：全球。

MOD13C1/MYD13C1 该数据是由 0.05°网格化的 16 天 MOD13A2 数据的合成，数据包括 NDVI、EVI 之外，还包括反射率数据、角度信息及空间统计信息，如均值、标准差等。关键参数如下。

（1）波段范围：MODIS 波段 1、2、3、7；

（2）时间分辨率：16 天；

（3）空间分辨率：0.05°；

（4）时间范围：2000-02-18 至今；

（5）空间范围：全球。

MOD13A3/MYD13A3 该产品提供每月 1km 空间分辨率植被指数数据。主要包括 NDVI 和 EVI，除了植被指数层和两个质量层外，数据文件还包括 MODIS 波段 1、2、3、7 四个观测层。在生成该月度产品时，算法将与该月重叠的所有 MOD13A2 产品使用加权平均计算出最终值。关键参数如下。

（1）波段范围：MODIS 波段 1、2、3、7；

（2）时间分辨率：1 月；

（3）空间分辨率：1km；

（4）时间范围：2000-02-01 至今；

（5）空间范围：全球。

MOD13C2/MYD13C2 该数据是由 0.05°网格化的每月 MOD13A2 数据的合成，数据包括 NDVI、EVI 之外，还包括反射率数据、角度信息及空间统计信息，如均值、标准差等。关键参数如下。

（1）波段范围：MODIS 波段 1、2、3、7；

（2）时间分辨率：1 月；

（3）空间分辨率：0.05°；

（4）时间范围：2000-02-01 至今；

（5）空间范围：全球。

2）Landsat 系列

Landsat7/8 EVI 这两个产品是使用由大气顶部反射率计算出的经过正射校正场景制成的，EVI 由每个场景的近红外、红色和蓝色波段生成，其值的范围从–1.0～1.0。

Landsat7/8 NDVI 这两个产品是使用由大气顶部反射率计算出的经过正射校正场景制成的，归一化植被指数是根据每个场景的近红外和红色波段((NIR–红色)/(NIR +红色))生成的，取值范围为–1.0～1.0。

3）GIMMS NDVI3g

目前 GIMMS NDVI3g 有 v0 和 v1 版本，空间覆盖全球，时间范围 1981～2015 年，空间分辨率 1/12 度（约 8km），时间分辨率为 15 天。是目前时间范围最长的 NDVI 数据产品。

4）SPOT NDVI

SPOT NDVI 由 SPOT-4 卫星搭载的 VEGETATION 传感器获取，从 1998 年 4

月开始接收用于全球植被覆盖监测的 SPOTVGT 数据。该数由 VEGETATION 影像处理中心负责预处理成逐日 1km 全球数据。预处理后生产 10 天最大化合成的 NDVI 数据。

5. 地表温度异常/火灾数据

地表温度异常/火灾数据，即观测全球陆地火灾发生情况，火灾观测通常是为了满足火灾管理的需要，同时也促进了全球对火灾过程及其对生态系统、大气和气候影响的监测，对全球环境保护、气候变化及防灾减灾等研究具有重要意义。

1）MODIS 系列

MOD14A1/MYD14A1 产品提供全球范围每天分辨率 1km 的火灾数据，火灾探测机制是基于火灾的绝对探测（当火灾强度足以探测到），以及相对于其背景的探测（考虑到表面温度的变化和日光的反射）。关键参数如下。

（1）时间分辨率：1 天；

（2）空间分辨率：1km；

（3）时间范围：2000-02-18 至今；

（4）空间范围：全球。

MOD14A2/MYD14A2 产品提供全球范围每 8 天分辨率 1km 的火灾数据，除此之外还包括质量数据。关键参数如下。

（1）时间分辨率：8 天；

（2）空间分辨率：1km；

（3）时间范围：2000-02-18 至今；

（4）空间范围：全球。

MOD14/MYD14 该产品是基础产品，用于生成所有更高级别的火灾产品，但也可以用于识别火灾和其他热异常，如火山。关键参数如下。

（1）时间分辨率：5 分钟；

（2）空间分辨率：1km；

（3）时间范围：2000-02-24 至今；

（4）空间范围：全球。

MCD64A1 该燃烧面积数据产品是时间分辨率为 1 月的网格化全球产品，分辨率为 500m，数据中包含每像素燃烧面积和质量信息。关键参数如下。

（1）时间分辨率：1 月；

（2）空间分辨率：500m；

（3）时间范围：2000-11-01 至今；

（4）空间范围：全球。

2）Landsat 系列

Landsat7/8 BAI 这两个产品是使用由大气顶部反射率计算出的经过正射校正场景制成的，燃烧面积指数（BAI）由红色和近红外波段生成，并观测每个像素与参考光谱点的光谱距离（测得的木炭反射率）。该指数旨在突出火灾后图像中的过火面积。

Landsat7/8 NBRT 归一化燃烧比热（NBRT）指数是根据近红外、中红外（2215nm）和热红外波段生成的，范围为–1.0～1.0。

6. 叶面积指数/光合有效辐射分量（FPAR）/植被覆盖度（FVC）等植被参数

叶面积指数是指单位土地面积上植物叶片总面积占土地面积的倍数，即叶面积指数=叶片总面积/土地面积。它是大多数生态系统生产力模型和全球气候、水文、生物地球化学和生态模型中的重要参数。

FPAR 是重要的生物物理参数，是生态系统功能模型、作物生长模型、净初级生产力模型、大气模型、生物地球化学模型、生态模型等的重要陆地特征参量，是估算植被生物量的理想参数。FPAR 为吸收性光合有效辐射在光合有效辐射（PAR）中所占的比例，即 FPAR=APAR/PAR。

1）MODIS 系列

MCD15A2H/MCD15A3H产品提供的每8天（MCD15A2H）/4天（MCD15A3H）500m 分辨率的叶面积指数和光合有效辐射分量数据，关键参数如下。

（1）时间分辨率：8 天/4 天；

（2）空间分辨率：500m；

（3）时间范围：2002-07-04 至今；

（4）空间范围：全球；

（5）使用算法：三维辐射传输模型构建查找表。

2）Geoland 系列

GEOV1 LAI 产品由 SPOT 卫星 VEGETATION 传感器数据反演采用 Plate Carree 投影方式，空间分辨率约为 1/112°（赤道处约 1km）。产品反演时以经过辐射校正、云屏蔽、大气校正和 BRDF 校正的归一化红光、近红外和短波红外波段光谱反射率和合成期间太阳天顶角信息来驱动神经网络模型，最终得到 LAI 值和质量控制信息。

GEOV2 LAI 相比于 GEOV1 产品，GEOV2 使用多步过滤方法消除大气和积雪的影响,反演算法使用 VGT-P 反射率的瞬时估计神经网络。Geoland2 LAI 接近于真值,质量标识 (QFLAG) 使用 16 位无符号整形二进制数表示,第 0 位表示陆地/海洋,第 7 位表示 LAI 可用状态,第 13 位表示是否填充值。

3) GLASS 系列

GLASS FVC 数据集由北京师范大学完成,所用数据为 2000 年多源遥感数据包括 MODIS 数据及实测站点数据。使用算法是在全球高空间分辨率植被覆盖度样本数据集建设的基础上,比较不同机器学习算法的效果(包括广义回归神经网络、后向传播神经网络、支持向量机和多元自适应样条回归),完成基于 MODIS 数据的 FVC 产品算法。现有数据 2000~2015 年,分辨率有 0.05°和 500m 两种。

GLASS LAI 数据集主要由北京师范大学完成,以 1981~2016 年的 MODIS 的地表放射数据为输入数据,使用广义回归神经网络(GRNNs),从时间序列 AVHRR 地表反射率数据中反演 LAI,算法使用经过预处理的 AVHRR 时间序列地表反射率数据训练 GRNNs,然后利用滚动处理方式从经过预处理的 AVHRR 反射率中生产时间连续的长序列 GLASS LAI 产品。分辨率包括 0.05°和 1km 两种。

GLASS PAR/DSR(光合有效辐射/下行短波辐射)数据集由北京师范大学完成,基于 2000~2015 年/2000~2017 年 MODIS 和 AVHRR 数据反演得到,其中 AVHRR 数据使用改进的查找表算法进行估算,MODIS 数据采用混合算法进行估算。分辨率为 0.05°。

GLASS NR(全波长净辐射)数据集由北京师范大学完成,所用数据为 2000~2015 年多源遥感数据包括 MODIS 数据,以及实测站点数据,白天时段下垫面从短波到长波的辐射能量收支代数和,包括直接太阳辐射、半球天空的散射辐射和反射辐射等短波,以及大气逆辐射和地面射出辐射等长波部分,是日间地表短波净辐射和长波净辐射的总和。

GLASS FAPAR(光合有效辐射吸收比)数据集由北京师范大学完成,利用 1982~2015 年 GLASS LAI 和地表分类数据经过反演算法生产 FAPAR,分辨率包括 0.05°和 1km 两种。

4) GIMMS LAI3g

该产品是基于 AVHRR 传感器生成,利用长时间序列的 AVHRR 影像和神经网络方法,覆盖全球范围,时间分辨率为 16 天,空间分辨率为 8km。数据质量可靠,已广泛应用于全球植被变化的研究。

7. 地表蒸散量

蒸散包括了地表水分蒸发与植物体内水分的蒸腾,它是维持陆面水分平衡的重要组成部分，也是维持地表能量平衡的主要部分。地表蒸散数据通常由地表净辐射和气温数据计算得到。

1）MODIS 系列

MOD16A2 产品是一种每 8 天分辨率为 500m 的复合产品，数据中两个蒸发蒸腾层（ET 和 PET）的像素值是复合期间内八天的和。两个潜热层（LE&PLE）的像素值是合成期间内八天的平均值。请注意，每年的最后 8 天为 5 天或 6 天（闰年）的合成值。关键参数如下。

（1）时间分辨率：8 天；

（2）空间分辨率：500m；

（3）时间范围：2001-01-01 至今；

（4）空间范围：全球。

MOD16A3 与 MOD16A2/MYD16A2 数据不同的是，该数据时间分辨率为 1 年。数据中两个蒸发蒸腾层（ET 和 PET）的像素值是一年的和。两个潜热层（LE&PLE）的像素值是一年的平均值。关键参数如下。

（1）时间分辨率：8 天；

（2）空间分辨率：500m；

（3）时间范围：2001-01-01 至今；

（4）空间范围：全球。

2）GLASS 系列

GLASS ET（蒸散量）数据集由北京师范大学完成，所用数据为 2000~2015 年多源遥感数据包括 MODIS 数据及实测站点数据，利用贝叶斯方法集合传统的五种潜热通量算法（MOD16 算法、改进的 PM、PT-JPL、MS-PT 及半经验彭曼算法），通过全球 240 个通量站点观测数据作为参考值来确定每种算法的权重值，估算全球陆表潜热通量。分辨率包括 0.05°和 1km 两种。

3）中国全天候蒸散发数据

该产品由李召良研究员团队提供，产品使用 MODIS 原始定标产品 MOD021KM、MODIS 几何定位产品 MOD03 和 MODIS 大气水汽产品 MOD05。产品空间范围为全国主要陆地（包含港澳台），不含南海岛礁等区域。产品生产过程如下：①利用 MODIS 大气顶部 7 个窄波段反射率数据，结合发展的窄-宽波段反照率转换模型，获得大气顶部宽波段反照率数据；②基于地-气系统中大气顶部反射辐射与地-气系统吸收辐射的关系，建立了地表短波净辐射反演模型，结合大气顶部宽波段反照率数据，直接反演出地表短波净辐射；③最后通过几何校正、图像拼接与裁边处理得到中国区域的高空间分辨率全天候地表短波净辐射产品。

生产的地表短波净辐射产品经过地面观测数据验证，晴空条件下精度优于30W/m²，有云条件下精度优于 50W/m²。

8. 植被总初级生产力/净初级生产力

生态系统总初级生产力指单位时间、单位面积内植物把无机物质合成为有机物质的总量或固定的总能量。植被净初级生产力（简称 NPP）是指在单位面积、单位时间内绿色植物通过光合作用积累的有机物数量。

1) MODIS 系列

MOD17A2H 总初级生产力产品是 8 天 500m 分辨率复合产品。该产品基于辐射利用效率的概念，可以输入数据模型计算地面能量、碳、水循环过程和植被的生物地球化学。关键参数如下。

（1）时间分辨率：8 天；

（2）空间分辨率：500m；

（3）时间范围：2000-02-18 至今；

（4）空间范围：全球。

MOD17A3H/YD17A3H 产品提供每年分辨率为 500m 净初级生产力数据。一年 NPP 来自给定年份产品 MOD17A2H 的总和。

（1）时间分辨率：1 年；

（2）空间分辨率：500m；

（3）时间范围：2000-12-26 至今；

（4）空间范围：全球。

2) GLASS 系列

GLASS GPP 数据集由北京师范大学完成，所用数据为 1982~2015 年的AVHRR 数据，采用贝叶斯多算法集成方法，集合目前国际上应用广泛的 8 个光能利用率模型：CASA、CFix、CFlux、EC-LUE、MODIS、VPM、VPRM 和 Two-leaf。算法发展和验证是基于全球涡相关通量站点数据，站点数目为 155 个，包含了 9种陆地生态系统类型：常绿阔叶林、常绿针叶林、落叶阔叶林、混交林、温带草地、热带稀树草原、灌木、农田和苔原。算法发展过程中同时需要使用遥感和气象数据。分辨率为 0.05°。

9. 地表反照率

地表反照率是指地表对入射的太阳辐射的反射通量与入射的太阳辐射通量的

比值，决定了多少辐射能被下垫面所吸收，因而是地表能量平衡研究中的一个重要参数。

1）MODIS

MCD43A1 双向反射率分布函数和反照率（BRDF / Albedo）模型参数数据集每天使用 500m 分辨率的 16 天 TERRA 和 AQUA MODIS 数据生成。MCD43A1 为 MODIS 光谱波段 1~7，近红外（NIR）和短波波段提供了三个模型的加权参数。除了这些波段的三个参数层外，还有 10 个波段中每个波段的质量层。关键参数如下。

（1）时间分辨率：1 天；

（2）空间分辨率：500m；

（3）时间范围：2000-02-16 至今；

（4）空间范围：全球。

MCD43A2 数据集是双向反射率分布函数和反照率（BRDF / Albedo）质量数据集，分辨率为 500m。它包含相应的 16 天 MCD43A3 Albedo 和 MCD43A4 Nadir-BRDF（NBAR）产品的所有质量信息。MCD43A2 包含 MODIS 波段 1~7 的各个波段质量和观测信息，以及整体 BRDF / Albedo 质量信息。关键参数如下。

（1）时间分辨率：1 天；

（2）空间分辨率：500m；

（3）时间范围：2000-02-16 至今；

（4）空间范围：全球。

MCD43A3 模型数据集每天使用 500m 分辨率的 16 天 Terra 和 Aqua MODIS 数据生成。MCD43A3 在当地正午提供 MODIS 波段 1~7 和可见光，近红外和短波波段的黑天空反照率和白天空反照率数据。除了反照率层，还有每个波段的质量层。关键参数如下。

（1）时间分辨率：1 天；

（2）空间分辨率：500m；

（3）时间范围：2000-02-16 至今；

（4）空间范围：全球；

（5）使用算法：核驱动算法。

MCD43A4 数据集为双向反射分布函数调整后的反射率（NBAR），提供 500m 的 MODIS 波段 1~7 的反射率数据。使用双向反射率分布函数对这些值进行调整，以对这些值进行建模。数据是每天根据 16 天的 TERRA 和 AQUA MODIS 数据生成。关键参数如下。

（1）时间分辨率：1 天；

（2）空间分辨率：500m；

（3）时间范围：2000-02-16 至今；

（4）空间范围：全球；

（5）使用算法：核驱动算法。

2）GLASS 系列

GLASS Albedo（反照率）数据集的主要完成单位是北京师范大学，所用数据为 1982～2017 年经过简单大气校正的 AVHRR 地表反射率数据产品，由 NASA 的 LTDR 计划提供。把 Angularbin 算法用于 AVHRR 的地表反射率数据，计算每日分辨率的全球地表宽波段反照率，对初步计算的每日分辨率反照率进行平滑滤波和缺失填补，直接得到 GLASS 反照率最终产品。分辨率包括 0.05°和 1km。

10. 其他陆表参数产品（雪盖/土地分类/夜间灯光等）

MOD10A1/MYD10A1 该数据集包含每日 500m 分辨率的栅格化雪盖和反照率。该产品主要使用归一化积雪指数（NDSI）等来识别积雪。关键参数如下。

（1）时间分辨率：1 天；

（2）空间分辨率：500m；

（3）时间范围：2000-02-16 至今；

（4）空间范围：全球。

MCD12Q1 该产品按六种不同的分类方案按年间隔（2001～2016 年）提供全球土地覆盖类型数据。它是使用 MODIS TERRA 和 AQUA 反射数据的监督分类得出的，然后经过结合了先验知识和辅助信息的后处理以进一步完善特定的类别。

Landsat 7/8 NDSI Composite 这两个产品是使用由大气顶部反射率计算出的经过正射校正场景制成的归一化雪指数数据集，NDSI 可用于识别雪，NDSI 是使用绿色和中红外波段计算的，这是因为与中红外光谱相比，雪在可见光中的反射率更高。

夜光数据，即夜间灯光空间位置分布及亮度或其范围等信息。夜间灯光遥感所使用的夜间灯光影像记录的地表灯光强度信息可以直接反映人类活动差异，故可广泛应用于城市化进程研究、不透水面提取、社会经济指标空间化估算、重大事件评估、生态环境评估等领域，对人类活动研究具有重要意义。

DMSP/OLS 夜间灯光遥感数据，该数据图像灰度值（digital number，DN）范围为 0～63。该数据集对噪声及自然光进行了滤除处理，每期数据共包含 3 类影像，即平均灯光影像、稳定灯光影像和无云观测频数影像。

NPP-VIIRS 夜晚灯光数据是由 Suomi - NPP 卫星利用 VIIRS 在 2012 年 4～10 月拍摄，距地表约 824km，采用极地轨道，由多幅无云影像拼接得到。与上述提到的 DMSP/OLS 数据不同，该数据集数据并没有过滤掉火光、气体燃烧、火山或极光等非灯光影响，背景噪声也未去除，但是其影像空间分辨率达到了 15s（约450 m），而且采用的广角辐射探测仪消除了灯光过饱和现象，增强了其探测敏感度，其在轨检校程序也进一步提高了影像的清晰度。

6.3.2　海洋产品

1. 海水温度、高度等物理参数产品

海水温度是反映海水热状况的一个物理量。海水温度有日、月、年、多年等周期性变化和不规则的变化，它主要取决于海洋热收支状况及其时间变化。海水温度是海洋水文状况中最重要的因子之一，常作为研究水团性质，描述水团运动的基本指标。研究海水温度的时空分布及航海、捕捞业和水声等学科也很重要。

海面高度数据常用于研究海平面高度变化。20 世纪以来全球海平面已上升了10～20cm，是一种缓发性的自然灾害。海平面的上升可淹没一些低洼的沿海地区，使风暴潮强度加剧频次增多，海面高度产品对于监测海平面变化具有重要意义。

MODIS 海水温度产品为 MODIS Terra and Aqua L3 SST，其区分不同时空分辨率及白天夜间等共有 95 种，时间跨度从 2000 年 1 月至今均有产品。时间分辨率共有以下几种：1 天、8 天、1 月和 1 年，空间分辨率有 9km、4km，另还有网格化产品。

1）MODIS 系列

MODIS 海水温度产品为 MODIS Terra and Aqua L3 SST，其区分不同时空分辨率及白天夜间等共有 95 种，时间跨度从 2000 年 1 月至今均有产品。时间分辨率共有以下几种：1 天、8 天、1 月和 1 年，空间分辨率有 9km、4km，另还有网格化产品。

2）哥白尼全球环境与安全监测计划

GLOBAL OCEAN 1/12° PHYSICS ANALYSIS AND FORECAST UPDATED DAILY 产品包括全球海洋的温度、盐度、洋流、海平面、混合层深度和冰参数的每日和每月平均值文件，它还包括海平面高度、温度和洋流的每小时平均地表场，产品以 1/12°分辨率显示，并具有规则的经度/纬度等角投影。

GLOBAL OCEAN 1/4°PHYSICS ANALYSIS AND FORECAST UPDATED DAILY 产品包括全球海水温度、盐度、洋流、海平面、混合层深度和海冰参数（每小时瞬时海平面温度、海平面高度和海流）的日均文件。产品文件在常规纬度/经度投影上具有 1/4°的分辨率。

GLOBAL_REANALYSIS_PHY_001_030 产品包括全球海水温度和盐度、洋流、海平面、混合层深度和冰参数的每日和每月平均值文件。该产品文件以 1/12°

的标准规则网格提供数据。

3）中国海洋-1C/D 卫星

HY-1C/D 卫星数据分为 0 级、1 级、2 级和 3 级数据，2~3 级产品数据采用 HDF5 数据格式，HY-1C/D 卫星携带有传感器：海洋水色扫描仪（China ocean color & temperature scanner，COCTS）、紫外成像仪（ultravioletimager，uVI）和海岸带成像仪（coastal zone imager，CZI），各传感器数据分别对应有 0~3 级数据产品。现由国家卫星海洋应用中心提供数据分发。

COCTS 和 UVI L3A 产品为 HY-1C 或 HY-1D 卫星 COCTS 和 UVI 水色要素和海表温度产品的单天时空统计数据产品，其中海表温度分白天产品和夜间产品。

4）中国海洋-2B 卫星

HY-2B 卫星携带有分辨率为 2cm 的雷达高度计，可进行全球海面高度测量。目前，国家卫星海洋应用中心将载荷的 HY-2 卫星高度计 0 级数据经过预处理、数据反演和统计平均分别生成 1 级、2 级和融合数据产品，并对外分发 2 级产品。

2 级产品数据分为临时地球物理数据（interim geophysical data records，IGDR）、遥感地球物理数据（sensor geophysical data records，SGDR）和地球物理数据（geophysical data records，GDR）三种产品。

IGDR 是利用 MOE 定轨数据和波形重构等方法得到的未经校正的数据产品。数据中主要包括了有效波高、海面风速、海面高度及用于计算海面高度所需的相关校正参数。IGDR 数据产品在 MOE 数据获取后的 2 小时内制作完成。发布的产品包含两种数据存储格式，分别是二进制格式和 NetCDF 格式。

SGDR 与 IGDR 基本一致，区别在于其中包含了波形数据。SGDR 数据产品在 MOE 数据获取后的 2 小时内制作完成。发布的产品包含两种数据存储格式，分别是二进制格式和 NetCDF 格式。

GDR 是利用 POE 定轨数据和波形重构等方法得到的完全校正后的数据产品。数据中主要包括了有效波高、海面风速、海面高度及用于计算海面高度所需的相关校正参数。GDR 数据产品在卫星数据获取后的 30 天内制作完成。发布的产品同样是二进制格式和 NetCDF 格式。

2. 风浪产品

风浪是在风直接作用下产生的水面波动。风浪的生成和成长的机制是海浪研究中最基本的问题。

1）哥白尼全球环境与安全监测计划

GLOBAL OCEAN WAVES ANALYSIS AND FORECAST UPDATED DAILY

法国气象局正在运作的全球海洋分析和预报系统，其分辨率为 1/12°，可为全球海洋海表波提供每日分析和 5 天预报。时间序列为 2016 年 3 月 1 日至今。该产品包括 3 个小时的瞬时波场，这些波场来自总频谱（有效高度、周期、方向、斯托克斯漂移等）的积分波参数，并且区分风浪、初级和次级膨胀波。

2）中国海洋-2B 卫星风场产品

HY-2B 卫星搭载了一台 Ku 波段微波散射计（HSCATB），主要用于全球海面风场测量，在前一部分有所介绍。目前由中国国家卫星海洋应用中心提供 HY-2B 的全球风场产品。

3. 海洋生物地球化学产品

1）MODIS

MODIS 叶绿素 a 浓度产品算法提供以 mg/m^3 为单位的叶绿素 a 的近地表浓度，该浓度是根据对叶绿素 a 的原位测量值和原位遥感反射率蓝绿比得出的经验关系式计算得出的。

2）哥白尼全球环境与安全监测计划

GLOBAL OCEAN BIOGEOCHEMISTRY ANALYSIS AND FORECAST 该产品包括全球海洋生物地球化学参数（叶绿素、硝酸盐、磷酸盐、硅酸盐、溶解氧、溶解铁、初级产品、浮游植物、pH 和二氧化碳的表面分压）的每日和每月平均值文件。产品分辨率 1/4°，并具有规则的经度/纬度等角投影。

3）中国海洋-1C/D 卫星

水色扫描仪（COCTS）和 UVI 的二级产品合并存储，UVI 数据空间分辨率重采样至 COCTS 相同的空间分辨率，重采样后 UVI 和 COCTS 对应像素的地理坐标相同。COCTS 和 UVI 二级产品分为三类，分别是 2A（基础产品），包括各波段遥感反射率、大气气溶胶相关参数等；2B（标准产品），包括叶绿素、总悬浮物浓度、悬浮泥沙浓度、565nm 归一化离水辐亮度、海表温度、水体漫衰减系数；2C（实验和扩展产品），包括总色素浓度、太阳耀斑系数、水体透明度等及其他待扩充产品。

6.3.3　大气产品

1. 气溶胶

气溶胶是指大气与悬浮在其中的固体和液体微粒共同组成的多相体系。尽管气溶胶只是地球大气成分中含量很少的组分，但其对地圈、生物圈的影响与作用不可低估。气溶胶化学成分复杂，其颗粒物可以作为大气中反应表面或催化剂，以及很多气相物质的接收体。大气气溶胶负载的化学物质，特别是工业污染物在风系的作用下，可进行几百至几千千米的长距离传输，大气污染影响不分国界和地区，是全球性问题，其对人类生存环境的严重危害已日益加剧。

1）MODIS

MOD04_L2/MYD04_L2 气溶胶产品可监测全球海洋，以及部分大陆的环境气溶胶光学厚度。此外，气溶胶分布是在海洋上得出的，而气溶胶的类型是在各大陆上得出的。关键参数如下。

（1）时间分辨率：5 分钟；

（2）空间分辨率：10km；

（3）时间范围：2000-02-24 至今；

（4）空间范围：全球。

MOD04_3K/MYD04_3K 气溶胶产品可监测海洋周围气溶胶的光学特性，且与 MOD04_L2 产品不同的是，该产品空间分辨率达到 3km，能够帮助解决城市空气质量监测等问题。关键参数如下。

（1）时间分辨率：5 分钟；

（2）空间分辨率：3km；

（3）时间范围：2000-02-24 至今；

（4）空间范围：全球。

2）VIIRS

AERDB_L2_VIIRS_SNPP 产品提供时间分辨率为 6 分钟空间分辨率为 6km 的气溶胶数据，关键参数如下。

（1）时间分辨率：6 分钟；

（2）空间分辨率：6km；

（3）时间范围：2012-03-01 至今；

（4）空间范围：全球。

AERDB_D3_VIIRS_SNPP/AERDB_M3_VIIRS_SNPP 产品以 1°的正方形网格的形式提供。在大多数情况下，每个网格内的数据值为 L2 级别产品相应网格内的算术平均值，除此之外还有标准差之类的统计数据。两个数据不同的是时间分辨率分别为 1 天和 1 月，关键参数如下。

（1）时间分辨率：1 天/1 月；

（2）空间分辨率：1°；

（3）时间范围：2012-03-01 至今；

（4）空间范围：全球。

3）Sentinel UV Aerosol index

Sentinel-5P 是由欧洲航空局于 2017 年 10 月 13 日发射的卫星，用于监测空气污染。机载传感器通为对流层监测仪器（Tropomi）。除甲烷数据之外，所有数据集都有两个版本：近实时数据（NRTI）和离线（OFFL），空间分辨率为 0.01 弧度。

2. 可降水量

可降水量指单位面值空气柱里含有的水汽的总数量也称为可降水量。它对应于空气中的水分全部凝结成雨、雪降落（把空气挤得一点水分都没有）所能形成的降水量。可降水量的研究对农业生产、水利建设等人民的生产和生命财产有重大的意义。

MOD05_L2/MYD05_L2 可降水量产品由气柱可降水量组成。在白天，使用近红外算法以 MODIS 仪器的 1km 空间分辨率生成 Level-2 数据，而在白天或晚上使用至少 9 个视场角无云时，则使用红外算法以 5km×5km 像素分辨率生成 Level-2 数据。时间分辨率为 5 分钟，时间范围是从 2000 年 2 月 24 日至今。

3. 降水量

降水量是指从天空降落到地面上的液态或固态（经融化后）水，未经蒸发、渗透、流失，而在水平面上积聚的深度。以毫米为单位，气象观测中取一位小数。降水观测是研究流域或地区水文循环系统的动态输入项目，是水资源的最重要的基础资料之一，对于工农业生产、水利开发、江河防洪和工程管理等方面研究意义重大。

热带降雨测量任务（tropical rainfall measuring mission，TRMM）由美国国家宇航局和日本宇宙开发事业团联合研制，是第一部搭载主动式监测降水雷达的遥感卫星。自 1997 年 11 月发射以来，TRMM 已经连续提供了 20 余年全球中低纬度范围的降水数据，是目前应用最广泛的卫星降水产品，其准确性得到了广泛验证和认可，TRMM 数据的空间分辨率为 0.25°×0.25°。时间范围为 1997 年 12 月～2015 年 4 月。

2014 年 2 月 27 日新一代全球降水观测计划（global precipitation measurement，GPM）卫星由美国、日本在种子岛共同发射。它继承并改进了老一代 TRMMP 星的算法和探测技术，并搭载了由 Ku 和 Ka 波段组成的双频段降水观测雷达（dual frequency precipitation rader，DPR）和多波段微波成像仪（gpm microwave imager，GMI）不仅提高了卫星的空间分辨率（0.1°×0.1°）和时间分辨率（30 分钟），还可以获取更大空间范围（60°N～60°S）的降水资料。

英国东英格利亚大学气候研究所（Climatic Research Unit，CRU）通过整合已有的若干个知名数据库，重建了一套覆盖完整、高分辨率，且无缺测的月平均地表气候要素数据集，时间范围覆盖 1901~2003 年，空间为 0.5°×0.5°经纬网格覆盖所有陆地。

GPCC 数据是全球降水气候中心（Global Precipitation Climatology Centre）研制的全球陆地雨量数据集，该数据集在处理时收集了相对其他数据集更多的气象站点，精度高，并提供了系统误差等数据信息，且该数据集具有多种时间分辨率，空间分辨率可达 0.5°。

4. 云

云是大气中的水蒸气遇冷液化成的小水滴或凝华成的小冰晶，所混合组成的漂浮于空中的可见聚合物。在遥感领域中，云的空间分布和浓度等信息对精确获取地表数据有重要意义。

MOD06_L2/MYD06_L2 产品包含云的光学和物理参数。这些参数是在红外、可见光和近红外波段得出的。关键参数如下。

（1）时间分辨率：5 分钟；

（2）空间分辨率：1km；

（3）时间范围：2000-02-24 至今；

（4）空间范围：全球。

CLDPROP_D3_VIIRS_SNPP/CLDPROP_M3_VIIRS_SNPP 这两套产品来是自于传感器 VIIRS 的三级产品，分别提供时间分辨率为 1 天和 1 月的网格化云属性产品，空间分辨率为 1°×1°。关键参数如下。

（1）时间分辨率：1 天/1 月；

（2）空间分辨率：1°；

（3）时间范围：2012-03-01 至今；

（4）空间范围：全球。

书中所有代码链接汇总